Planen, Durchführen und Auswerten eines Experiments

W0265477

Planung in einzelnen Schritten

Sicher hast du schon oft etwas beobachtet, das du dir nicht sofort erklären konntest. Vielleicht hast du versucht, die Beobachtung zu erklären. Mithilfe eines Experiments kannst du deine Vermutung überprüfen.

Die Aufgabe
- Welche Frage soll beantwortet werden? Formuliere die Frage genau.

Planung und Vorbereitung
- Nutze dein Wissen (z.B. über Materialeigenschaften, über die Ursache für Haften, über ...) und formuliere eine begründete Vermutung (Hypothese) in Form eines Aussage-Satzes.
- Überlege dir, wie du überprüfen kannst, ob deine Vermutung richtig ist.
- Fertige eine Skizze an.
- Lege eine sinnvolle Reihenfolge der Arbeitsschritte fest.
- Stelle alles benötigte Material bereit.
- Baue den Versuch auf.

- Die Pinns haften an der Tafel, weil sie magnetisch sind. Die Tafel enthält Eisen.
- Die Pinns haften auch an einem Gegenstand aus Eisen.
- Magnete haften an der Tafel.
- Bei einfachen Experimenten kann das Anfertigen einer Skizze entfallen.
- Die Pinns werden an den Gegenstand gehalten. Ein Magnet wird an die Tafel gehalten.
- Pinn und Gegenstand aus Eisen (z.B. Eisennagel), Magnet.

Die Durchführung
- Führe den Versuch in der festgelegten Reihenfolge durch.

- Pinn und Nagel werden aneinander gehalten. Die Magnete werden an die Tafel gehalten.

Die Beobachtung
- Beobachte genau, was geschieht (was siehst du; was zeigen die Geräte an; was hörst du; ...)
- Notiere deine Beobachtungen z.B. in ein Laborheft.

- Pinn und Nagel haften aneinander. Die Magnete haften an der Tafel.

Die Auswertung
- Fertige ein Versuchsprotokoll an.
- Vergleiche das Versuchsergebnis mit deiner Vermutung.

- Siehe Musterprotokoll Seite 28
- Ergebnis und Vermutung stimmen überein. Die Vermutung war also richtig.

Das Ergebnis
- Formuliere das Ergebnis in Form eines Merksatzes.
- Bemühe dich um eine Erklärung.

- Die Pinns enthalten einen Magneten; die Tafel besteht zum Teil aus Eisen.

Die Fehlerbetrachtung
- Überlege, was zu Fehlern geführt haben könnte.

- Falls der Nagel nicht an dem Pinn haftet: Vielleicht ist der Magnet des Pinns nicht stark genug.

Nordrhein-Westfalen

SPEKTRUM
PHYSIK 5/6

Gymnasium

Schroedel

SPEKTRUM
PHYSIK 5/6 Nordrhein-Westfalen

Bearbeitet von
Thomas Appel, Northeim
Frank Küchenberg, Solingen
Dietmar Lohmann, Rheine
Dr. Michael Müller, Köln
Georg Peters, Menden
Reinhard Stumpf, Neuss
Michael Voß, Mönchengladbach

Unter Mitarbeit von
Jürgen Bissel, Frank Eiselt, Ulrich Fries, Gerhard Glas, Jens Gössing, Norbert Goldenstein, Dagmar Günther, Prof.em Dr. Hansjoachim Lechner, Wolfgang Rieger, Jürgen M. Schröder, Rainer Serret, Kerstin Sube, Werner Termaat, Petra Ullrich, Thea Wolf, Gottfried Wolfermann, Martin Zieris

© 2009 Bildungshaus Schulbuchverlage
Westermann Schroedel Diesterweg
Schöningh Winklers GmbH, Braunschweig
www.schroedel.de

Das Werk und seine Teile sind urheberrechtlich geschützt. Jede Nutzung in anderen als den gesetzlich zugelassenen Fällen bedarf der vorherigen schriftlichen Einwilligung des Verlages. Hinweis zu § 52 a UrhG: Weder das Werk noch seine Teile dürfen ohne eine solche Einwilligung gescannt und in ein Netzwerk eingestellt werden. Dies gilt auch für Intranets von Schulen und sonstigen Bildungseinrichtungen.
Auf verschiedenen Seiten dieses Buches befinden sich Verweise (Links) auf Internet-Adressen. Haftungshinweis: Trotz sorgfältiger inhaltlicher Kontrolle wird die Haftung für die Inhalte der externen Seiten ausgeschlossen. Für den Inhalt dieser externen Seiten sind ausschließlich deren Betreiber verantwortlich. Sollten Sie bei dem angegebenen Inhalt des Anbieters dieser Seite auf kostenpflichtige, illegale oder anstößige Inhalte treffen, so bedauern wir dies ausdrücklich und bitten Sie, uns umgehend per E-Mail davon in Kenntnis zu setzen, damit beim Nachdruck der Verweis gelöscht wird.

Druck A ^{3} / Jahr 2011
Alle Drucke der Serie A sind im Unterricht parallel verwendbar.

Redaktion: Bernd Trambauer
Fotos: Michael Fabian, Hans Tegen
Grafik: Liselotte Lüddecke, Karin Mall, Birgit Schlierf
Umschlaggestaltung: Janssen Kahlert Design & Kommunikation GmbH, Hannover
Typografie und Satz: Jesse Konzept & Text GmbH, Hannover
Repro/Druck/Bindung: westermann druck GmbH, Braunschweig

ISBN 978-3-507-**86371**-2

Verbindliche Elemente

Sachtexte
Sie dienen der Vermittlung der konzeptbezogenen Kompetenzen des Fachwissens und ermöglichen die Entwicklung prozessbezogener Kompetenzen.

Werkzeug

Diese Arbeitstechniken und Fertigkeiten ermöglichen eine erfolgreiche Auseinandersetzung mit den physikalischen Inhalten und helfen beim Erwerb prozessbezogener Kompetenzen naturwissenschaftlichen Arbeitens.

Durchblick

Einzelaspekte naturwissenschaftlichen Arbeitens werden in größeren Zusammenhängen reflektiert, wodurch Überblickswissen entsteht. Die dabei erworbenen Kompetenzen befähigen zur bewussten Auseinandersetzung mit naturwissenschaftlichen Verfahren und ihren Ergebnissen.

Grundwissen

Das Grundwissen des Kapitels ist nach Basiskonzepten geordnet grafisch dargestellt. Lebensweltliche, zur Aufschlüsselung auffordernde Situationen bilden die Basis von Aufgaben, die das physikalische Wissen aktivieren.

Ergänzende Elemente

Projekt

Sie fordern selbsttätige Erarbeitung fach- und prozessbezogener Kompetenzen und ermöglichen ergänzend zu den Sachtexten ein kontextgebundenes Lernen.

Versuche und Aufträge

Wichtige physikalische Inhalte werden anhand einfacher Freihandversuche selbstständig erarbeitet.

Pinnwand

Sie bieten Anregungen, die im Unterricht erarbeiteten verbindlichen Inhalte mit außerschulischen Sachverhalten in Verbindung zu bringen, und stellen so Kontexte her.

Streifzug

Streifzüge enthalten u. a. anwendungsorientierte, oft fächerübergreifende Bezüge, die über die verpflichtenden Inhalte hinausgehen. Sie vertiefen die Inhalte der Sachtexte oder ergänzen sie durch Ausblicke in andere Fächer.

Basiskonzepte

S W M E

Jede Sachtextseite ist mindestens einem der Basiskonzepte *System*, *Wechselwirkung*, *Materie* oder *Energie* zugewiesen. Sie sind durchgehendes Ordnungsprinzip aller Inhalte und damit des gesamten physikalischen Wissens.

Inhalt

Der elektrische Stromkreis

Projekt: Theaterbühnen-Beleuchtung 8
Projekt: Elektrische Geräte 9
Projekt: Fahrradbeleuchtung 9

Elemente von Stromkreisen 10
Wie ein Stromkreis aufgebaut ist 10
Der Stromkreis innerhalb von Geräten 11
Versuche und Aufträge: Wir löten Stromkreise 11
Das Prinzip aller elektrischen Anlagen 12
Schalter 13
Werkzeug: Zeichnerische Darstellung von Schaltungen 13
Schalter machen Aussagen 14
Versuche und Aufträge: Wechselschaltung ... 15
Streifzug: Schalter 15
Lampen im Stromkreis 16
Versuche und Aufträge: Schaltungen von Lampen und Schaltern 17
Streifzug: Lampen: Wie es anfing – und wie es heute ist 18
Pinnwand: Lampen 19

Die Wege des elektrischen Stromes 20
Elektrische Leiter und Nichtleiter 20
„Halbe" Leitung – ganzer Stromkreis 21
Streifzug: Kabel 22
Streifzug: Kabelverlegung am Fahrrad 22
Unter der Lupe: Was strömt in Metallen? 23
Pinnwand: Wie schnell strömen Elektronen? 23
* Stromstärke messen 24
Pinnwand: Stromstärke 24
Strommessgerät – wohin? 25
* *Werkzeug:* Umgang mit dem Strommessgerät 25
Versuche und Aufträge: Leitfähigkeit und Stromstärkemessung 25

Eigenschaften von Magneten 26
Magnetkräfte 26
Magnetpole 26
Versuche und Aufträge: Magnetkräfte und Magnetpole 26
Es gibt nur zwei Arten von Polen 27
Magnetisches Kraftgesetz 27
Werkzeug: Protokollieren von Versuchen 28
Magnetisieren und Entmagnetisieren 29
Versuche und Aufträge: Magnetische Kräfte ... 30
Werkzeug: Beschaffen von Informationen 31
Magnetfeld und Feldlinien 32
Streifzug: Das Magnetfeld der Erde 33

Stromwirkungen 34
Wärmewirkung 34
Schmelzssicherungen 35
Lichtwirkung 35
Magnetische Stromwirkung 36
Versuche und Aufträge: Relais 36

Gefahren durch elektrischen Strom 38
Gefahrensituationen und Gefahrenursachen 38
Alles muss zusammenpassen 39
Durchblick: Analogie: Gleicher Gedanke – verschiedener Inhalt 39
Gefahren für den Menschen 40
Pinnwand: Schutzmaßnahmen beim Umgang mit Elektrogeräten 41

Stromkreise übertragen Energie 42
Die Fahrradbeleuchtung 42
Stromkreise 43
Streifzug: Die Fahrradkette als Energietransporter 43
Geräte – Wandler elektrischer Energie 44
Speicher für elektrische Energie 45
Versuche und Aufträge: Elektrische Energie ... 46

* *Werkzeug:* Erstellen einer Mindmap 47
Durchblick: Grundideen schaffen Ordnung .. 48
Grundwissen: Der elektrische Stromkreis 49

Temperatur und Energie

Projekt: Wasserkreislauf 54
Projekt: Was sich mit der Temperatur so alles ändert 54
Projekt: Energie im Haushalt 55

Temperatur und Thermometer 56
Pinnwand: Temperaturen und Thermometer .. 57
Werkzeug: Darstellen von Messwerten 58

Thermische Ausdehnung 60
Flüssigkeiten werden erhitzt 60
Die Celsius-Skala 61
Physikalische Größen 61

* Diese Elemente oder Inhalte sind nicht verbindlich, sondern ergänzen die verbindlichen Inhalte des Kernlehrplans.

□ *Streifzug:* Geschichte des Thermometers 62
Thermische Ausdehnung von Luft 63
□ *Versuche und Aufträge:* Thermische Ausdehnung von Wasser und Luft 63
Thermische Ausdehnung von festen Körpern 64
□ *Streifzug:* Das Bimetall 66
□ *Versuche und Aufträge:* Thermische Ausdehnung von festen Körpern 66
□ *Pinnwand:* Thermische Ausdehnung in Umwelt und Technik 67

Die Zustandsformen von Wasser 68
Die Zustandsformen fest, flüssig und gasförmig 68
Unter der Lupe: Die Zustandsformen von Wasser 69
Schmelzen und Verdampfen 70
Kondensieren und Erstarren 71
Verdunsten 71
□ *Versuche und Aufträge:* Zustandsformen 71
Zustandsänderungen brauchen Energie 72
Die Richtung der Wärmeenergie 72
Eine Einheit für die Energie 73
□ *Streifzug:* Überlistung eines Naturgesetzes 73
□ *Durchblick:* Energie – ein umfassendes Konzept 74
□ *Versuche und Aufträge:* Energieformen 75

Energieübergänge zwischen Körpern verschiedener Temperatur 76
Leitung 76
Mitführung 76
Strahlung 77
□ *Versuche und Aufträge:* Energieübertragung 77
□ *Streifzug:* Warmwasserheizung 78
□ *Streifzug:* Die Sonne als Motor des Wettergeschehens 79
* Dämmung 80
□ *Streifzug:* Thermoskanne 80
□ *Streifzug:* Dämm-Maßnahmen beim Haus 81
□ *Pinnwand:* Energieübertragung 82
Energietransport 84
□ *Streifzug:* Energie kommt auf vielen Wegen von der Sonne zu uns 85
Speicherung von Energie 86
□ *Pinnwand:* Energiespeicher 87
Energieentwertung 88
Energie geht nicht verloren 89
□ *Versuche und Aufträge:* Energieentwertung ... 89

Die Sonne – unsere wichtigste Energiequelle ... 90
Entstehung der Jahreszeiten 90
Temperaturen bei Tag und bei Nacht 91
□ *Versuche und Aufträge:* Sonnenstand 91
□ *Streifzug:* Was Strahlung bewirken kann 92

□ *Grundwissen:* Temperatur und Energie 94

Licht und Schall

□ *Projekt:* Zeitmessung durch Sonne und Mond 98
□ *Projekt:* Verkehrssicherheit 98
□ *Projekt:* Physiker machen Musik 99

Licht und Sehen 100
Lichtquellen und Sehvorgang 100
Licht ist unsichtbar! 101
□ *Durchblick:* Sehen – physikalisch und umgangssprachlich 101

Lichtausbreitung 102
Wie breitet sich Licht aus? 102
□ *Streifzug:* Blick in die Vergangenheit 102
□ *Versuche und Aufträge:* Lichtausbreitung 103
Licht trifft auf Körper 104
□ *Versuche und Aufträge* 105

Licht und Schatten 106
* □ *Werkzeug:* Lichtstrahlen erklären Schatten ... 108
□ *Versuche und Aufträge:* Schatten 109
□ *Streifzug:* Unser Sonnensystem 110
Schatten von Erde und Mond 112
□ *Versuche und Aufträge:* Finsternisse 113

Wie Bilder entstehen 114
Die Lochkamera 114
Das Auge 114
□ *Versuche und Aufträge:* Lochkamera 115

Schall 116
Von der Quelle zum Empfänger 116
Schallentstehung 116
Schwingungen 117
Töne sichtbar gemacht 118
□ *Versuche und Aufträge:* Schall und Schwingungen 119
□ *Streifzug:* Die menschliche Stimme 119

Schallausbreitung 120
Schallträger 120
□ *Versuche und Aufträge:* Schallausbreitung 120
Schall unterwegs 121

* Diese Elemente oder Inhalte sind nicht verbindlich, sondern ergänzen die verbindlichen Inhalte des Kernlehrplans.

Unter der Lupe: Schallausbreitung 121
Schall braucht Zeit 122
□ *Streifzug:* Schallgeschwindigkeit 123
Hörbereich 124
□ *Streifzug:* Eine Schnecke kommt ins Schwingen 124
Laut und leise 125
Lautstärke 125

Lärm und Lärmschutz 126
Lärm 126
Schädigung des Gehörs 126
Lärmschutz 127
□ *Streifzug:* Lärm und Lärmschutz 128
□ *Pinnwand:* Schall 129

Licht und Schall
□ *Pinnwand:* Sicherheit im Straßenverkehr 130
□ *Pinnwand:* Wahrnehmen und wahrgenommen werden 131
□ *Versuche und Aufträge:* Sehen und Hören 132
□ *Streifzug:* Warum zwei Augen und Ohren? . . . 133
□ *Durchblick:* Akustik und Optik – im Prinzip gleich 134

□ *Grundwissen:* Licht und Schall 136

Anhang

□ *Durchblick:* Basiskonzepte ordnen das Wissen 140
□ *Werkzeug:* Bewerten 142
□ *Durchblick:* Sich ein Bild machen 143

Stichworte 144

Bildquellen

action press, Hamburg: 83.4 – argus, Hamburg: 97.3 (Matoff) – Th. Appel, Northeim: 39.1 A/B; 43.1 B; 84 ZV; 143.2 – Astrofoto Koch, Sörth: 102.3; 110.1; 110.2; 110.3; 110.4; 111.1; 111.2; 112.3; 112.5 – Bilsom International GmbH, Lübeck: 127.1 B–D – blickwinkel, Witten: 53.4 A–D (A. Laule); 81.3 (S. Ziese); 90.1 A/B (A. Laule) – Daimler AG, Stuttgart: 89.2 – Deutsche Bahn AG, Frankfurt: 6.2; 21.2 – Deutsche Bahn AG, Rüstwerk Opladen: 67.6 – Deutsches Museum, München: 18.1; 18.2; 20.1; 22.1; 62.1 – R. Dröse, Hannover: 96.1 – Dyckerhoff & Widmann AG, Aschheim: 64.2 – F. Eiselt, Dresden: 39.1 C/D – van Eupen, Hemmingen: 7.2 A; 35.5; 37.1 A; 101.1 – Jock Fistick, Brüssel: 93.4 – Flora Press, Hamburg: 98.1 (Noack) – Fotolia.com: 86.4 (Frank-Peter Funke) – Fraunhofer Institut für solare Energiesysteme, Freiburg: 93.3 – FRD, Berlin: 33.1 – U. Fries, Stadthagen: 11.5; 26.1 – Getty Images, München: 84.4 (Jupiter Images); 97.1 (Jupiter Images/Schramm) – Hella KG, Lippstadt: 19.3 A – Intro, Berlin: 130.3 (Frank G. Oppermann) – IWZ, Stuttgart: 14.4 – Jahreszeiten Verlag, Hamburg: 88.2 (Christian Teubner für GuU) – Karwendel Foto Hubert Walther, Kochel am See: 82.1 – F. Küchenberg, Solingen: 11.3; 19.4; 32.2; 122.3 – Mannesmann Demag Fördertechnik, Wetter: 36.2; 49.3 – H. Marx, Andernach: Umschlag; 53.2 A/B – Mauritius, Mittenwald: 52.1; 68.1; 76.2 (Janusz Pokorski); 76.4 (Matthias Tunger); 82.2; 91.3 (Bernd Römmelt); 100.1; 102.1; 129.1; 130.2 (Imagebroker/Thomas Frey); 138.2 (Michael Zirn) – T. Menzel, Rohlsdorf: Vorsatz 1; 12.1 – Dr. M. Müller, Köln: 97.4; 99.1; 132.1; 133.2 A/B – NASA: 53.3; 138.3 – Oventrop, Olsberg: 78.1 – Panini Comics, Nettetal-Kaldenkirchen: 101.2 – Photostudio Druwe & Polastri, Cremlingen: 11.1 picture press, Hamburg: 97.2 (Nabiha Dahhan) – picture-alliance, Frankfurt: 55.1 (dpa); 83.2 (dpa); 88.3 (dpa); 126.1 (dpa); 129.2 (dpa); 130.1 (ZB) – plainpicture, Hamburg: 92.1 (K. Parlow) – PR-Stuttgart: 65.3 – Racal Arbeitssicherheit GmbH, Dietzenbach: 127.1 A – RWE AG, Essen: 22.2; 22.3; 22.4; 86.2 – Schott GmbH, Mainz: 34.1; 49.4 – H. C. Starck Berlin, Werk Goslar: 18.4 B – STEAG AG, Essen: 67.3 – R. Stumpf, Neuss: 17.1; 36.3; 53.1; 55.2 A/B; 71.4; 86.3; 88.1; 88.4; 89.3; 89.5; 91.2; 92.2 B; 95.1; 124.1 – TopicMedia Service, Ottobrunn: 56.1; 56.2; 82.3; 82.4 – B. Trambauer, Hemmingen: 19.3 B – ÜSTRA, Hannover: 93.2 – vario images, Bonn: 131.3; 133.3 – VEKA AG, Sendenhorst: 127.2 – WaterFrame, München: 54.1 (Ethan Daniels) – www.bilderbox.com, Thening: 130.4 – www.semmler24.de: 131.4 – Dr. M. Zemann, Hannover: 42.1

Es war nicht in allen Fällen möglich, die Inhaber der Bildrechte ausfindig zu machen und um Abdruckgenehmigung zu bitten. Berechtigte Ansprüche werden selbstverständlich im Rahmen der üblichen Konditionen abgegolten.

Die Firmen ELWE GmbH, Klingenthal; LEYBOLD DIDACTIC GmbH, Köln und PHYWE AG, Göttingen stellten freundlicherweise Geräte für Versuchsaufbauten bzw. Illustrationsfotos zur Verfügung.

6 Der elektrische Stromkreis

Strom birgt Gefahren!

Verwende daher für eigene Versuche außerhalb der Schule nur Taschenlampenbatterien, einen Eisenbahntrafo oder den Fahrraddynamo!

Kraftvoll, dynamisch und ohne sichtbare Umweltbelastung braust die E-Lok daher, vom elektrischen Strom aus der Oberleitung angetrieben. Für viele Elektrogeräte kommt der Strom über die Steckdose aus Kraftwerken – bei Spielzeugen aus Batterien oder Trafos und beim Fahrrad aus dem Dynamo.
Elektrischer Strom kann Geräte nur betreiben, wenn die Geräte richtig angeschlossen sind.
Wann sind sie richtig angeschlossen?
Welche Teile müssen Stromkreise immer enthalten, damit der Strom das Gerät betreiben kann und wie müssen die einzelnen Teile eines Stromkreises beschaffen sein? Wie lassen sich mehrere Geräte an einer einzigen Steckdose betreiben?

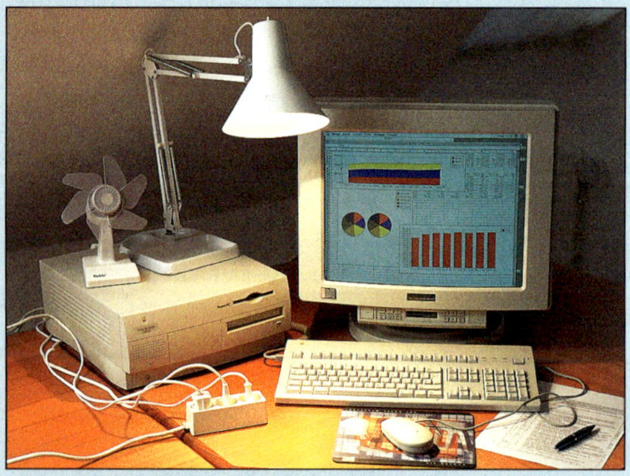

- **Wirkungen des elektrischen Stromes:**
In Elektrogeräten ruft der elektrische Strom ganz bestimmte Wirkungen hervor. Dazu müssen die Geräte in einen Stromkreis eingebaut sein. Rechner, Lampe, Ventilator und viele andere Geräte in der Wohnung nutzen die vielfältigen Wirkungen des elektrischen Stroms: In der Lampe wird aus elektrischem Strom Licht (und viel Wärme), im Ventilator Bewegung, im Bildschirm (kaltes) Licht gemacht und beim Speichern von Daten auf der Computerfestplatte aus elektrischen Signalen magnetische.

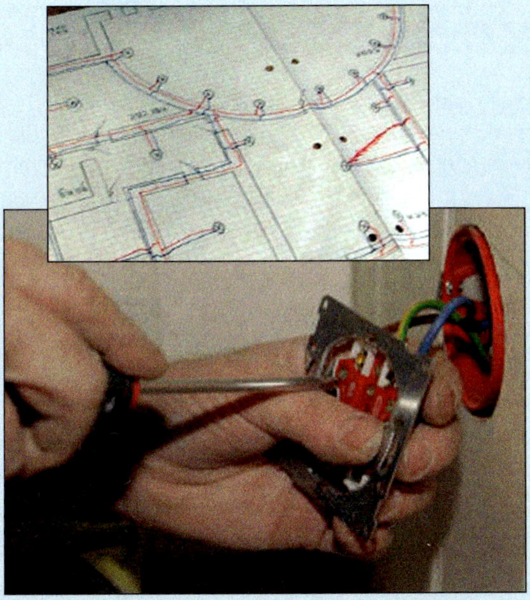

■ **Elektroinstallation:** Bei jeder Elektroinstallation eines Zimmers werden Schalter, Steckdosen, im Verborgenen Verteilerdosen, Telefondosen oder Antennenanschlüsse verwendet. Überall kommen Kabel an und werden nach ganz bestimmten Schaltplänen verschraubt. Die Geräte, die dann angeschlossen werden, beziehen über die so hergestellten Verbindungen den elektrischen Strom in der richtigen Weise. Aber wehe, wenn die Verkabelung fehlerhaft ist. Dann kann es zu schlimmen Unfällen kommen, wie nebenstehend einer beschrieben ist.

Kurzschluss setzt Tischlerei in Brand

RHEINE. Die Scheune einer Tischlerei ist in der Nacht zum Donnerstag in Garbsen in der Region Hannover wegen eines technischen Defekts niedergebrannt. Nach Angaben der Polizei entstand ein Schaden von rund 100 000 Euro. Verletzt wurde niemand.

Wie die Polizei berichtete war das Feuer wegen eines technischen Defektes an einem Elektronik-Schaltkasten ausgebrochen. Dieser befand sich an einer Holzkonstruktion, die durch Verschmorungen an Elektroleitungen in Brand geriet. Die Flammen griffen auf das ganze Gebäude über. Das Lager- und Werkstattgebäude bestand überwiegend aus Holz. Auch die Maschinen der Tischlerei verbrannten. Das Gebäude stürzte durch den Brand teilweise ein. (LNI)

■ **Halogenlampe, die Steigerung der Glühlampe:** In der Halogenlampe ist die Glühwendel aus Wolfram von einem speziellen Gas unter hohem Druck umgeben. Dieses Gas verhindert, dass die Glühwendel verdampft. Die Wendel kann deshalb auf viel höhere Temperatur gebracht werden (über 3000 °C). Dadurch leuchtet sie heller, gibt mehr Licht ab und hat eine wesentlich längere Lebensdauer als die einfache Glühlampe.

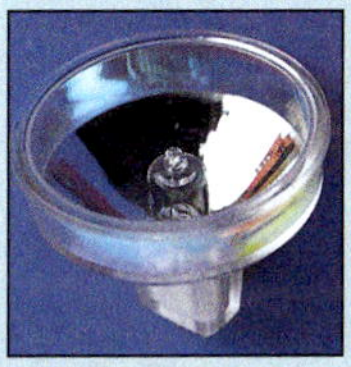

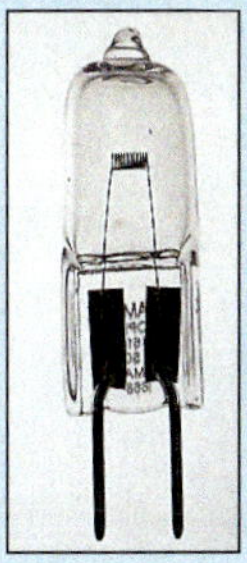

■ **Magnete:** In China wurden schon vor mehr als 2000 Jahren zur Orientierung auf See Magnetsteine benutzt, die auf einem Brettchen schwammen.
Vor etwa 500 Jahren wurden in Europa die ersten Kompasse entwickelt, um Seefahrern die Orientierung auf hoher See zu ermöglichen. Auf welchen physikalischen Grundlagen die Wirkung eines Kompasses beruht, ist erst seit etwa 200 Jahren bekannt.

Vorbereitung

1 Lies die Texte dieser beiden Seiten durch und betrachte die zugehörigen Bilder. Schreibe zu den einzelnen Themen Fragen auf, die du dazu hast.

2 Blättere das folgende Kapitel durch, lies die Überschriften und betrachte die Bilder. Notiere neben den Fragen aus **1** die Seitenzahlen, die deiner Meinung nach Antworten zu deinen Fragen liefern könnten.

3 Überlege und schreibe auf, was du in Experimenten untersuchen möchtest. Vielleicht hast du ja schon Ideen, wie die Versuche aussehen könnten.

Projekt – Theaterbühnen-Beleuchtung

Aus einem oder mehreren Schuhkartons lässt sich ein schönes Modell einer Theaterbühne konstruieren, mit zwei Etagen und einem Aufgang. Ihr könnt in eurer Gruppe solch eine Bühne gemeinsam bauen: Jeder übernimmt einen Raum oder den Aufgang als einen Teil der gesamten Bühne. Als erstes wird die Beleuchtung entworfen.

P1 a) Jeder entwirft für seinen Teil des Modells eine Schaltskizze für den Einbau mehrerer Lampen. Sie sollen in den verschiedenen Räumen alle zusammen jeweils von einem Schalter an der Eingangstür ein- und ausgeschaltet werden können.
Im Aufgang soll das Licht von unten und von oben beliebig ein- und ausgeschaltet werden können.
b) Fügt die Schaltskizze zu einer gemeinsamen Skizze für die gesamte Bühne zusammen. Es soll nur eine elektrische Quelle (Flachbatterie oder Batteriepack) verwendet werden.
c) Jeder führt die Verlegung der Leitungen, der Lampen und des (der) Schalter(s) für seinen Raum nach nebenstehender Konstruktionsanweisung aus. Jeder prüft noch nach, ob die Lampen in seinem Raum auch leuchten.
d) Am Schluss wird alles zusammengebaut und an die Quelle angeschlossen.
e) Fertigt einen Abschlussbericht über den Bau der Bühne an mit Aussagen über die verwendeten Schaltungsarten und mit einer vollständigen Schaltskizze.
f) Selbstverständlich könnt ihr eure Bühne phantasievoll mit Möbeln, Vorhängen und buntem Flitter, z. B. glitzerndem Alupapier, ausschmücken.

Ihr benötigt
- dicken, aber noch gut biegbaren Draht
- Lampen und eine Flachbatterie oder einen Batteriepack
- mindestens 3 Schuhkartons
- eine Rundzange, einen Seitenschneider

So werden Drähte befestigt (oder durch Tackern oder mit Klebeband).

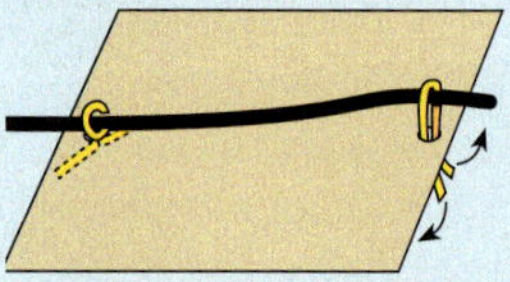

So werden Kabel verlegt:
- immer parallel zur Wand
- immer im rechten Winkel

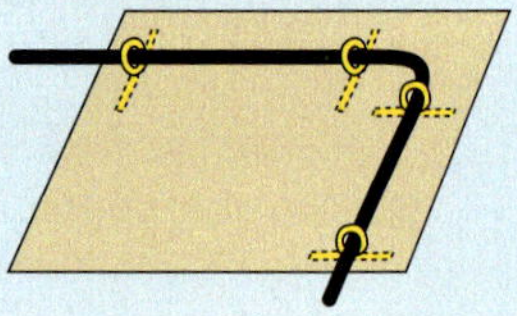

So lässt sich eine Lampenfassung aus Draht drehen.

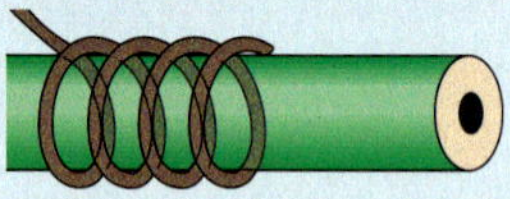

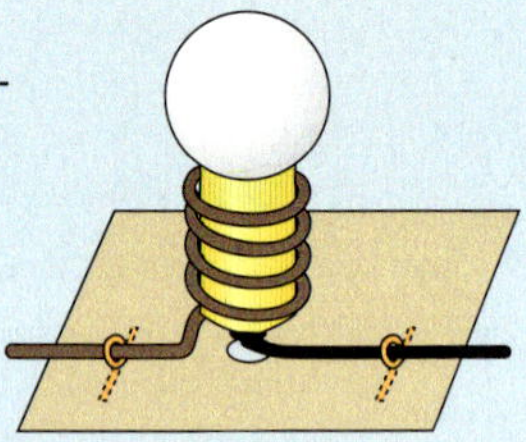

Mit Streifen von Aluminiumpapier und/oder gekauften Fassungen könnt ihr ebenfalls arbeiten.

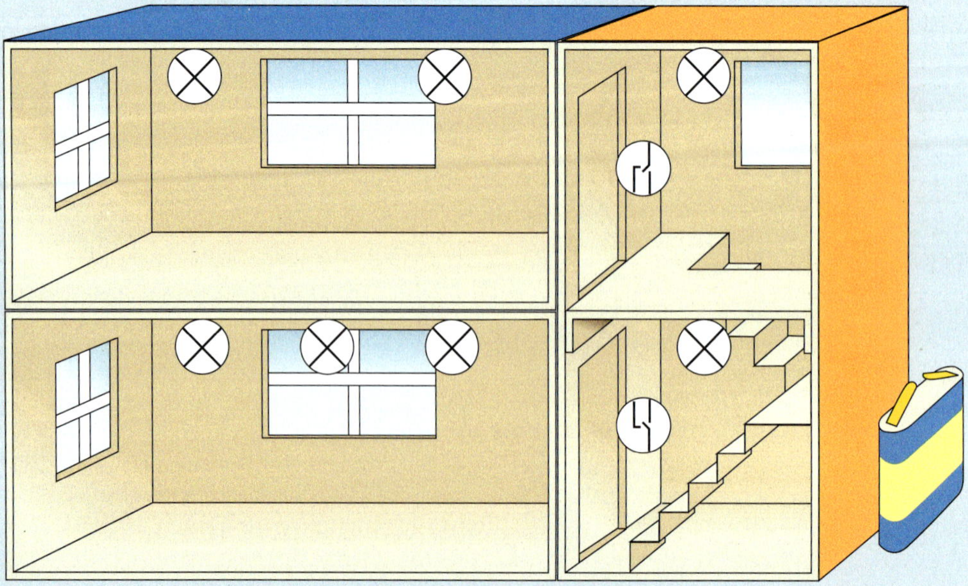

Flachbatterie oder Batteriepack hinter dem Aufgang am Karton befestigen

Elektrische Geräte

Projekt

Ohne Elektrogeräte ist unser Alltag kaum noch vorstellbar. Durch den elektrischen Strom, der über Kabel von außen oder über Batterien im Innern zugeführt wird, erzeugen sie unterschiedliche Wirkungen, die sehr hilfreich sind.

P1 Stellt für die folgenden Bereiche in einer großen, für eine Ausstellung geeigneten Tabelle zusammen, welche Elektrogeräte es dort gibt: Küche – Kinderzimmer – Klassenraum – Bahnhof. Ordnet die Geräte jeweils nach den Wirkungen, die sie haben.

P2 Fertigt eine zweite Tabelle an, woher die Geräte in der Wohnung ihren Strom beziehen: Steckdose – eigene Leitung aus der Wand – Batterien unterschiedlicher Größe und Anzahl.

P3 a) Die Stecker von Elektrogeräten haben immer zwei Metallstifte. Zeigt und zeichnet die Anschlüsse verschiedener Stecker.

b) Der Anschluss eines Handys an den Akku hat oft nur einen Metallstift – trotzdem 2 Anschlüsse? Zeichnet.

P4 a) Elektrische Geräte sind „Helfer im Alltag". Entwickelt für diesen Gedanken ein Plakat, auf dem ihr darstellt, wie es wäre, wenn es diese Helfer nicht gäbe.

b) Am Beispiel des Wäschewaschens könnt ihr darstellen, wie sich das Waschen von den Handtätigkeiten früher zur Waschmaschine und zum Trockner heute entwickelte. Bedenkt auch die Arbeitszeiten und die körperliche Anstrengung, die mit dem Waschen von Wäsche früher verbunden waren.

Internet-Suchbegriffe: **Waschmaschine, Geschichte.**

Fahrradbeleuchtung

Projekt

Für jedes Fahrrad ist eine Beleuchtung vorgeschrieben (von wenigen Ausnahmen abgesehen). Die Beleuchtung muss funktionieren und ihr solltet in der Lage sein, sie zu reparieren, wenn sie mal nicht funktioniert. Damit ihr die Fahrradbeleuchtung gut verstehen könnt, sollt ihr an einem Fahrrad mit einem Dynamo (kein Nabendynamo) gezielt Experimente anstellen. Dazu benötigt ihr Fahrradwerkzeug, zumindest jedoch passende Schraubendreher und -schlüssel und Beleuchtungsdraht, wie er sich am Fahrrad findet.

P1 a) Ergründet, welche Teile einer Fahrradbeleuchtung unbedingt erforderlich sind, damit Licht entsteht. Fertigt eine Zeichnung an, auf der nur noch diese Teile ohne Fahrrad zu sehen sind.

b) Vereinfacht die Zeichnung, indem ihr für die einzelnen Teile nur noch Symbole verwendet.

c) Prüft, ob die Lampen auch zum Leuchten zu bringen sind, wenn nur ein Kabel zu ihnen führt, und begründet, wie diese Möglichkeit am Fahrrad verwirklicht ist. – Fertigt eine Zeichnung an.

P2 a) Schraubt nun die Teile der Fahrradbeleuchtung ab, lasst aber die Kabel an den abgeschraubten Teilen dran. Erzeugt mit den demontierten Teilen und den Kabeln Licht. Mit Stativmaterial könnt ihr euch Halterungen bauen.

b) Findet heraus, wie die Kabel verlaufen müssen, damit möglichst beide Lampen so hell wie möglich leuchten.

P3 Im Internet findet ihr in einer Suchmaschine unter den Suchbegriffen **Beleuchtung, Fahrrad** viele Informationen zum Thema Fahrradbeleuchtung. Stellt diese Informationen und euer selbst erarbeitetes Wissen in einem großen Plakat zusammen.

P4 Führt eine Kontrolle der Beleuchtungen einiger Fahrräder eurer Klassenkameradinnen und Kameraden durch. Repariert mit deren Einverständnis die gefundenen Fehler. Erstellt zuvor eine Fehlerliste.

Elemente von Stromkreisen

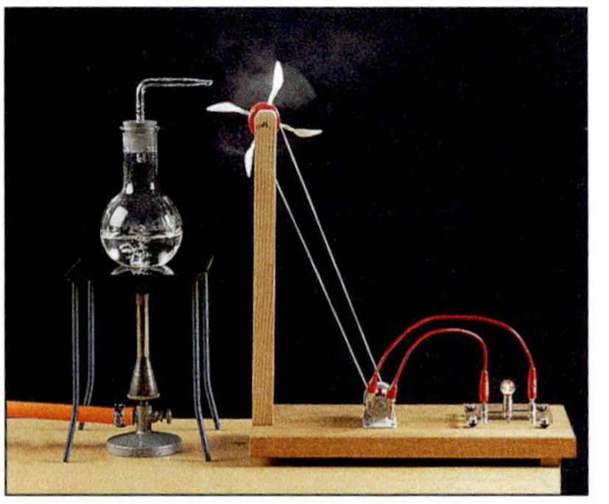

Es gibt ganz einfache Stromkreise wie im Foto unten. Im „normalen" Leben allerdings sind Stromkreise weitaus komplizierter. Das Foto rechts zeigt ihr Prinzip: Im Fahrraddynamo (= Kraftwerk) wird der Strom erzeugt, wird zum Lämpchen geleitet (= Fernleitungen) und macht in ihm (= Elektrogerät) Licht.
Welche Teile – Elemente – sind erforderlich, damit der elektrische Strom genutzt werden kann? Wie müssen die Teile des Stromkreises verbunden werden?

Wie ein Stromkreis aufgebaut ist

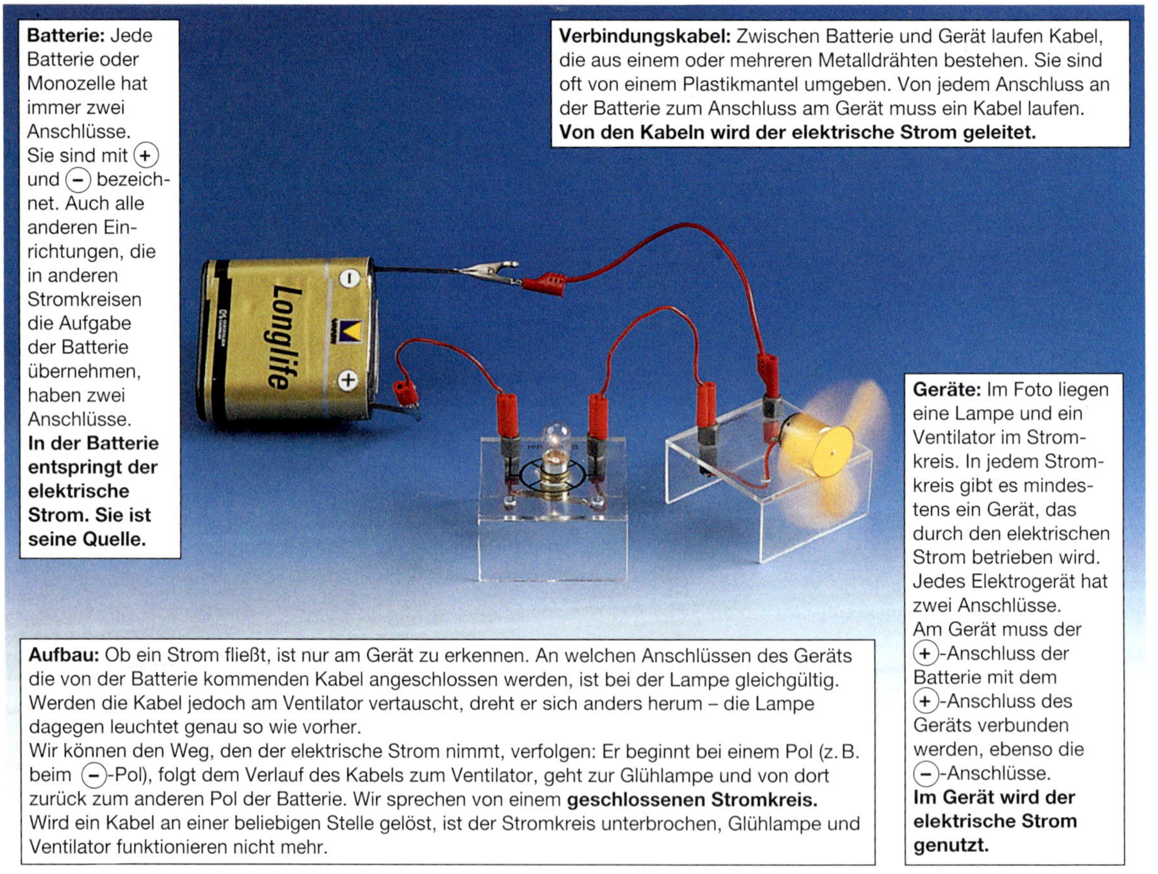

Batterie: Jede Batterie oder Monozelle hat immer zwei Anschlüsse. Sie sind mit (+) und (−) bezeichnet. Auch alle anderen Einrichtungen, die in anderen Stromkreisen die Aufgabe der Batterie übernehmen, haben zwei Anschlüsse. **In der Batterie entspringt der elektrische Strom. Sie ist seine Quelle.**

Verbindungskabel: Zwischen Batterie und Gerät laufen Kabel, die aus einem oder mehreren Metalldrähten bestehen. Sie sind oft von einem Plastikmantel umgeben. Von jedem Anschluss an der Batterie zum Anschluss am Gerät muss ein Kabel laufen. **Von den Kabeln wird der elektrische Strom geleitet.**

Geräte: Im Foto liegen eine Lampe und ein Ventilator im Stromkreis. In jedem Stromkreis gibt es mindestens ein Gerät, das durch den elektrischen Strom betrieben wird. Jedes Elektrogerät hat zwei Anschlüsse. Am Gerät muss der (+)-Anschluss der Batterie mit dem (+)-Anschluss des Geräts verbunden werden, ebenso die (−)-Anschlüsse. **Im Gerät wird der elektrische Strom genutzt.**

Aufbau: Ob ein Strom fließt, ist nur am Gerät zu erkennen. An welchen Anschlüssen des Geräts die von der Batterie kommenden Kabel angeschlossen werden, ist bei der Lampe gleichgültig. Werden die Kabel jedoch am Ventilator vertauscht, dreht er sich anders herum – die Lampe dagegen leuchtet genau so wie vorher.
Wir können den Weg, den der elektrische Strom nimmt, verfolgen: Er beginnt bei einem Pol (z. B. beim (−)-Pol), folgt dem Verlauf des Kabels zum Ventilator, geht zur Glühlampe und von dort zurück zum anderen Pol der Batterie. Wir sprechen von einem **geschlossenen Stromkreis.**
Wird ein Kabel an einer beliebigen Stelle gelöst, ist der Stromkreis unterbrochen, Glühlampe und Ventilator funktionieren nicht mehr.

Ist ein Stromkreis aus Batterie, Kabeln und Glühlampe geschlossen, leuchtet die Glühlampe. Ist der Stromkreis unterbrochen, leuchtet die Glühlampe nicht.
Bei vielen Geräten muss auf die richtige Verbindung zwischen den Anschlussstellen an der Quelle des elektrischen Stromes und am Gerät geachtet werden.

Aufgaben

1 **a)** Schreibe Gegenstände auf, die du für Teile eines Stromkreises hältst. Sortiere nach Quelle, Leitung und Gerät.
b) Gib für Geräte die passende Quelle und die Leitungen an. Schreibe auf, wo du die Zuordnung nicht kennst.

Der Stromkreis innerhalb von Geräten

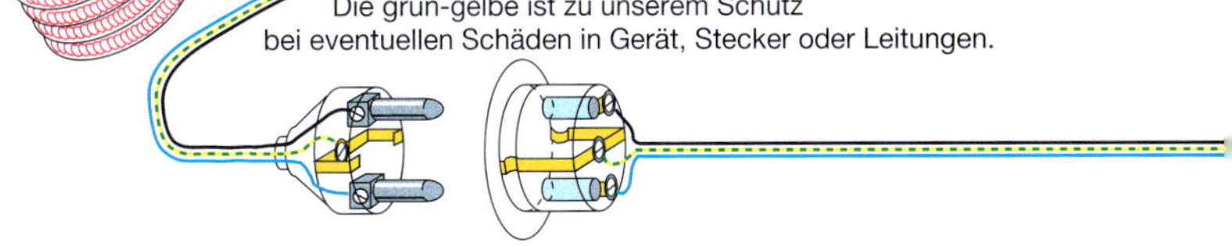

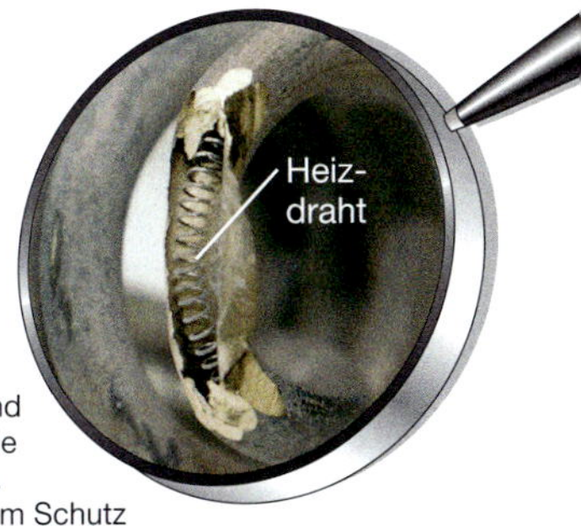

In jedem Elektrogerät wird der Strom durch Drähte von einem Anschluss zum anderen geführt. Der Stromkreis ist also auch in den Geräten geschlossen.

Wir löten Stromkreise

Versuche und Aufträge

Stromkreise können gelötet werden. Dann sind die Verbindungen besonders fest und die Leitung des Stromes ist vorzüglich. So wie in jedem Radio, MP3-Player oder Computer die Platinen (die kleinen Platten, auf denen sich die Funktionsteile dieser komplizierten Schaltungen befinden) gelötet sind, kannst du das auch.

Lötkolben und Lot, Lampen und die Fassungen dafür sowie verschiedene andere Teile, die sich sinnvoll miteinander verlöten lassen, gibt es für wenige Euro in einschlägigen Elektronik-Bastelläden. Außerdem wird eine feste Unterlage benötigt, in die ihr gut Reißzwecken eindrücken könnt, und ein paar Reißzwecken ohne Plastikkopf.

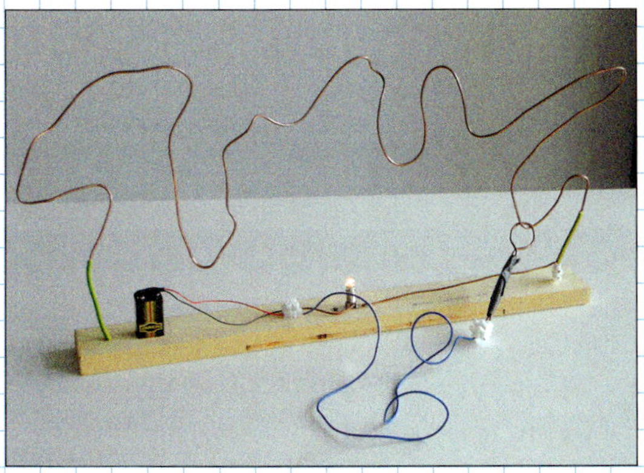

Regeln für das Löten
- Arbeitet immer zu zweit.
- Lüftet den Raum immer gut während des Lötens.
- Haltet eine feuerfeste Unterlage (Fliese) für den Lötkolben bereit.
- Am Ende des Lötens: Erst Lot weg – dann Kolben weg.

Und so geht ihr vor:
- Reißzwecken dort eindrücken, wo Verbindungen gelötet werden sollen.
- Eine(r) hält die beiden Teile, die miteinander verlötet werden sollen, auf die Reißzwecke – die(der) andere hält das Lot darauf und bringt es mit dem Lötkolben zum Schmelzen.
- Den nächsten Arbeitsschritt erst dann beginnen, wenn die Lötstelle abgekühlt ist.

V1 **a)** Löte das nebenstehende Geschicklichkeitsspiel aus steifem Draht, einem Stück Kabel und einem Summer oder einer Lampe zusammen. Als Untergrund genügt ein dickeres Holzbrett.
b) Erfinde eine entsprechende Verkabelung für drei Monozellen, wenn du diese verwenden willst.

V2 Finde die Lötstellen im Inneren einer Glühlampe und verfolge von dort aus die Stromführung durch die Lampe. Zerschlage dazu vorsichtig eine in ein dickes Tuch oder eine viellagige Zeitung eingewickelte defekte Glühlampe. **Vorsicht – scharfe Splitter!**

Das Prinzip aller elektrischen Anlagen

QUELLE des ELEKTRISCHEN STROMES → TRANSPORT → NUTZUNG des ELEKTRISCHEN STROMES

Aufgaben

1 Schreibe für jede elektrische Quelle, jede Leitung und jedes Gerät den richtigen Namen auf. Helft euch dabei gegenseitig, frage deine Eltern, ….

2 Lege eine Tabelle an, in der du alle Quellen, Leitungen und Geräte so einander zuordnest, wie sie deiner Auffassung nach zueinander gehören.
Wenn du die Zuordnung nicht weißt, dann lass in der Tabelle die Nachbarplätze offen. Helft euch auch hier gegenseitig.

3 Kennzeichne mithilfe einer Skizze die Anschluss-Stellen einer Glühlampe.

Schalter

Um eine elektrische Anlage gezielt in Betrieb nehmen oder ausschalten zu können, muss in den Stromkreis eine Lücke eingebaut werden – sinnvollerweise so, dass sie auch einfach wieder geschlossen werden kann. Dies leisten **Schalter.** Die beiden wichtigsten Arten von Schaltern sind in den Vergrößerungen dargestellt:

- Der UM-Schalter ① schaltet zwischen zwei funktionsfähigen Stromkreisen hin und her.
- Der EIN-AUS-Schalter ② unterbricht den gesamten Stromkreis, in dem er liegt.

Zur einfachen Darstellung von elektrischen Anlagen wurde eine eigene „Schrift" entwickelt mit *Symbolen* für die Bauelemente und Regeln für ihre Verknüpfungen. Alles zusammen ergibt dann die **Schaltskizze** des Stromkreises.

Reed-Schalter: In ein dünnes Glasröhrchen sind zwei Metallzungen eingeschmolzen, von denen eine aus Eisen besteht. Sie kann mit einem Magnet von außerhalb des Röhrchens bewegt werden. Dadurch kann ein Stromkreis berührungsfrei geschlossen oder geöffnet werden.

① UM-Schalter

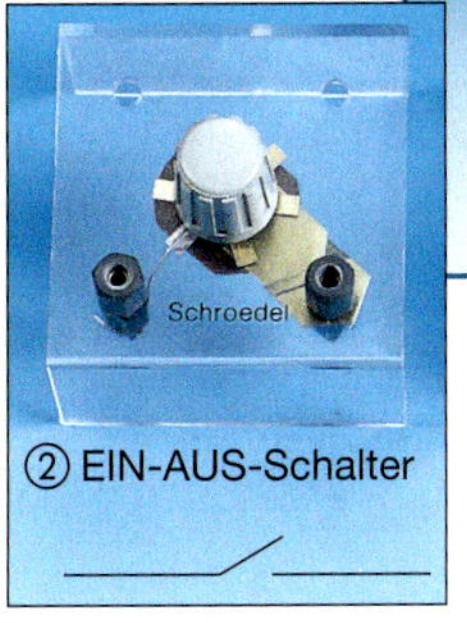

② EIN-AUS-Schalter

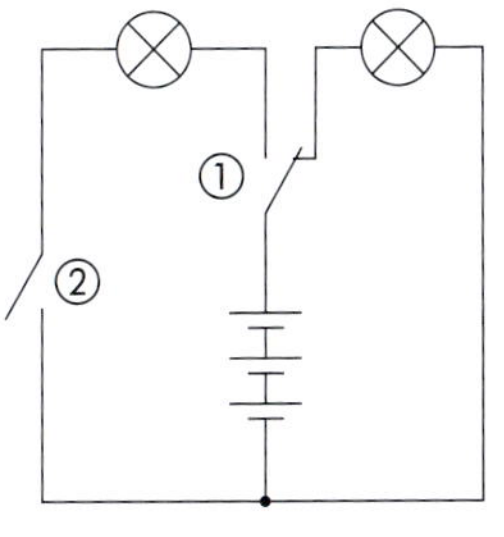

Zentraler Versuch

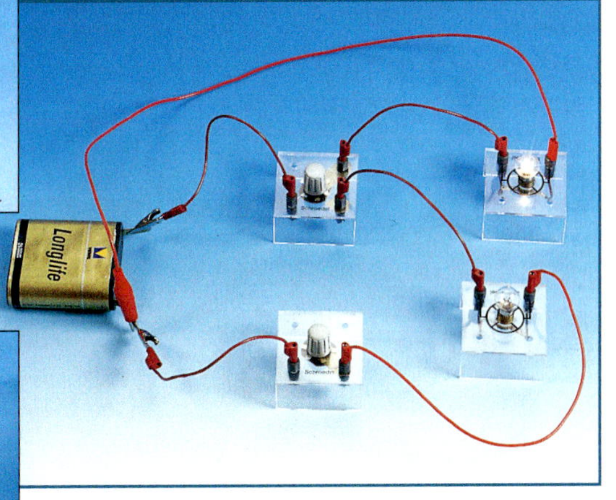

Aufgaben

1 **a)** Links ist die Schaltskizze des zentralen Versuchs noch einmal anders, aber sehr übersichtlich dargestellt. Überprüfe, ob die Skizze die Schaltung wirklich darstellt.
b) Verändere die Schaltskizze so, dass eine weitere Lampe hinzugefügt wird, die unabhängig von der Stellung des UM-Schalters leuchtet, sofern der EIN-AUS-Schalter auf „EIN" steht.
c) Füge dann einen Schalter so ein, dass immer alle leuchtenden Lampen mit diesem einen Schalter an- und ausgeschaltet werden können.

Zeichnerische Darstellung von Schaltungen — Werkzeug

Zeichenregeln für Kabel:
- Nur gerade Linien
- nur waagerecht *oder* senkrecht verlaufend
- Richtungswechsel nur rechtwinklig

Zeichenregeln für Wandler:
- Nur waagerechte *oder* senkrechte Kabelanschlüsse
- nur genormte Symbole

Die Schaltskizze rechts zeigt, dass sich die Schaltung des zentralen Versuchs mithilfe der Symbole und Regeln sehr einfach und übersichtlich darstellen lässt.

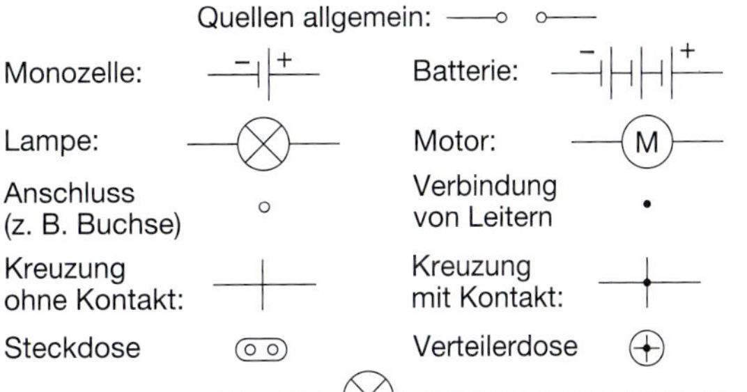

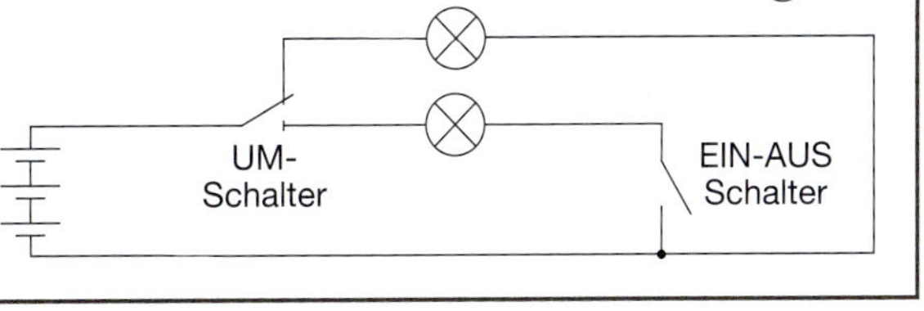

Schalter machen Aussagen

1. Mit einem einfachen EIN-AUS-Schalter im Stromkreis sagen wir: AN, wenn die Lampe leuchtet, und AUS, wenn sie nicht leuchtet. Diese beiden Zustände der Lampe können auch als JA bzw. NEIN oder RICHTIG bzw. FALSCH gedeutet werden. Je nachdem, was wir dem Zustand „Lampe leuchtet" oder seinem Gegenteil „Lampe leuchtet nicht" zuordnen, macht ihr Leuchten oder ihr Nicht-Leuchten eine Aussage.

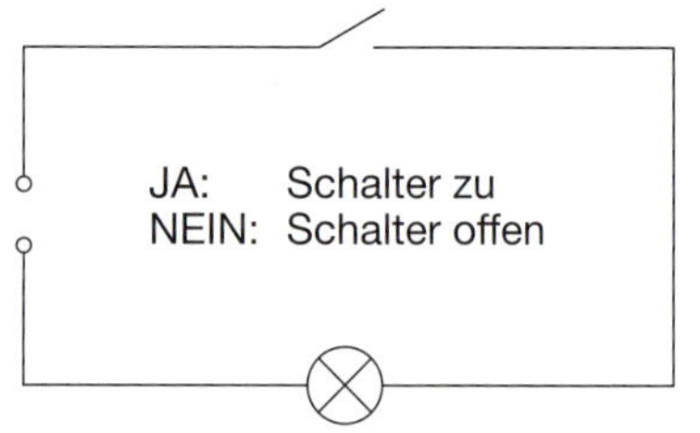

2. Sind zwei EIN-AUS-Schalter in einen unverzweigten Stromkreis eingebaut, leuchtet die Lampe nur, wenn Schalter ① UND Schalter ② geschlossen sind.
   Der Strom fließt also nur, wenn zwei Bedingungen gleichzeitig erfüllt sind. Diese Schaltung heißt deshalb **UND-Schaltung.**

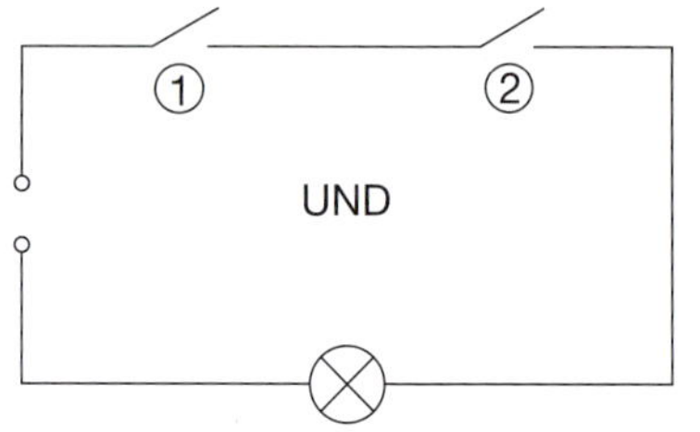

3. Sind zwei EIN-AUS-Schalter nebeneinander eingebaut, so leuchtet die Lampe nur, wenn Schalter ① ODER Schalter ② ODER beide geschlossen sind.
   Der Strom fließt hier also nur, wenn die eine ODER die andere Bedingung ODER beide gleichzeitig erfüllt sind. Diese Schaltung heißt deshalb **ODER-Schaltung.**

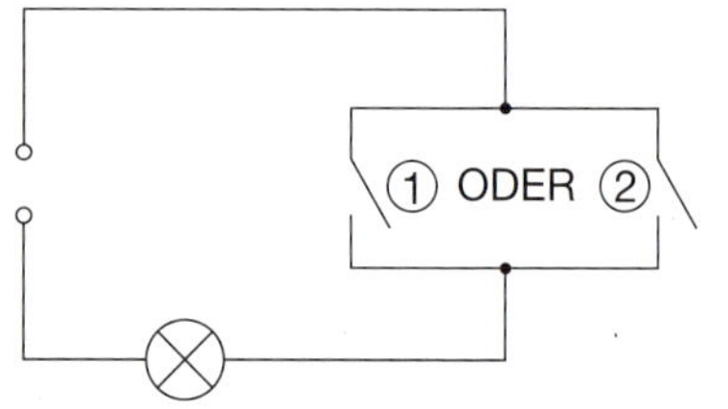

Mit Schaltern können verschiedene Aussagen getroffen werden.

Anwendungsbeispiele

Heckenschere mit Sicherheit

Das Scherblatt darf sich nur bewegen, wenn die rechte UND die linke Hand an der Maschine sind. Deshalb muss jede Hand einen Schalter betätigen. Würde nur eine Hand den Motor einschalten, könnte die andere in das Scherblatt geraten.

Intelligente Deckenleuchte

Die Deckenleuchte eines Autos leuchtet, wenn eine ODER mehrere Türen offen sind. Bei geschlossenen Türen leuchtet sie nicht. Die Schalter für die Leuchte finden sich als Druckschalter in den Türholmen. Sie sind geöffnet, wenn die Türen geschlossen sind.

Pfiffige Leuchtreklame

Oft werden verschiedenfarbige Leuchtröhren zeitlich versetzt eingeschaltet. Dann gehen sie gleichzeitig wieder aus. Danach beginnt der Vorgang von neuem. Der Betrachter soll dadurch das Bild am Ende voller Spannung erwarten.

Aufgaben

1 In den obigen Geräten ist je eine oder eine ähnliche der obigen drei Schaltungen eingebaut. Ordne ihnen die richtige Schaltung zu. Zeichne.

2 Benenne die Schalter, die zusammen eine ODER- bzw. eine UND-Schaltung ergeben, damit Lampe A bzw. B im Bild rechts leuchtet.

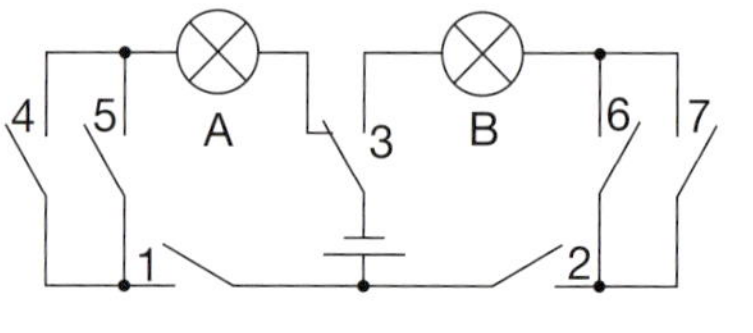

Wechselschaltung

Versuche und Aufträge

V1 In einer Garage im Kellergeschoss eines Hauses soll die Deckenleuchte in folgender Weise nacheinander an- und ausgeschaltet werden:

Gleichgültig, mit welchem Schalter die Deckenleuchte der Garage ein- oder ausgeschaltet wird, immer reagiert sie so wie erwartet. Wir finden jetzt heraus, wie die Lampe mit den Schaltern und der Quelle verbunden ist.

a) Zeichne diese Schaltskizze ab.

Ergänze sie nun so, dass die Lampe von zwei Schaltern aus beliebig ein- und ausgeschaltet werden kann.

(*Hinweis:* Die beiden Schalter sind keine EIN-AUS-Schalter sondern UM-Schalter; zwischen ihnen gibt es nicht nur eine, sondern sogar zwei Leitungen!)

Du hast eine **Wechselschaltung** erfunden!

b) Baue die Schaltung mit richtigen Schaltern, einer Lampe und einer passenden elektrischen Quelle auf.

c) Das auf dem Schieber liegende Kreuz oder die beiden parallelen Stücke können zwischen die beiden Kabel eines Stromkreises geschoben werden. Füge in der Skizze zu a) diesen Kreuzschalter zwischen die beiden Umschalter ein. Beschreibe, welche Wirkung seine Betätigung hat.

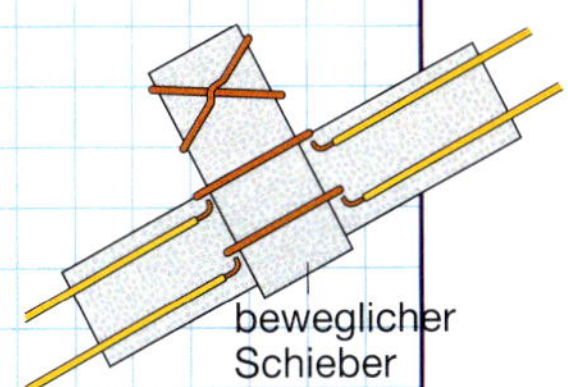

A2 a) Suche in der Schule oder zuhause solche Schaltungen, hinter denen du eine Wechselschaltung oder gar eine Wechselschaltung mit Kreuzschalter vermuten kannst.

b) Begründe deine Vermutung.

Schalter

Streifzug

In unseren Wohnungen werden heute üblicherweise Kippschalter verwendet, um Stromkreise zu öffnen oder zu schließen. Links ist der Schalter ohne Verkleidung dargestellt, rechts der Schaltmechanismus im Inneren.

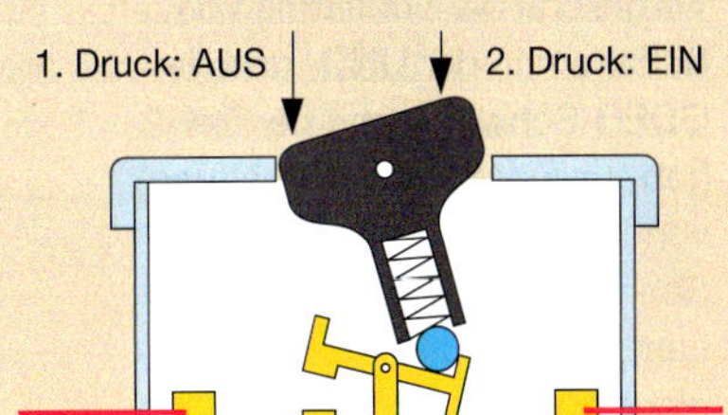

Die kleinen Druckschalter an Nachttischlampen schalten mit dem ersten Drücken auf den Knopf die Lampe an, mit dem zweiten aus, mit dem dritten wieder an usw. Durch jedes Drücken wird dabei ein Kontaktplättchen um 90° weitergedreht.

Der Schalter für die Leuchten im Kühlschrank- oder Auto-Innenraum schließt den Stromkreis, wenn die Tür geöffnet wird.
Der Druckschalter darunter öffnet ihn, wenn der Knopf losgelassen wird.

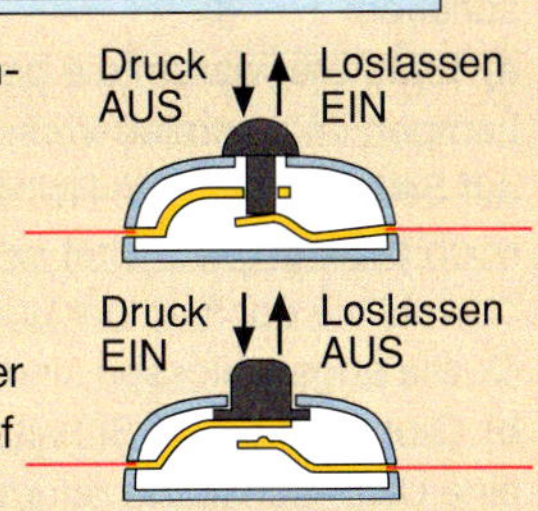

Streifzug — Lampen – wie es anfing und wie es heute ist

Das war ein aufregendes Wochenende in THOMAS ALVA EDISONs Erfinderlabor in Menlo-Park bei New York. Dort wurde intensiv an der Verbesserung der Glühlampe gearbeitet, die der nach Amerika ausgewanderte Deutsche HEINRICH GOEBEL 1854 erfunden hatte. Über 1600 verschiedene Naturfasern waren auf ihre Fähigkeit, in einem Stromkreis zu glühen, überprüft worden. Am 21.10.1879 war es endlich geglückt, einen verkohlten Faden eines ganz normalen Garns über 13 Stunden lang hell leuchten zu lassen. Vorher war der Glaskolben, in dem der Faden glühen sollte, stundenlang luftleer gepumpt worden. Erst nach Anlegen des Stromes war das gläserne Absaugrohr zugeschmolzen worden. Und erst nach 13 Stunden war der Glühfaden durchgebrannt! EDISON hatte höchstpersönlich den Strom nochmal leicht erhöht – und da war es dann geschehen!

Später entwickelte EDISONs Labor die noch heute gebräuchlichen Schraubsockel und Fassungen für Glühlampen, Kabel und Schalter. 1881 präsentierte er alles auf der internationalen Elektrizitätsausstellung in Paris. Damit begann die Versorgung der Städte in Amerika und Europa mit elektrischem Strom.

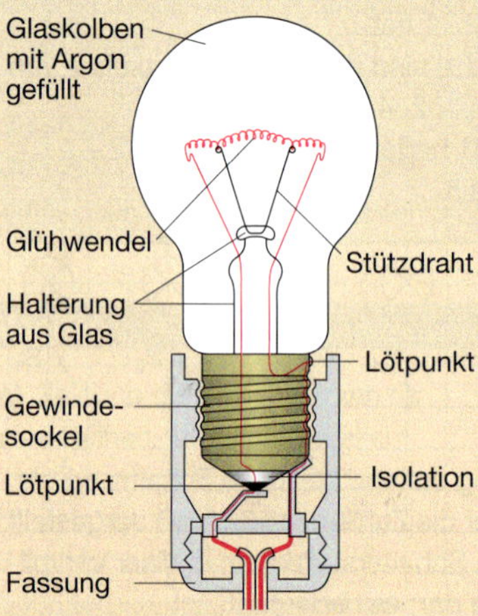

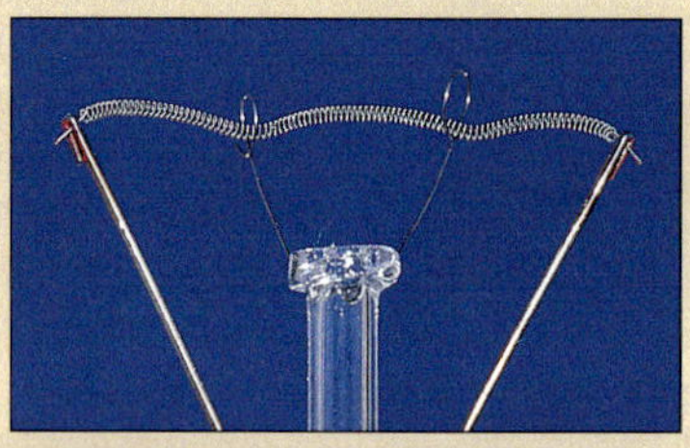

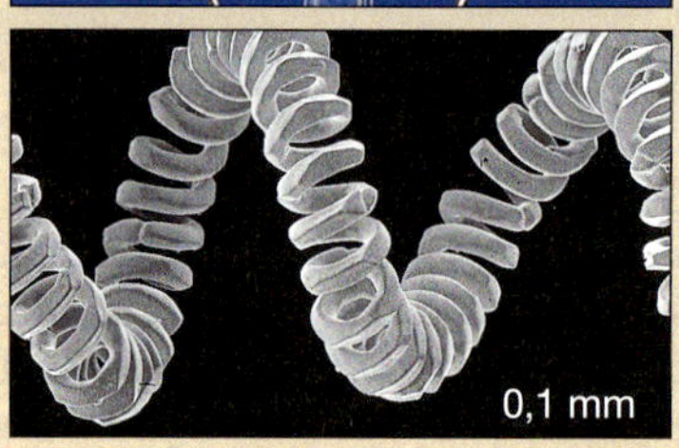

Die Glühfäden unserer heutigen Lampen bestehen seit ca. 100 Jahren nicht mehr aus verkohlten Naturfasern. Heute werden speziell entwickelte Glühdrähte aus dem Metall Wolfram verwendet.
Der feine Draht ist doppelt gewendelt, einmal in sich selbst und dann noch einmal im Ganzen. Er wird ca. 2500 °C heiß. Der Glaskolben ist heute mit dem Gas Argon gefüllt, das ein frühzeitiges Verglühen des Drahtes verhindert.

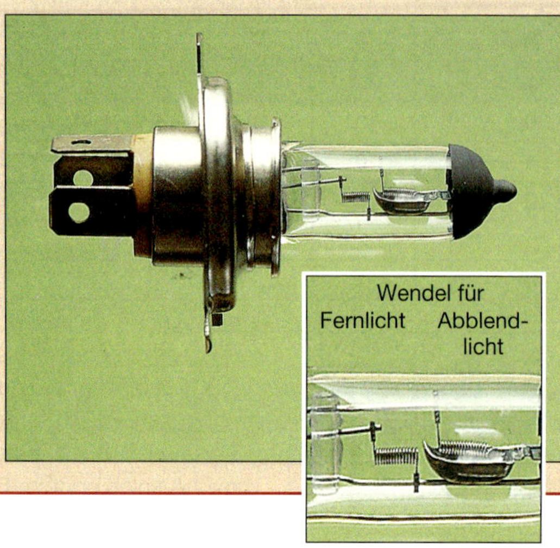

In den Lampen von Autoscheinwerfern gibt es zwei Glühdrähte. Von dem hinteren gelangt das Licht auf den gesamten Reflektor des Scheinwerfers, der es in die Ferne strahlt. Die vordere Glühwendel dient dem Abblendlicht: Der kleine Spiegel unter dieser Wendel lenkt das Licht gegen den oberen Teil des Reflektors. Von dort wird es auf die Straße reflektiert, nicht in die Ferne.

Aufgaben

1 Überlege dir, welche Schalterart für das Umschalten von Fern- auf Abblendlicht nötig ist und zeichne eine entsprechende Schaltskizze.

Leuchtstofflampen

In Leuchtstofflampen wird das Licht nicht mithilfe eines Glühdrahts erzeugt, sondern mithilfe einer Einrichtung (Elektroden), die Elektronen in die gasgefüllte Röhre entlässt. Die Elektronen stoßen auf die Gasteilchen, die daraufhin unsichtbares ultraviolettes Licht (auch im Sonnenlicht vorhanden) abstrahlen.

Ein Leuchtstoff auf der Innenseite des Glases wandelt das UV-Licht in für uns sichtbares Licht um.

Halogenlampe, die Steigerung der Glühlampe

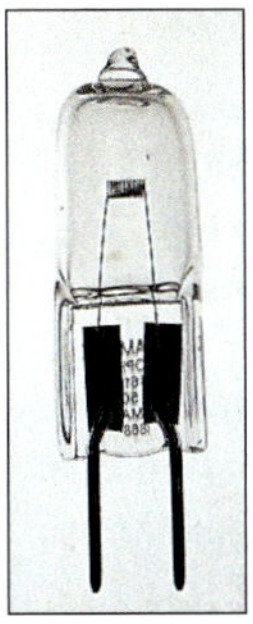

In der Halogenlampe ist die Glühwendel aus Wolfram von einem speziellen Gas unter hohem Druck umgeben. Dieses Gas verhindert, dass die Glühwendel verdampft. Die Wendel kann deshalb auf eine höhere Temperatur gebracht werden (über 3000 °C). Dadurch leuchtet sie heller, gibt mehr Licht ab und hat eine wesentlich längere Lebensdauer als die einfache Glühlampe.

Gasentladungslampe

Das sind kleine, sehr helle und langlebige Lampen für Autoscheinwerfer. In ihnen wird ein unter hohem Druck stehendes Gas elektrisch leitend gemacht. Dadurch leuchtet das Gas hell auf und sendet bläulich weißes Licht aus – viel mehr als vergleichbare Halogen- oder gar normale Glühlampen.

Im Großen werden solche Gasentladungslampen für Flutlichtanlagen auf Sportplätzen verwendet.

Leuchtdioden (LED)

Im Gegensatz zu herkömmlichen Glühlampen ist in LEDs kein Glühdraht erforderlich, da das einfarbige Licht direkt in den Siliciumkristallen erzeugt wird, aus denen eine LED besteht. Deshalb werden LEDs auch nicht heiß, haben eine sehr hohe Lebensdauer und sind unempfindlich gegen Stöße.

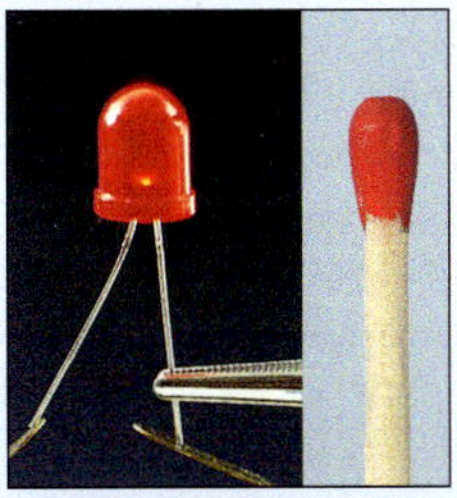

Die kleinen LEDs sind praktisch punktförmige Lichtquellen, die nur wenig Energie benötigen und vielfältig eingesetzt werden können, z. B. als Stand-by-Anzeigen bei Fernsehern und als Rücklichter von Fahrrädern. In vielen Bereichen ersetzen sie bereits konventionelle Lampen, z. B. in Heckleuchten von Autos, in Verkehrssignalen und in der Werbung.

Um weißes Licht mit Dioden zu erzeugen, muss entweder eine rote, eine grüne und eine blaue Diode zusammengeschaltet oder das LED-Gehäuse mit einem bestimmten Farbstoff überzogen werden, der aus dem ausgesendeten farbigen Licht weißes Licht macht.

LED-Lampen

In den letzten Jahren ist es gelungen, LED's herzustellen, die so hell sind, dass sie auch zur Beleuchtung dienen können.
Sie sind genau so hell wie Glüh- oder Halogenlampen, obwohl dazu viel weniger Strom erforderlich ist. Sie sind also noch sparsamer als Halogenlicht und daher umweltverträglicher. Dazu kommt noch die sehr lange Lebensdauer, bis zu 100 000 Stunden. Zum Vergleich: Eine Glühlampe hat nur eine Lebensdauer von ca. 2 000 Stunden.

Ein Nachteil dieser Lampentechnik liegt darin, dass LED-Lampen einen Raum nicht gleichmäßig ausleuchten, sondern eher wie ein Scheinwerfer wirken. Daher eignen sie sich besser zum Einsatz in Taschenlampen oder als Fahrrad- und Autoscheinwerfer.

Die Wege des elektrischen Stromes

Kabel, in denen ein elektrischer Strom fließen soll, müssen ihn gut leiten und sie dürfen ihn nicht aus sich herauslassen. Sonst käme er nicht dort an, wo man ihn braucht – und sehr gefährlich wäre das obendrein.
Welche Stoffe leiten den elektrischen Strom gut? Wie ist ein guter elektrischer Leiter beschaffen und wie das Gegenteil zu ihm, der elektrische Isolator, der den Strom nicht durchlässt?

Elektrische Leiter und Nichtleiter

Zentraler Versuch

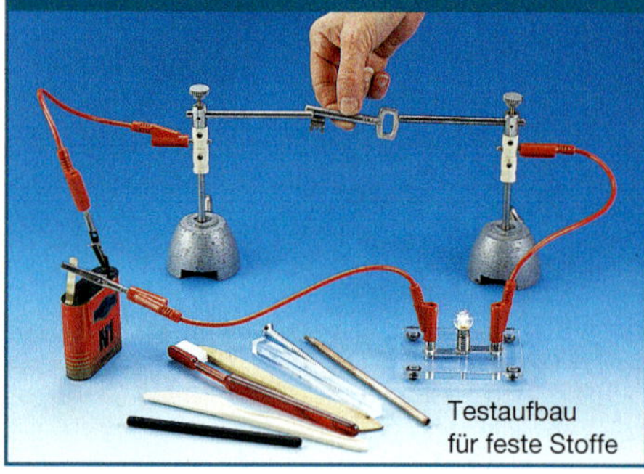
Testaufbau für feste Stoffe

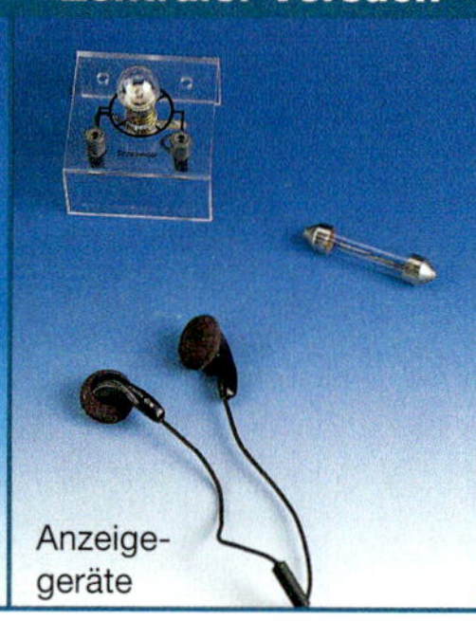
Anzeigegeräte

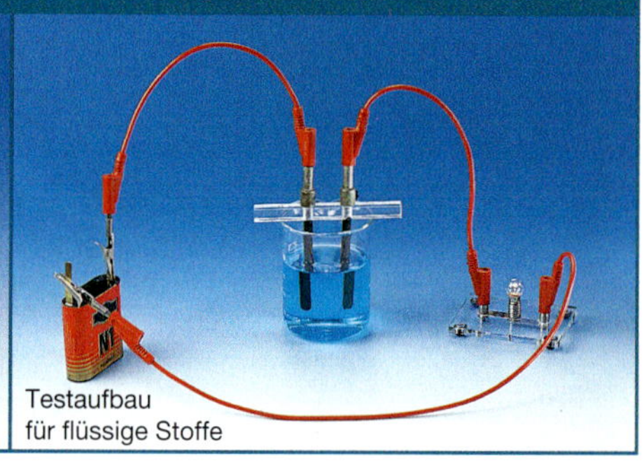
Testaufbau für flüssige Stoffe

Bei manchen Stoffen leuchtet die Lampe im Test nur schwach oder gar nicht. Sie müssen nicht gleich Isolatoren sein. Es könnte auch am Nachweisgerät „Lampe" liegen! So wie man Millimeter nicht mit dem Bandmaß misst, sondern mit dem Geodreieck, werden auch für den Nachweis der elektrischen Leitfähigkeit von Stoffen unterschiedliche Geräte benutzt: Glimmlampe oder Kopfhörer zeigen weitaus feiner an als eine Lampe.
Stoffe können in gute und schlechte elektrische Leiter eingeteilt werden. Bei manchen ist mit einfachen Mitteln kein Strom feststellbar. Dies sind die Isolatoren. Dazu gehören z. B. die Stoffe, die vor Gefahren im Umgang mit elektrischen Strömen schützen: Kunststoff, Porzellan und die Luft gehören dazu wie fast alle anderen Gase.
Aber Achtung: Die Glimmlampe ist z. B. mit einem Gas gefüllt, das unter den besonderen Bedingungen in ihrem Inneren elektrisch leitend ist!

Lampe leuchtet	Kopfhörer oder Glimmlampe reagieren	Keine Reaktion eines Anzeigegerätes
– Kupfer – Eisen – Aluminium – Grafit – Salzwasser	– Leitungswasser – feuchte Erde – Zitrone – Cola	– Gummi – Papier – destilliertes Wasser – Speiseöl
ELEKTRISCHE LEITER		ISOLATOREN

Feste, flüssige oder gasförmige Stoffe leiten den elektrischen Strom unterschiedlich gut.

Aufgaben

1 **a)** Nenne bei elektrischen Geräten die leitenden und die nichtleitenden Teile.
b) Schreibe auf, wo du in eurer Wohnung die leitenden Teile des Versorgungsnetzes sehen kannst und wo die isolierenden Teile zu finden sind.

2 **a)** Kabel in Überlandleitungen, die über hohe Masten geführt werden, haben keine isolierenden Ummantelungen. Formuliere Fragen dazu.
b) Beantworte die Fragen deines Banknachbarn oder deiner Banknachbarin aus Teilaufgabe a).

„Halbe" Leitung – ganzer Stromkreis

Eine „Taschenlampe" aus Alufolie, Lampe und Monozelle wie im folgenden Bild? Gewiss nicht sehr alltagstauglich aber funktionstüchtig: Die Alufolie verbindet den Minuspol der Monozelle mit der Fassung der Lampe. Die Lampe sitzt mit ihrer unteren Lötstelle direkt auf der Monozelle. Der Stromkreis ist so auf einfachste Weise geschlossen, wie in jeder handelsüblichen Taschenlampe auch. In denen gibt es nämlich keine Kabel mehr, sondern nur noch leitende Gehäuseteile.

Zentraler Versuch

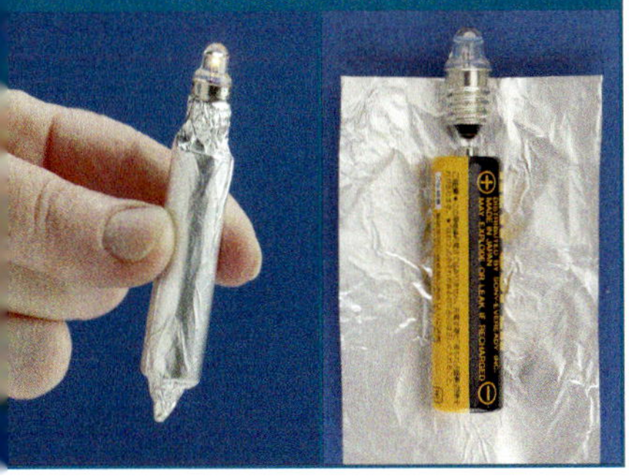

Auch bei der Autoelektrik werden Leitungen gespart: Ein Pol der Batterie ist über ein dickes Kupferkabel mit der metallenen Karosserie verbunden. Sie steht als Leitung überall hin zur Verfügung. Alle Elektrogeräte, die leitend an der Karosserie befestigt sind, brauchen daher nur noch eine Leitung zur Batterie. – Lampenfassungen aus Kunststoff müssen mit einem kurzen Draht an der Karosserie befestigt werden.

Die Oberleitungen für die E-Loks der Deutschen Bahn oder für Straßenbahnen bestehen nur aus einem Draht. Natürlich brauchen auch die Stromkreise, in denen die Motoren dieser Fahrzeuge liegen, eine zweite Leitung. Nur erkennen wir sie nicht auf den ersten Blick, denn es sind die Schienen! Weil sie aus massivem Stahl sind, können sie als zweite Leitung dienen und so eine Menge Material und Kosten sparen.

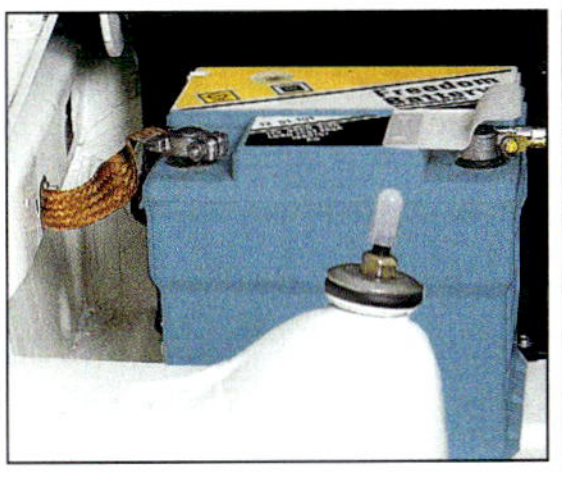

Aufgaben

1 **a)** Zeichne die Schaltung für mehrere Elektrogeräte eines Autos, wenn die Karosserie einen Teil der Leitung ersetzt. Beachte Reihen- bzw. Parallelschaltung.
b) Zeichne in deine Schaltskizze einen Geräteschalter und einen Hauptschalter (Zündschlüssel) ein.

2 Es gibt Autos, deren Karosserie vollständig aus Kunststoff besteht. Bei solchen Autos ist die Verkabelung der Geräte mit der Batterie aufwändiger.

3 Wenn du auf die Schienen der Straßenbahn trittst, bekommst du ebenso wenig einen elektrischen Schlag wie Vögel, die auf einer elektrischen Leitung sitzen. Zeichne und erkläre.

4 Auf einer Blechplatte sollen eine Lampe und ein kleiner Motor und eine 4,5 V-Flachbatterie so aufgelötet werden, dass von den beiden Geräten zur Quelle jeweils nur ein isolierter Draht läuft. Jedes Gerät soll mit einem kleinen Druckschalter unabhängig vom anderen Gerät an- und ausgeschaltet werden können.
a) Zeichne ein einfaches Bild, wie du die Teile miteinander verlöten müsstest.
b) Fertige eine Schaltskizze.

5 Lies den Streifzug „Kabelverlegung am Fahrrad" auf der nächsten Seite durch. An einem Fahrrad, an dem nur ein Kabel zum Gerät benötigt wird, leuchten weder Scheinwerfer noch Rücklicht. Schreibe eine Anweisung, um herauszufinden, ob zufälligerweise beide Lampen kaputt oder Kabel gerissen sind.

6 In China ist das Fahrrad noch heute das gängigste Verkehrsmittel des kleinen Mannes. Schätzen wir, dass von den mehr als einer Milliarde Chinesen ungefähr 700 Millionen ein Fahrrad besitzen. Jedes Kabel zum Scheinwerfer besteht aus 2,5 g Kupfer und zum Rücklicht aus 5 g. Insgesamt sind an jedem Fahrrad 2 m Kabel verlegt. Weil man an diesen Fahrrädern nur ein Kabel benötigt, wird viel Kupfer gespart (siehe Streifzug nächste Seite.)

Streifzug **Kabel**

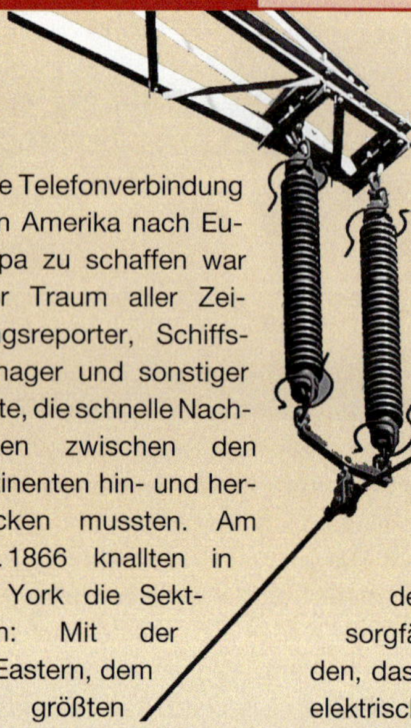

Eine Telefonverbindung von Amerika nach Europa zu schaffen war der Traum aller Zeitungsreporter, Schiffsmanager und sonstiger Leute, die schnelle Nachrichten zwischen den Kontinenten hin- und herschicken mussten. Am 27.7.1866 knallten in New York die Sektkorken: Mit der Great Eastern, dem damals größten Schiff der Welt, waren mehr als 3700 km Kabel quer durch den Atlantik verlegt worden. Seitdem ist die Telefonverbindung zwischen Amerika und Europa nicht wieder abgebrochen.

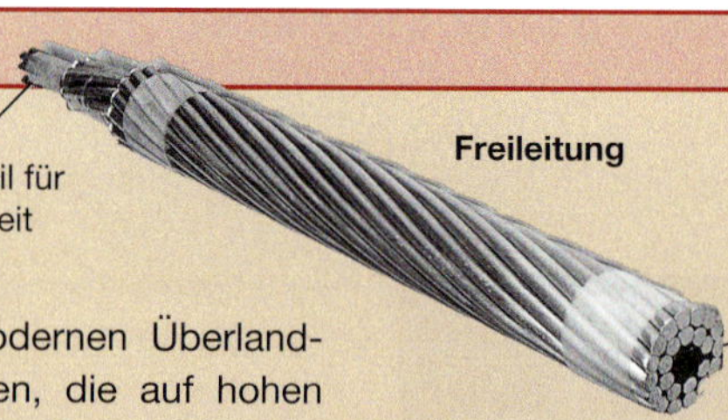

Bei modernen Überlandleitungen, die auf hohen Masten über weite Strecken verlaufen, gibt es keine Probleme mit der Isolierung der Kabel gegen die Umgebung: Die Luft ist ein vorzüglicher Isolator. An den Befestigungspunkten der Masten allerdings muss sorgfältig darauf geachtet werden, dass es auch bei Regen keine elektrisch leitende Verbindung zum Metall der Masten hin gibt. Allerdings haben diese ziemlich dicken Kabel auch ein erhebliches Gewicht. Deshalb bestehen sie nicht nur aus dem leichten, gut leitenden Aluminium, sondern auch aus reißfesten Stahlseilen.

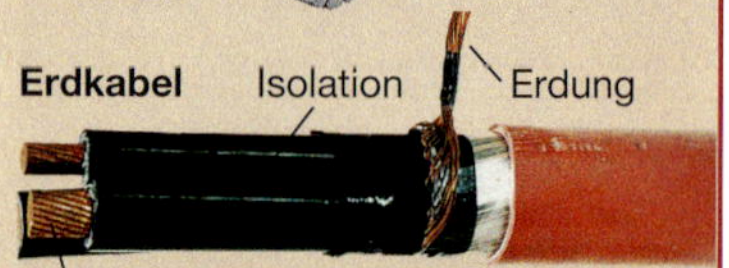

Telefonkabel müssen nur ganz kleine Ströme leiten. Es werden aber sehr viele Drähte benötigt. Deshalb muss der Monteur von der Telefongesellschaft das komplizierte Farbsystem der Kabel sehr gut kennen, denn die richtigen Verbindungen wären schon ganz nützlich!

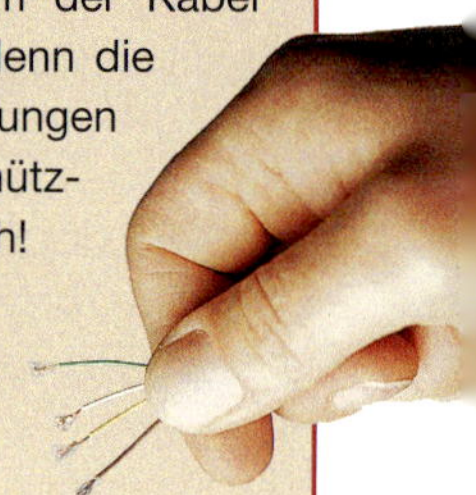

Streifzug **Kabelverlegung am Fahrrad**

Früher

Bei älteren Fahrrädern verlassen zwei Kabel den Dynamo, aber an der Lampe kommt jeweils nur ein Kabel an. Wo ist die zweite Leitung?
Natürlich, wie beim Auto die Karosserie, bilden bei solchen älteren Fahrrädern der Rahmen und die metallenen Schutzbleche die Rückleitung.

Heute

Bei neueren Fahrrädern sind viele Teile aus Kunststoff gefertigt, die den elektrischen Strom nicht leiten. Deshalb sind hier zwei Kabel erforderlich, weil ja in der möglichen Rückleitung nicht leitende Teile vorhanden sind. Dynamo und Lampen haben deshalb an neueren Fahrrädern je zwei Anschlüsse für die Kabel.

Unter der Lupe: Was strömt in Metallen?

Metalle müssen eine erstaunliche Eigenschaft besitzen: Trotz ihrer Festigkeit und ihrer Geschlossenheit muss irgendetwas in ihnen strömen können, wenn eine elektrische Quelle angeschlossen ist. Dann muss sich etwas von einem Ende des Metalls zum anderen bewegen. Die Wirkungen dieses Strömens sind erkennbar: Licht, Wärme, Bewegung und Magnetismus. Das Strömen selbst aber bleibt unsichtbar. Auch die Bezeichnung elektrischer „Strom“ deutet darauf hin, dass „Etwas“ von einem Pol der Quelle zum anderen fließt. – Aber was strömt da eigentlich?

Das Metall selbst kann es nicht sein, denn dann käme ja der ganze Draht in Bewegung. Wissenschaftler haben jedoch festgestellt, dass es in allen Stoffen etwas unvorstellbar Winziges gibt, was **Elektron** genannt wird. In Metallen können sich die Elektronen bewegen. Wenn eine Stromquelle angeschlossen wird, wandern diese frei beweglichen Elektronen alle langsam in die gleiche Richtung los. Im gesamten Metall starten sie gleichzeitig, weil sie sich gegenseitig beeinflussen, so wie bei einem Zug alle Wagen gleichzeitig anfahren, weil sie aneinander gekoppelt sind.

In welche Richtung der Elektronenstrom fließt, bleibt dabei zunächst noch offen. Festgelegt wurde: vom Minus- zum Pluspol außerhalb der Quelle und von Plus zu Minus innerhalb. Dadurch entsteht eine geschlossene Rundumströmung im Stromkreis.

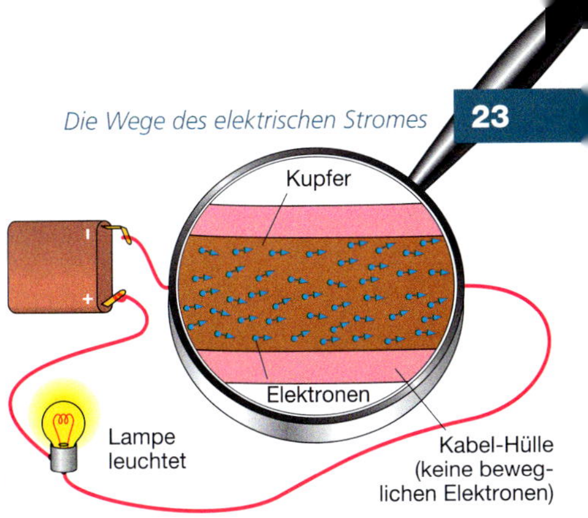

Durchströmt dieser Elektronenstrom ein Elektrogerät, z. B. eine Lampe oder einen Ventilator, so wird im Gerät eine Wirkung hervorgerufen: Die Lampe leuchtet, das Ventilatorblatt dreht sich.

Nur in Metallen und in wenigen anderen nichtmetallischen Feststoffen (wie z. B. im Grafit einer Bleistiftmine) können sich Elektronen frei bewegen. In Flüssigkeiten und Gasen kommt der Strom auf andere Weise zustande.

> In Metallen und wenigen anderen festen Stoffen strömen Elektronen, wenn eine elektrische Quelle angeschlossen ist.
> Die Richtung ist festgelegt: Vom Minus- zum Pluspol außerhalb und vom Plus- zum Minuspol innerhalb der elektrischen Quelle.

Ob es Elektronen wirklich gibt, ist hier natürlich nicht nachgewiesen. Aber die bisherigen Kenntnisse vom Stromkreis legen es nahe, Elektronen und ihren Strom sich so vorzustellen, wie es hier beschrieben worden ist. Es ist ein Bild, ein **Modell** zum Stromkreis entstanden.

Aufgaben

1 Elektronen bewegen sich ziemlich langsam (siehe den Zettel rechts). Trotzdem leuchtet das Licht genau in dem Moment auf, in dem der Schalter geschlossen wird. Das ist bei allen Geräten so. Erläutere, warum die Wirkung im Gerät so schnell eintritt, obwohl die Elektronen, die gerade die Quelle verlassen haben, noch längst nicht da sein können.

2 **a)** Zeichne für den Stromkreis oben rechts ein Schaltschema und gib durch Pfeile an den Kabeln die Stromrichtung an.
b) Nenne Geräte, bei denen die Wirkung des elektrischen Stromes von der Richtung des Elektronenstromes abhängt. Bei welchen ist dies nicht der Fall?

3 Stelle Vermutungen an, weshalb manche Stoffe den elektrischen Strom gut leiten und andere nicht.

4 Schildere, wie die Elektronen in einer Reihenschaltung durch angeschlossene Geräte strömen und wie wir uns das in einer Parallelschaltung vorzustellen haben.

Wie schnell strömen Elektronen?

Wenn der Schalter in einem geschlossenen Stromkreis betätigt wird, leuchtet die Glühlampe sofort auf. Die Elektronen bewegen sich aber sehr langsam. Sie würden in einem Kupferdraht nur einen Weg von 12 m in einer Stunde zurücklegen. Bei dieser geringen Geschwindigkeit müssten wir auf eine Nachricht bei einem Telefongespräch von Hamburg nach München (ca. 770 km) über 7 Jahre warten, denn so lange bräuchte ein Elektron für diese Strecke.
Doch der Strom der Elektronen verhält sich wie das Wasser in einer geschlossenen Anlage mit Pumpe und Turbine. Wenn die Pumpe in Betrieb gesetzt wird, bewegt sie das ganze Wasser. Die Turbine beginnt zeitgleich sich zu drehen. Genauso hören wir beim Telefonieren den Anrufer fast zeitgleich sprechen, nicht erst Jahre später.

* Stromstärke messen

Es ist ungefährlich, bei Experimenten als elektrische Quelle eine Batterie (Flachbatterie, Micro- oder Mignon-Zelle) zu verwenden. Selbst wenn beide Pole gleichzeitig berührt werden, ist nichts zu spüren. Heißt dies, dass dann kein Strom fließt?

Das Messgerät im zentralen Versuch zeigt, dass ein Strom fließt. Allerdings ist die Lampe in diesem Fall ein zu grobes Anzeigegerät dafür. Auch unsere eigenen Sinne reichen nicht aus, so kleine Ströme wahrzunehmen. Das Messgerät aber ist empfindlich genug, um diese ganz kleine Stromstärke noch zu messen.

Elektrische Stromstärke

Das Formelzeichen ist *I*.
Die Einheit ist 1 A (Ampere).

Weitere Einheiten:

Milliampere:	1 mA	$= \frac{1}{1000}$ A
Mikroampere:	1 µA	$= \frac{1}{1000000}$ A
Kiloampere:	1 kA	= 1000 A

Lehrerversuch

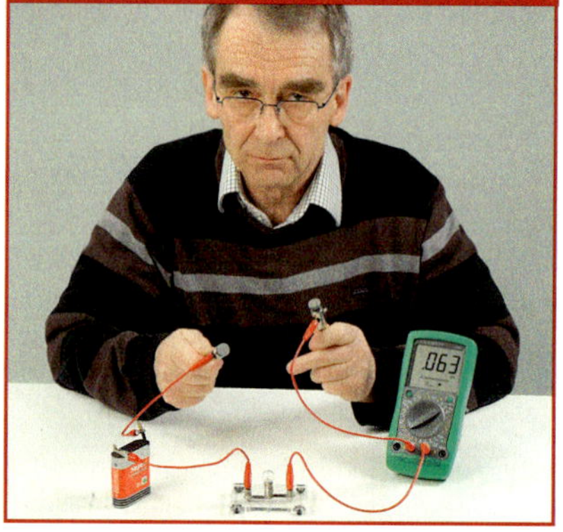

Je größer die Stromstärke ist, desto größer ist auch die Anzahl der Elektronen, die sich in einer gewissen Zeit im Stromkreis bewegen. Ähnlich wie eine Wasseruhr den Durchfluss der Wassermenge misst, misst das Messgerät den Durchfluss der Elektronen, also die **Stromstärke.** Mit „Stromstärke" wird also die Anzahl der an einer Stelle des Stromkreises vorbeiströmenden Elektronen angegeben.

Physikalische Größen werden grundsätzlich in bestimmten *Einheiten* gemessen. Zum Beispiel werden Längen in Metern (m), Zeiten in Sekunden (s) und Temperaturen in Grad Celsius (°C) angegeben. Die Stromstärke wird in **Ampere (A)** gemessen. Die Einheit der Stromstärke ist also **1 Ampere (1 A).** Sie ist nach dem berühmten französischen Physiker ANDRÉ MARIE AMPÈRE (1775–1836) benannt worden, der viele Entdeckungen im Bereich der Elektrizität gemacht hat.

Das Schaltzeichen für das Strommessgerät ist: 
Da ein Strommessgerät den Durchfluss der Elektronen messen soll, muss es in Reihe mit dem Gerät geschaltet werden.

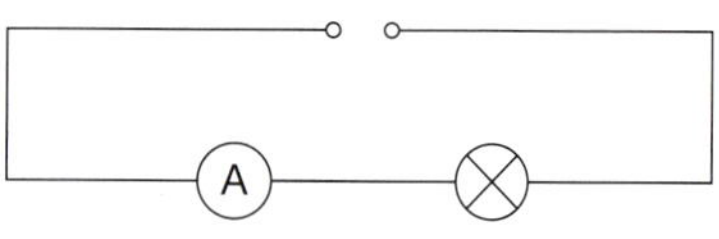

Das Strommessgerät (Strommesser) wird in Reihe mit dem Elektrogerät geschaltet.

STROMSTÄRKEN

Messgeräte

Es gibt analog und digital anzeigende Messgeräte. Bei den analogen Messgeräten werden die Messwerte von einem Zeiger auf einer Skala angegeben. Die digitalen Messgeräte geben die Messwerte in Ziffern an.

Um genau ablesen zu können, haben die analogen Messgeräte oft doppelte Skalen. Meist 5er, oft auch 3er und 10er.

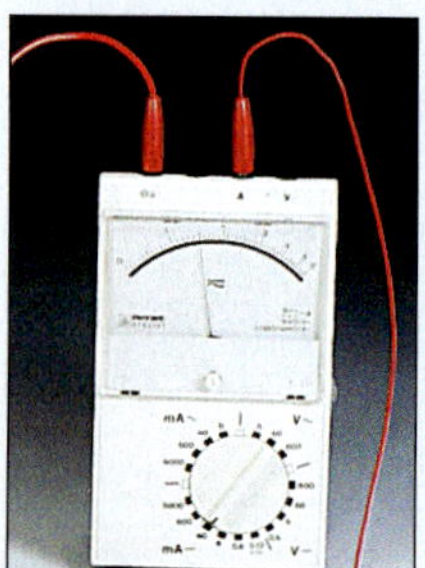

Analogmessgerät

Digitalmessgerät

Gerät	Stromstärke
LED, Glimmlampe	0,003 A
Transistorradio	0,02 bis 0,05 A
für Menschen gefährlich	ab 0,02 A
Taschenlampe	0,1 bis 0,5 A
Sparlampe	0,03 bis 0,1 A
Glühlampe	0,1 bis 5 A
Kühlschrank	0,07 bis 0,2 A
Föhn, Staubsauger	5 bis 6 A
Geschirrspüler Waschmaschine	10 bis 16 A
Straßenbahn	100 bis 400 A
Anlassstrom beim PKW	350 A
Aluminiumherstellung	10000 A
Gewitterblitz	20000 A
Elektro-Schmelzofen (Edelstahlherstellung)	bis 100000 A

* Strommessgerät – wohin?

Ein Strommessgerät muss in Reihe mit dem elektrischen Gerät geschaltet werden. Aber muss es jetzt vom Pluspol der Batterie kommend vor oder hinter dem Gerät eingebaut werden?

Zentraler Versuch

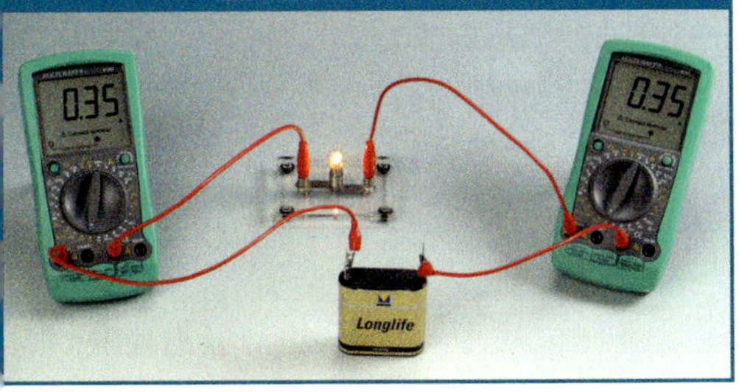

Das Foto links zeigt, dass in einem einfachen Stromkreis die Stromstärke vor und hinter dem elektrischen Gerät gleich groß ist. Es wird kein Strom „verbraucht“, wie viele Leute sagen. Wo sollten die Elektronen auch hin? Sie bewegen sich in dem Leiter und können da natürlich nicht heraus. Das ist genauso wie bei einem Wasserrohrsystem: Solange kein Loch im Rohr ist, bleibt die fließende Wassermenge auch gleich. In einem Stromkreis fließen die Elektronen durch das Gerät. Dabei verschwinden sie aber nicht und so ist die Zahl der Elektronen, die vor dem Gerät fließen, genauso groß wie die Zahl der Elektronen, die hinter dem Gerät fließen.

Die Anzahl der fließenden Elektronen und damit die Stromstärke ist vor und hinter einem Elektrogerät gleich groß.
Das Strommessgerät kann vor oder hinter dem Gerät eingebaut werden.

Werkzeug

* Umgang mit dem Strommessgerät

- Schalte das Messgerät nie allein in einen elektrischen Stromkreis, sondern immer in Reihe mit einem Gerät.
- Die mit ⊕ gekennzeichnete Buchse muss zum Pluspol der elektrischen Quelle hin angeschlossen werden. Die Buchse mit „Com“ oder ⊖ ist der zweite Anschluss.
- Auf Messgeräten ist oft ein Bereich A ~ (Wechselstrom) und ein Bereich A = (Gleichstrom) zu finden. Bei Experimenten mit Batterien immer den Schalter des Vielfachmessgeräts auf „A =“ stellen.
- Stelle immer zuerst den größten Messbereich ein und verringere ihn dann schrittweise, bis ein Wert gut ablesbar ist.

Leitfähigkeit und Stromstärkemessung — Versuche und Aufträge

V1 **a)** Prüfe mindestens folgende Stoffe mit einer Lampe auf ihre Leitfähigkeit: Metalle, Glas, Radiergummi, Plastik, Papier, Bindfaden (feucht, trocken), Kartoffel (geschält, ungeschält), Bleistiftmine.
Leuchtet die Lampe nicht, dann benutze den Kopfhörer eines MP3-Players.
Trage die Ergebnisse in eine Tabelle wie auf Seite 20 ein und vergleiche die Leitfähigkeit der Stoffe.
b) Wenn ein Strommessgerät zur Verfügung steht, schalte es in Reihe mit den zu untersuchenden Objekten. Notiere für die verschiedenen Gegenstände die Stromstärken in einer Tabelle.

V2 **a)** Stecke zwei Metallstifte in ein Stück Fleisch und prüfe dessen Leitfähigkeit.
b) Begründe, dass nach dem Ergebnis von a) der menschlichen Körper auch elektrisch leitend ist.

V3 Sammle Informationen (Bücher, Internet) zu den Wirkungen des elektrischen Stroms auf den menschlichen Körper und den damit verbundenen Gefahren.

V4 **a)** Prüfe die Leitfähigkeit von destilliertem Wasser (findet beim Bügeln Verwendung), Regenwasser, Leitungswasser, Limonade, Essig, Speiseöl und einer starken Salzlösung mit einem Messgerät. Schreibe alle Stromstärken und Beobachtungen auf.
b) Vertausche die Anschlüsse am Batteriepack, notiere die Beobachtungen und deute das Ergebnis.

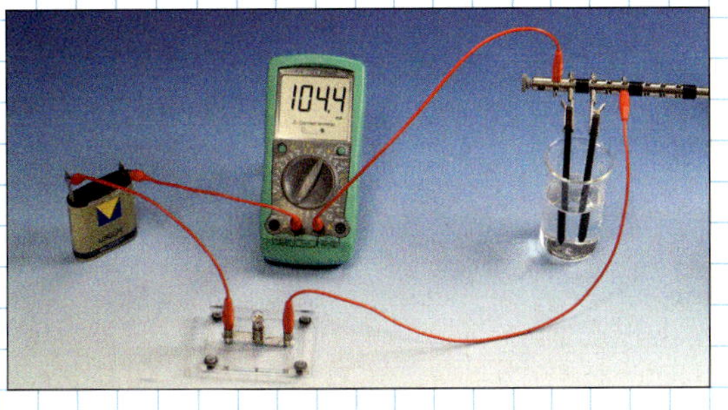

V5 Vergleiche die Stromstärke bei einer Reihen- bzw. einer Parallelschaltung von zwei Lampen an verschiedenen Stellen des Stromkreises.

Eigenschaften von Magneten

Alle Gegenstände fallen zu Boden, wenn sie nicht festgehalten werden. Die Büroklammer im Bild rechts aber fällt nicht.
Wird sie vom Magnet gehalten? Können alle Gegenstände wie die Büroklammer schweben?
Wovon hängt es ab, ob eine Büroklammer von einem Magnet angezogen wird oder nicht? Ziehen alle Bereiche eines Magneten eine Büroklammer gleich stark an oder manche mehr, manche weniger?

Magnetkräfte

Wer selber schon einmal mit den Magneten einer Pinnwand und verschiedenen Gegenständen oder Münzen experimentiert hat, konnte feststellen, dass nicht alle von Magneten angezogen werden.
Die magnetische Anziehung wirkt nur auf Gegenstände, die entweder aus Eisen, Nickel oder Cobalt sind. Während heruntergefallene Stecknadeln schon angezogen werden, wenn der Magnet nur in ihre Nähe kommt, können Messingnägel oder Plastikbüroklammern nicht mit einem Magnet eingesammelt werden.

Zentraler Versuch

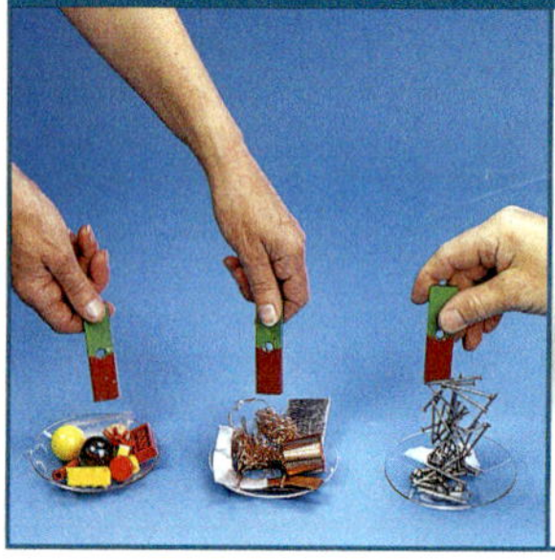

Magnetpole

Die Büroklammer im Bild oben verharrt vor einem Ende des Magneten, weil die Gegenstände, die ein Magnet anzieht, von seinen Enden deutlich stärker angezogen werden.
Das Nagelbüschel im Bild unten zeigt deutlich, dass jeder Magnet zwei Stellen stärkster Anziehung hat. Diese Stellen heißen **Pole.** Sie liegen bei dem verwendeten **Stabmagnet** an den Enden.

Die Form und die Größe eines Magneten haben nicht unbedingt etwas mit seiner Anziehungskraft zu tun.

Gegenstände, die Eisen (oder Nickel oder Cobalt) enthalten, werden von Magneten angezogen.

Jeder Magnet hat zwei Pole. An den Polen ist die Anziehungskraft am größten.

Versuche und Aufträge — Magnetkräfte und Magnetpole

V1 Erläutere, wie du feststellen kannst, ob dein Fahrradrahmen Eisen enthält.

V2 Prüfe, welche Geldstücke von einem Magnet angezogen werden. Überlege, aus welchen Stoffen sie bestehen könnten.

V3 Notiere, wo zuhause Magnete verwendet werden.

V4 Überprüfe Gegenstände darauf, ob sie von Magneten angezogen werden oder nicht. Fertige eine Tabelle an und stelle Gemeinsamkeiten der Gegenstände fest.

V5 In die Nähe eines beweglichen Magneten wird ein unmagnetischer Nagel aus Eisen gehalten. Der Magnet bewegt sich zum Nagel hin. Ziehe aus dem Versuchsergebnis Schlussfolgerungen.

Es gibt nur zwei Arten von Polen

Werden Magnete horizontal frei drehbar aufgehängt, so ist zu beobachten:

- Das Hin- und Herdrehen der Magnete hört nach einiger Zeit auf.
- Die Enden der Magnete zeigen bei jeder Wiederholung des Versuchs in Nord-Süd-Himmelsrichtung.
- Es zeigt immer der gleiche Pol der Magnete nach Norden.

Er heißt **Nordpol** (Zeichen N) und wird meist rot gefärbt. Der nach Süden zeigende Pol erhält den Namen **Südpol** (Zeichen S) und wird meist grün markiert.
Genau dasselbe Verhalten zeigen die Magnetnadeln im Kompass.

Jeder Dauermagnet hat einen Nordpol und einen Südpol. Bei frei beweglichen Magneten zeigt der Nordpol immer in die Himmelsrichtung Nord.

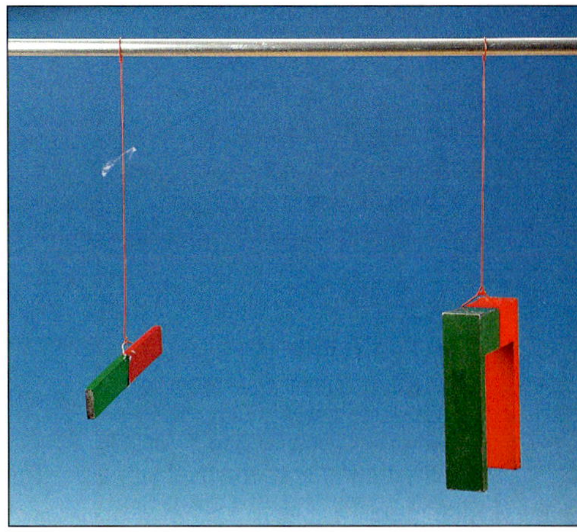

Magnetisches Kraftgesetz

Die anziehende Kraft, die ein Magnet auf andere eiserne Körper ausübt, ist an seinen Polen am größten. Wie wirken die Pole aufeinander? Ziehen sich auch die Pole gegenseitig an?

Wird dem Nordpol eines drehbaren Magneten zunächst der Nordpol und dann der Südpol eines zweiten Magneten genähert, so ist festzustellen: Die Magnete beeinflussen sich gegenseitig.
Im ersten Fall stoßen sich die Magnete ab, im zweiten Fall ziehen sie sich an. Eine Wiederholung durch Annäherung an den beweglichen Südpol liefert ebenfalls Abstoßung bei gleichen Polen und Anziehung bei ungleichen Polen.

Wird ein Stabmagnet in Längsrichtung an einem Kompass vorbeigeschoben, zeigt zunächst der Nordpol der Kompassnadel zum Südpol des Stabmagneten. Befindet sich der Magnet genau neben dem Kompass, steht die Kompassnadel parallel zum Magneten, da die ungleichen Pole sich jeweils anziehen. Wird der Stabmagnet weiterbewegt, folgt der Südpol der Kompassnadel dem Nordpol des Stabmagneten. Die Kompassnadel führt eine halbe Drehung aus.

Zentraler Versuch

Magnetisches Kraftgesetz
Gleiche Pole stoßen einander ab, ungleiche Pole ziehen einander an.

Aufgaben

1. Erläutere, was passiert, wenn du einen Magnet in die Nähe eines Kompasses bringst.
2. In die Nähe einer frei beweglichen Magnetnadel wird ein Eisenstab gehalten. Erkläre, warum sich die Nadel zum Stab hin dreht.
3. Weise nach, dass Kompassnadeln Magnete sind.
4. Nenne ein Verfahren, mit dem du die Pole eines Magneten bestimmen kannst
   a) ohne einen zweiten Magnet;
   b) mit einem zweiten Magnet.
5. Stelle einen Stabmagnet hochkant auf eine Waage (z. B. Briefwaage). Nähere dann einen zweiten Magnet so von oben, dass einmal gleiche Pole und einmal ungleiche Pole gegenüber sind. Beobachte und erkläre.
6. Zwei Stabmagnete werden zusammengehalten und in eine Kiste mit Nägeln getaucht. Beobachte und erkläre den Unterschied, wenn einmal gleiche und einmal ungleiche Pole nebeneinander liegen.
7. Ein nicht magnetischer Eisenstab und ein Magnet sehen völlig gleich aus. Beschreibe, wie du ohne andere Hilfsmittel herausfinden kannst, welches der Magnet ist.

Versuche und Aufträge — Magnetische Kräfte

V1 Hänge an einen Stabmagnet Nagelketten aus kleinen Nägeln.

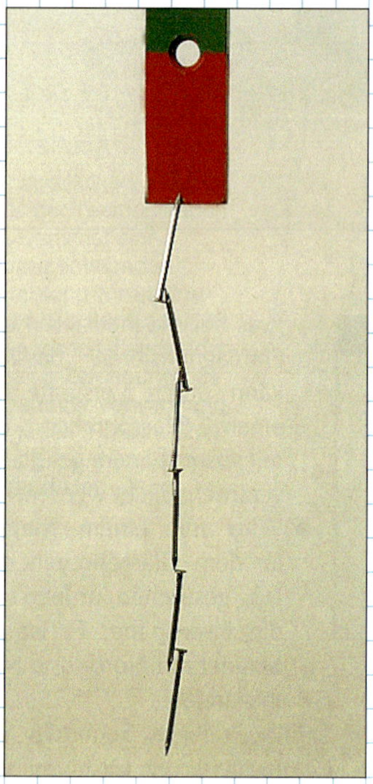

Halte den obersten Nagel an verschiedene Stellen der Seitenflächen.
Notiere und begründe deine Beobachtungen.

V2 a) Lege eine Büroklammer so auf zwei halbe Zahnstocher vor ein Lineal, wie es auf dem Foto unten zu sehen ist. Die Null-Marke des Lineals soll dabei genau bei der äußeren Kante der Büroklammer liegen.
Bewege nun ganz vorsichtig einen Magnet aus großer Entfernung in Richtung der Büroklammer und achte genau darauf, bei welchem Abstand die Büroklammer sich gerade eben zu bewegen beginnt. Notiere deine Beobachtungen.
b) Verwende verschiedene Magnete und dokumentiere deine Erkenntnisse.

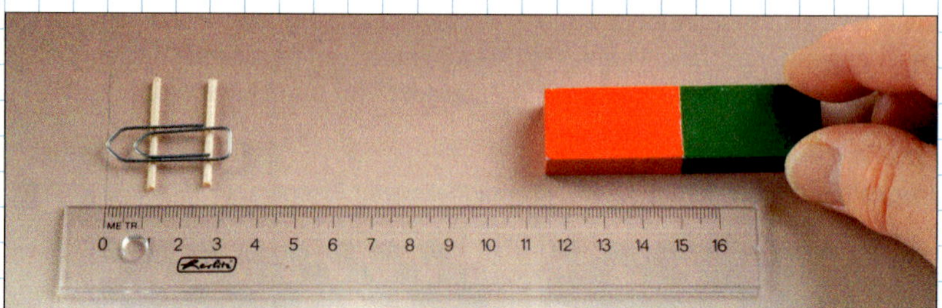

V3 Zwei ringförmige Magnete werden auf einen Stab gesteckt, auf dem sie leicht beweglich sind.
a) Erkläre, warum der obere Magnet über dem unteren Magneten schwebt.
b) Der obere Magnet wird anders herum auf den Stab gesteckt. Beschreibe und begründe, was nun passiert.

V4 a) Lege einen Magnet auf zwei runde Zahnstocher und nähere einen Nagel. Beschreibe deine Beobachtungen.
b) Statt des Nagels wird nun ein zweiter Magnet genähert. Erläutere, was jetzt passiert

V5 a) Bewege einen starken Magnet entlang einer Stricknadel, so wie es in der Abbildung zu sehen ist. Prüfe, wie viele Büroklammern sich danach an ihr anhängen lassen.

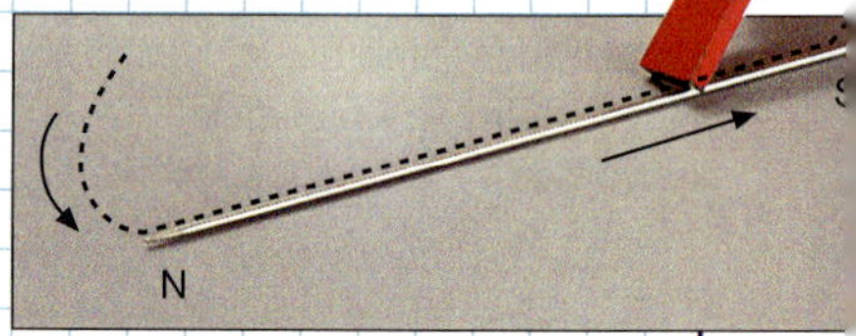

b) Lege die Stricknadel auf einen Stein und schlage mehrfach mit einem Hammer darauf. Überprüfe die magnetische Kraft.
c) Halte die Stricknadel mithilfe einer Zange in eine Flamme, bis sie rot zu glühen beginnt. Kühle sie anschließend unter Wasser und überprüfe erneut ihre magnetische Kraft.
d) Dokumentiere deine Beobachtungen und formuliere ein Ergebnis.

A6 a) Finde möglichst viele Substantive oder Adjektive, die die Zustände „magnetisiert" bzw. „unmagnetisiert" beschreiben.
b) Du hättest Schwierigkeiten, das Modell eines magnetisierten Eisenstabs mit richtigen Stabmagneten nachzubauen. Beschreibe, woran das liegt. Mache Vorschläge für weitere Eigenschaften von Elementarmagneten.

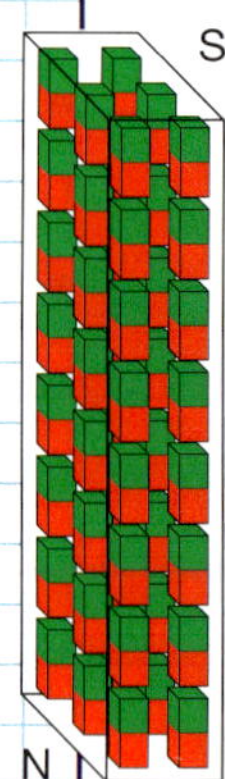

Beschaffen von Informationen — Werkzeug

A1 Informiere dich über alles, was du zu **Magneten** in Erfahrung bringen kannst.

① Beschaffung der Informationen

1. Lehrbuch/Sachbuch

a) Suche im **Inhaltsverzeichnis** nach den Abschnitten, die von Magneten handeln.

b) Suche im **Stichwortverzeichnis** nach den Seiten des Lehrbuches, auf denen der Begriff „Magnet" behandelt wird.

;ie	M	– Parallels
hema 44	Magnete 26 ff.	– Reihens
r 45	–, Kraftgesetz 27	Schaltunge
ʒung,	Magnetfeld 32	–, logische
s 42	– der Erde 33	– ODER 1
r 44	Magnetisieren 29	– UND 1

2. Nachschlagewerk (Lexikon)

Suche unter dem Stichwort „Magnet", was dort über Magnete geschrieben ist.
Stehen dir mehrere Nachschlagewerke zur Verfügung, z. B. ein Jugendlexikon, ein allgemeines Lexikon oder ein Fachlexikon, so wähle immer zuerst das Nachschlagewerk, das dir am einfachsten erscheint. Das sind meist die Kinder- oder Jugendlexika. Erst wenn du verstanden hast, was dort steht, greife zum nächst schwierigeren. Fachlexika stellen in der Regel die höchsten Ansprüche an das Verständnis.

3. Internet

- Suche in Suchmaschinen (z.B. www.google.de; www.wikipedia.de; www.search.msn.de; www.altavista.de; www.fireball.de; www.buntekuh.de) mithilfe des **Suchbegriffes** „Magnet" nach Artikeln zu diesem Begriff.
- Verfeinere deine Suche durch Zusätze zum Suchbegriff, z. B. „Magnet, Eigenschaften" oder „Magnet, Eigenschaften, Stoffe" oder „Magnet, Eigenschaften, Stoffe, Metalle".
- Wähle von den angezeigten Artikeln unter den ersten 10 lediglich zwei oder drei Artikel aus, die offensichtlich keine Kaufangebote sind, nicht von Firmen stammen oder dir Unverständliches enthalten.

② Bewertung der Informationen

Informationen aus dem Internet sind oft unsicher, da sie von Autoren mit unterschiedlichen Interessen ins Netz gestellt wurden. Um die Qualität der Informationen bewerten zu können, sind einige Regeln zu befolgen:

1. **Wähle zuverlässige Seiten aus!**
   - Zuverlässige Seiten gibt es von Hochschulen, Firmen und staatlichen Institutionen. Weniger zuverlässig sind Seiten von Privatleuten oder Hausaufgaben- und Referatehilfen.
   - Achte darauf, dass du nicht auf gebührenpflichtige Seiten gerätst. Deine Telefonrechnung wird schnell sehr hoch.
2. **Überprüfe die Zuverlässigkeit deiner Ergebnisse!**
   Wenn du übereinstimmende Daten auf mindestens zwei verschiedenen Seiten findest, kannst du annehmen, dass sie zuverlässig sind.
3. **Gib immer den Autor und den Pfad der verwendeten Internetseite an!**
   Auf diese Weise kannst du deine Informationen belegen und selbst die verwendeten Seiten wiederfinden.

③ Bearbeitung der Informationen

Du sollst die Information unter einer ganz bestimmten Fragestellung suchen. Deswegen musst du die gefundene Information so bearbeiten, dass das Ergebnis dieser Fragestellung entspricht.

1. **Drucke nie ganze Seiten aus, sondern schreibe nur die Informationen heraus, die du benötigst.**
2. **Kopiere nie ganze Tabellen, sondern nur die Werte, die du benötigst.**
3. **Ordne die Informationen so, wie es die Fragestellung fordert.**
4. **Gib die Quelle deiner Informationen an.**

Magnetfeld und Feldlinien

An den Polen des Stabmagneten bilden Eisenspäne Büschel wie die Stacheln eines Igels. Im Inneren des Hufeisenmagneten bilden sie gerade Ketten.

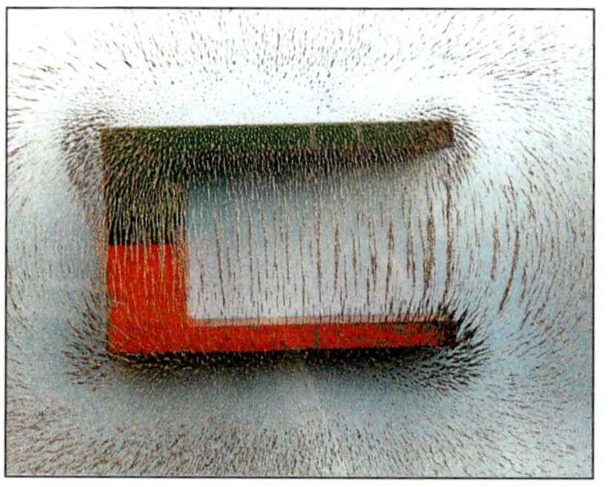

Wie müssen wir diese Bilder deuten und was sagen sie uns darüber, wie weit und in welcher Richtung die magnetischen Kräfte wirken?

Schon die schwebende Büroklammer zeigte, dass Magnetkräfte über Entfernungen wirken. Was das Besondere an diesen Kräften ist, zeigt der rechts fotografierte Versuch:
Nähern wir einer magnetisierten Stricknadel, die in einem Korken steckt und daher in Wasser schwimmt, einen Stabmagnet von der Seite, so machen wir eine erstaunliche Beobachtung: Die Nadel schwimmt nicht direkt auf einen der beiden Pole zu, sondern auf einer gebogenen Bahn. Offensichtlich haben die magnetischen Kräfte, die ja die Bahn hervorrufen, überall eine andere Richtung.
Der Bereich um einen Magneten, in dem magnetische Kräfte wirken, heißt **Magnetfeld.** Um genauere Vorstellungen vom Feld zu bekommen, können wir

- viele Magnetnadeln in der Nähe des Magneten aufstellen (Bild ①).
- Eisenspäne im Feld des Magneten verteilen (Bild ②). Jeder Eisenspan verhält sich wie eine winzige Magnetnadel.

Zentraler Versuch

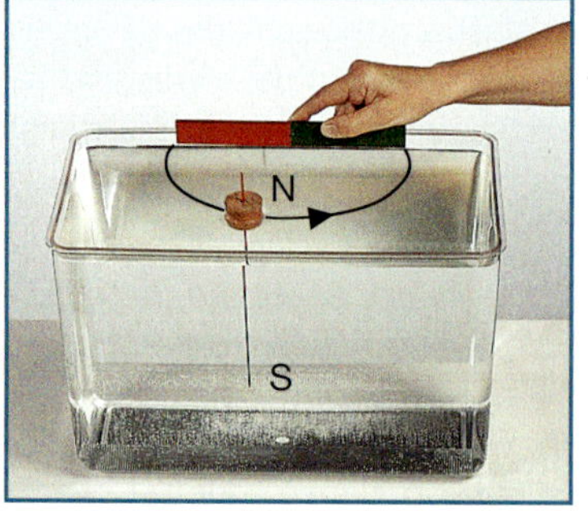

Deutlich erkennen wir eine ganz bestimmte Ordnung. Sie kann durch Linien dargestellt werden, die von Pol zu Pol verlaufen (Bild ③). Diese gedachten Linien heißen **Feldlinien.** Der Vergleich der beobachteten Bewegung mit dem Feldlinienbild eines Stabmagneten zeigt, dass die Stricknadel beim Versuch fast genau entlang einer Feldlinie gelaufen ist. Die Feldlinien zeigen also die Richtung an, in der sich eine kleine Magnetnadel an der betreffenden Stelle, ausrichten würde.

Das „Igel-Bild“ zeigt, dass die Feldlinien im gesamten Raum um einen Magneten herum verlaufen.

Das Bild des Hufeisenmagneten gibt Hinweise auf Besonderheiten dieses magnetischen Feldes:

- Die Magnetkraft ist an den Polen am stärksten. Die Eisenspäne zeigen, dass die Feldlinien an den Polen dichter beieinander liegen. Je mehr Linien auf kleinem Raum verlaufen, desto größer sind die magnetischen Kräfte an dieser Stelle.
- Im Innenraum des Hufeisenmagneten sind die Feldlinien parallel. Parallele Linien zeigen Raumbereiche an, in denen die magnetischen Kräfte gleich groß sind und in die gleiche Richtung wirken.

Im Raum um einen Magneten gibt es ein magnetisches Feld, in dem magnetische Kräfte wirken. Magnetfelder lassen sich durch Feldlinien darstellen.

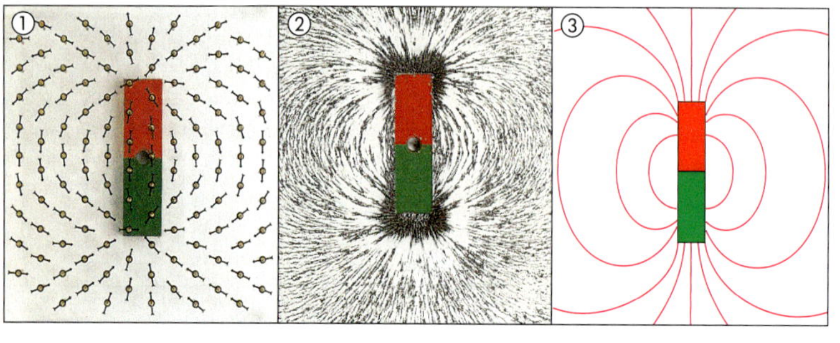

Aufgaben

1. Nenne die Gründe, weshalb sich Eisenfeilspäne zum Auffinden des magnetischen Feldes eignen.
2. Erläutere die besondere Eigenschaft eines Magnetfeldes.
3. Erläutere den Unterschied zwischen einem Feldlinienbild und einem magnetischen Feld.

Das Magnetfeld der Erde

Streifzug

Die Erde besitzt ein magnetisches Feld, das Ähnlichkeit mit dem Feld eines sehr großen Stabmagneten hat. Genau wie bei einem Stabmagnet werden auch dem Erdmagnetfeld je ein magnetischer Nord- und ein Südpol zugeordnet. Sie liegen in der Nähe der geografischen Pole (Benennungen umgekehrt wie bei den geografischen Polen).

Die gedachten Feldlinien, in deren Richtung sich eine Kompassnadel einstellt, verlaufen nicht auf dem kürzesten Weg von einem Erdmagnetpol zum anderen. Vielmehr sind sie durch Eisenerze im Innern der Erde oder andere „Störungen" in spezifischer Weise verformt. Deshalb zeigen Kompassnadeln oft nicht auf einen magnetischen oder geografischen Pol.
Der Winkel zwischen Kompassnadelrichtung und der Richtung zum geografischen Nordpol heißt *Missweisung*. Sie ist am Anfang des 21. Jahrhunderts in Deutschland fast 0°. Kompassnadeln zeigen bei uns deshalb ziemlich genau auf den geografischen Nordpol. In sehr großen Zeiträumen ändert sich das aber, weil die Magnetpole langsam ihre Positionen ändern.

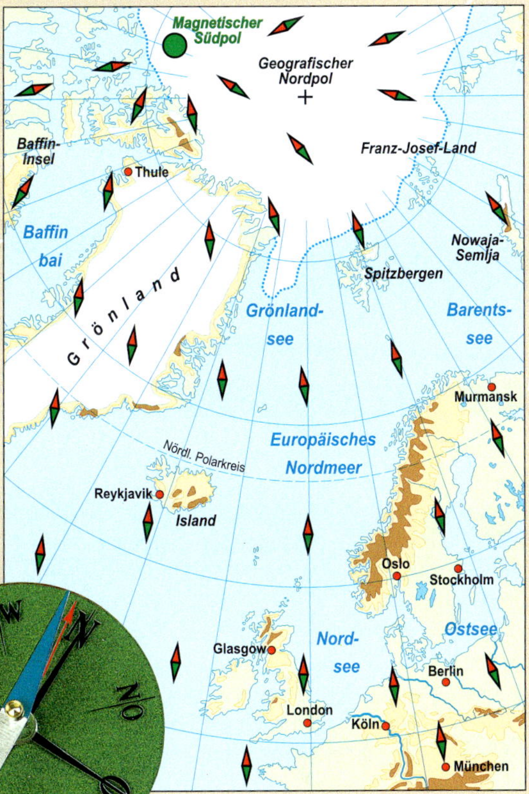

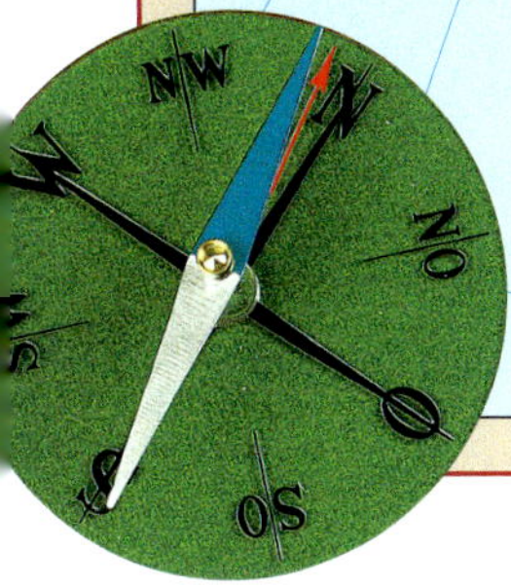

Durch Messungen von Flugzeugen und Satelliten aus lassen sich die räumliche Ausdehnung, Stärke und Richtung des Erdmagnetfeldes feststellen.

Das Erdmagnetfeld reicht weit über die Lufthülle hinaus. Es hat nicht nur große Bedeutung für die Orientierung des Menschen, sondern auch für viele Tiere. Die Zugvögel zum Beispiel orientieren sich auf ihren Flügen zum Winterquartier und zurück an ihm.

Einnorden einer Wanderkarte

- Karte auf eine ebene Unterlage legen.
- Kompass aufklappen und Nadel freigeben.
- Kompass mit einer seiner Kanten an eine Nord-Süd-Linie (Kartenrand oder Längenkreislinie) legen.
- Karte mit daraufliegendem Kompass so lange drehen, bis die Nordspitze der Nadel auf das N zeigt. (Die Kartenränder verlaufen jetzt in einer Linie geografischer Südpol–geografischer Nordpol und die Kompassnadel richtet sich entlang einer Feldlinie aus, die bei uns zufällig mit der Verbindungslinie Kompass–Nordpol zusammenfällt.)

Stromwirkungen

Elektrischer Strom ist nicht sichtbar, er wird erst durch seine Wirkungen erkennbar: Die Kochplatte eines Elektroherdes wird heiß; ein Druck auf den Schalter lässt das Licht im Zimmer aufleuchten oder die Klingel an der Tür läuten; die Uhr an der Wand geht nur mit einer Batterie. Überall im Haus, bei Freizeit und Hobby sind die verschiedensten Wirkungen des elektrischen Stromes zu sehen!
Wie kommen die Stromwirkungen zustande? Wie funktionieren die Geräte, in denen sie genutzt werden?

Wärmewirkung

Ein Konstantandraht glüht auf, wenn Strom durch ihn hindurchfließt. Je nach der Stärke des Stromes glüht er mehr oder weniger stark auf. Die Stärke des Stromes ist am Drehknopf des Stromversorgungsgerätes regulierbar. Je stärker der Strom, desto mehr glüht der Draht auf, desto höher wird also seine Temperatur.
Wenn der Draht dicker ist, glüht er weniger stark auf – oder je dünner er ist, umso höher wird seine Temperatur.
Bei anderen Drähten wird das Glühen nur bei sehr starkem Strom erreicht oder gar nicht – aber warm werden auch sie. Das heißt, dass sich die Temperatur jedes Drahtes erhöht, durch den ein elektrischer Strom fließt.

Zentraler Versuch

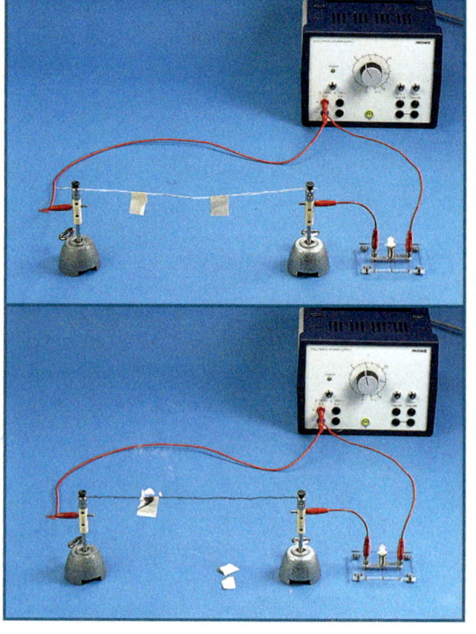

Jeder stromdurchflossene Leiter erwärmt sich.
Die Temperaturerhöhung hängt ab von der Stärke des elektrischen Stromes, der Dicke und dem Metall des Drahtes.

Aufgaben

1 Schreibe alle Elektrogeräte in eurem Haushalt auf, bei denen die Wärmewirkung des elektrischen Stromes genutzt wird.

2 Die Wärmewirkung des elektrischen Stromes ist nicht überall erwünscht. Nenne elektrische Geräte, bei denen es ungewollt warm wird.

3 Bei Glühlampen leuchtet nur die Wendel, nicht die Zuleitungsdrähte. Erkläre diese Erscheinung.

4 Das Schaltzeichen für einen Draht, der sich erwärmt, könnte an der Stelle, wo er besonders warm werden soll, als Wendel gezeichnet werden.
a) Zeichne eine Schaltung, in der eine Lampe, ein Motor und eine Heizspirale so eingebaut sind, dass jedes Gerät für sich ausschaltbar ist, und es einen Schalter gibt, der alle drei Geräte zusammen ein- und ausschaltet.
b) In diesem Stromkreis erwärmt sich nicht nur die Heizspirale.

Schmelzsicherungen

Die Erwärmung von stromdurchflossenen Leitern wird bei Elektrogeräten auch zum Ein- bzw. Ausschalten des Stromes verwendet. Dies kann zum Schutz der Geräte genutzt werden.
Schutz vor zu großen Strömen in Elektrogeräten des Haushalts oder der Autos bieten **Schmelzsicherungen.** Sie bestehen aus einem dünnen Draht, der in einer Hülle aus Porzellan oder in einem Glaskolben liegt. Bei zu großen Strömen erhitzt sich der Draht so stark, dass er schmilzt und damit den Stromkreis, in den er eingebaut ist, unterbricht. Dadurch werden die Elektrogeräte vor Schaden geschützt. Allerdings ist die Sicherung dabei „durchgebrannt", also unbrauchbar geworden, und muss gegen eine intakte ausgetauscht werden.

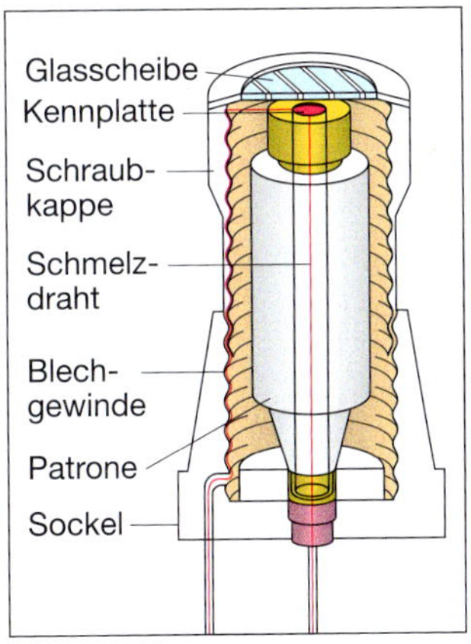

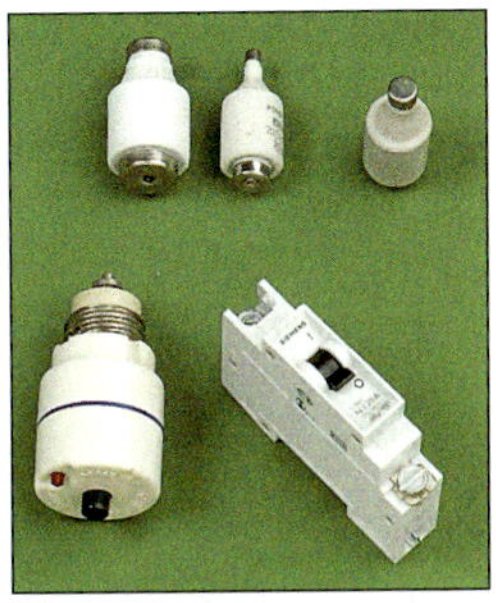

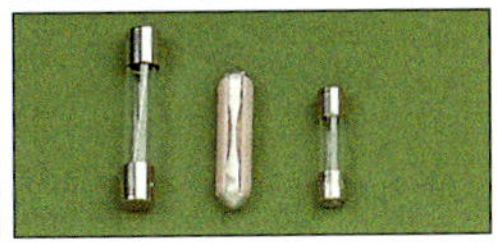

Lichtwirkung

Fließt ein elektrischer Strom durch einen Draht, so wird dieser erwärmt. Dabei kann die Temperaturerhöhung zunächst zu einem Glühen und später sogar zu einem hellen Leuchten führen.
Wird versucht, den Draht so hell wie in einer Glühlampe aufleuchten zu lassen, so schmilzt er und unterbricht damit den Stromkreis. Was muss verändert werden, damit auch ein so dünner Draht wie in Glühlampen sehr hell aufleuchtet, ohne zu schmelzen?
Die Wendelung des Drahtes bewirkt, dass dieser heißer werden kann als ein gerades Stück, da ein gewendelter Draht wesentlich weniger Wärme an die Umgebung abgibt. Die Lichterzeugung bei einer Glühlampe oder einer Halogenlampe ist also bei näherer Betrachtung keine weitere Wirkung des Stromes, sondern nur eine andere Erscheinungsform der Wärmewirkung. Die Zuleitungen zur Wendel sind Drähte aus Kupfer, während die Wendel selber aus einem dünnen Wolframdraht besteht, der über 2500 °C heiß werden kann. Das Innere der Glühlampe ist luftleer oder mit einem Gas gefüllt, welches das Verdampfen des Wolframdrahtes verhindert.

Zentraler Versuch

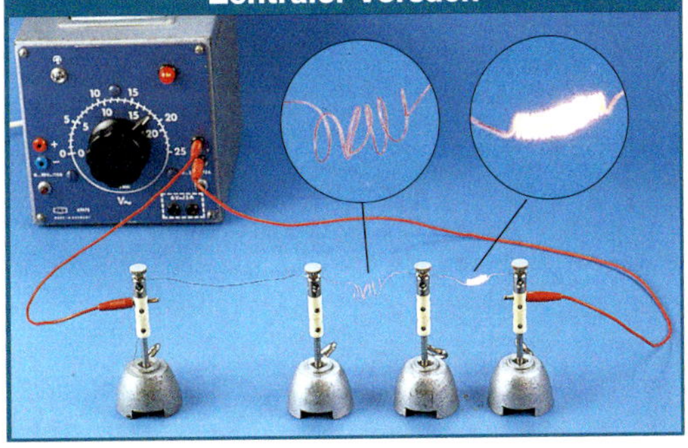

Neben den Glühlampen gibt es noch andere elektrische Lichtquellen z.B. **Leuchtstoffröhren** oder **LED** (siehe S. 19). Es gibt sie in vielen Klassenzimmern. Das Besondere dieser Lampen ist, dass sie Licht fast ohne Wärmeentwicklung abgeben, *kaltes Licht*.

Aufgaben

1 Zeichne für den oberen der beiden zentralen Versuche auf der vorigen Seite eine Schaltskizze und füge eine Lampe mit ein, für die der Glühdraht als Schmelzsicherung dient.

2 Suche in eurer Wohnung die Sicherungen und schreibe ab, wie sie beschriftet sind. Erläutere diese Beschriftungen. Zähle die Stromkreise in eurer Wohnung, die durch eine Sicherung geschützt werden.

3 Wärmewirkung und Lichtwirkung haben die gleiche Ursache. Erläutere.

4 Lass dir zeigen, wo sich die Sicherungen im Auto befinden. Beschreibe eine Autosicherung und begründe, warum es unterschiedliche Sicherungen im Auto geben muss.

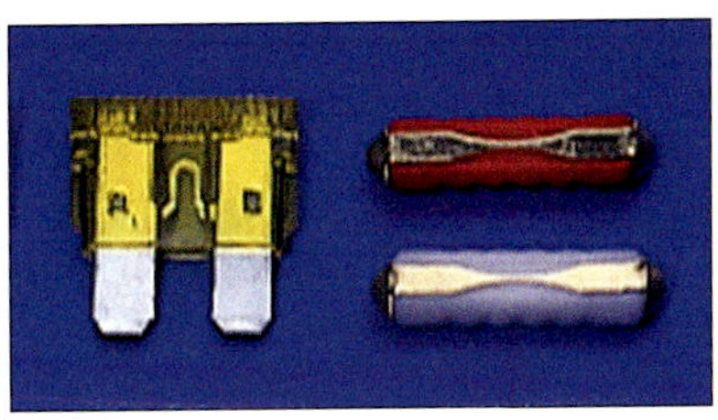

Magnetische Stromwirkung

Auf Schrottplätzen müssen häufig sperrige Eisenteile von einem Ort zu einem anderen transportiert werden. Die Teile werden nicht von einer Klaue erfasst, sondern hängen unten an einer dicken Platte. Es sieht so aus, als wäre dies ein großer Magnet. Wie werden hier die magnetischen Kräfte erzeugt?

Wird ein langer Draht wie ein Faden auf ein Nähgarnröllchen aufgewickelt, entsteht eine Drahtspule. Fließt durch den aufgewickelten Draht Strom, werden eiserne Gegenstände wie von einem Magnet angezogen. Die Drahtspule wird zu einem **Elektromagnet,** dessen magnetische Kraft mit dem elektrischen Strom durch die Spule an- und abschaltbar ist.

Die Eigenschaften dieser Art von Magnet sollen genauer untersucht werden:

Zentraler Versuch

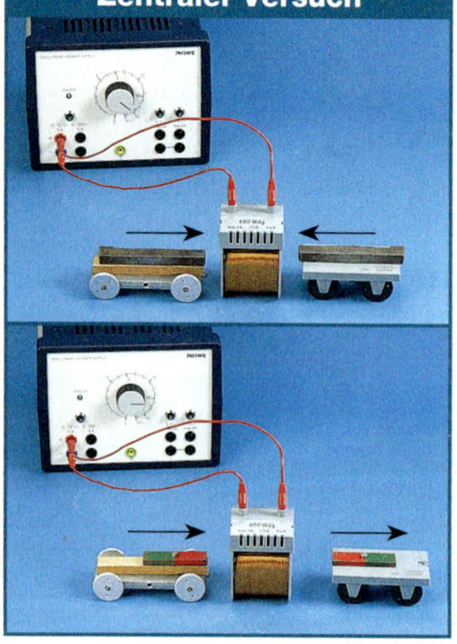

- Die beiden Wagen mit den Eisenstäben bewegen sich beim Einschalten des elektrischen Stromes auf die Spule zu.
- Von den Wagen mit den Magneten wird einer angezogen, der andere abgestoßen.

Sobald der Strom durch die Spule fließt, wirkt sie wie ein Stabmagnet. An einem Ende ist ein magnetischer Nordpol; am anderen Ende befindet sich ein magnetischer Südpol. Die Wagen mit den Magneten werden nach dem magnetischen Kraftgesetz angezogen oder abgestoßen, weil sich ungleiche bzw. gleiche Pole von Spule und Magneten gegenüberstehen.

Die Bewegung der Wagen mit den Magneten erfolgt in die entgegengesetzten Richtungen, wenn die Anschlüsse (Pluspol und Minuspol) an der elektrischen Quelle vertauscht werden.

Eine stromdurchflossene Spule ist ein an- und abschaltbarer Magnet mit einem Nordpol an der einen und einem Südpol an der anderen Öffnung. Bei Umkehr der Stromrichtung tauschen die Pole die Plätze.

Aufgaben

1 Nenne Gemeinsamkeiten bzw. Unterschiede zwischen Stabmagnet und Elektromagnet.

2 Erkläre, warum bei Schrottkränen keine Dauermagnete verwendet werden.

3 Beschreibe verschiedene Möglichkeiten, wie sich herausfinden lässt, wo der Nord- bzw. der Südpol einer stromdurchflossenen Spule ist
a) ohne einen anderen Magnet;
b) mit einem anderen Magnet.

Elektromagnet | **Versuche und Aufträge**

V1 Stelle aus einer 6 cm langen Eisenschraube und ca. 5 m lackiertem dünnem Kupferdraht durch Wickeln des Drahtes einen Elektromagnet her. Verbinde die beiden Spulenenden mit den Polen einer Taschenlampenbatterie. Prüfe durch Anhängen von anderen Schrauben die Kraft des Magneten.

V2 Schraube eine Wäscheklammer mit der Unterseite auf einem Holzbrett fest, befestige am Rand des Bretts mit einer Reißzwecke die Metall-Lasche eines Schnellhefters (Beschichtung abkratzen) und löte ein Stück Draht daran. Spanne die Spule aus V1 so in die Wäscheklammer ein, dass der Schraubenkopf möglichst dicht an die Lasche reicht, sie aber nicht berührt (auch hier die Beschichtung abkratzen). Fließt Strom durch die Spule, muss die Lasche vom Elektromagnet angezogen werden und die Schraube berühren. Lasche und Schraube bilden so einen Schalter, der durch den Elektromagnet gesteuert wird.

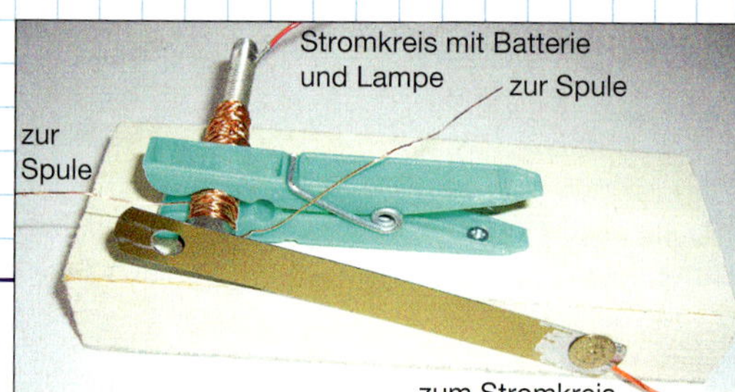

Anwendung von Elektromagneten

Streifzug

Der elektrische Türöffner

Beim elektrischen Türöffner wird durch einen Elektromagnet eine Sperre an der Halteplatte nach unten gezogen. Drückt der Schließriegel der Tür nun gegen den Schnäpper, so gibt die Halteplatte nach, der Schnäpper klappt seitlich weg und die Tür geht auf.

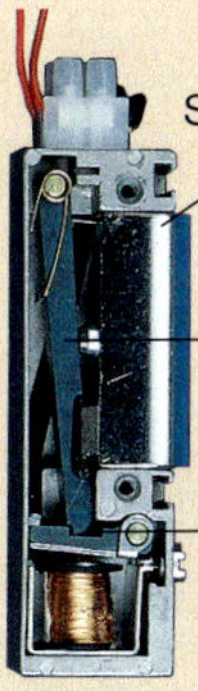

Der Türgong

Beim Druck auf die Klingeltaste ertönt „Ding" und beim Loslassen „Dong". Das Bild unten zeigt, wie das funktioniert:

- Wenn der Klingelknopf gedrückt wird, fließt durch den geschlossenen Stromkreis Strom. Eine Spule im Gong wird dadurch zu einem Elektromagnet. Die Spule zieht den beweglichen Eisenstab an.
- Der Eisenstab bewegt sich durch die Spule und stößt gegen das Klangrohr, das „Ding" erzeugt. Dabei wird eine Feder zwischen der Spule und einem Ende des Eisenstabes zusammengedrückt.
- Wird der Klingelknopf losgelassen, wird der Stromkreis unterbrochen. Die Spule übt keine magnetische Kraft mehr auf den Eisenstab aus. Weil die zusammengedrückte Feder wieder ihre ursprüngliche Form annimmt, bewegt sich der Eisenstab zum gegenüberliegenden Klangrohr, das „Dong" erzeugt.

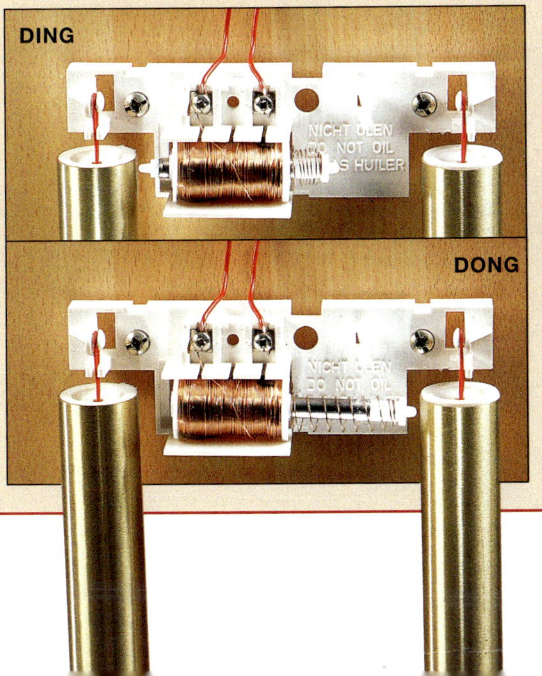

Die Türklingel

Bei manchen Anlagen ertönt beim Drücken des Klingelknopfes ein schrilles Klingeln. Dieses hält so lange an, wie der Klingelknopf gedrückt wird.

- Wenn der Klingelstromkreis geschlossen wird, fließt der Strom über eine Blattfeder und einen Unterbrecherkontakt durch die Spulen der Klingel. Deshalb zieht der Elektromagnet die Blattfeder an.
- Der an der Blattfeder befestigte Klöppel schlägt gegen die Klingelglocke.
- Durch die Krümmung der Blattfeder wird der Stromkreis am Unterbrecherkontakt selbstständig geöffnet. Die anziehende Wirkung der Spulen lässt sofort nach und der Klöppel geht in seine Ausgangsstellung zurück. Dabei schließt er den Unterbrecherkontakt wieder und der beschriebene Vorgang beginnt erneut.

Auf diese Weise kann der Klöppel ständig gegen die Glocke schlagen. Die elektrische Klingel wird wegen ihrer Funktionsweise auch *Selbstunterbrecher* genannt.

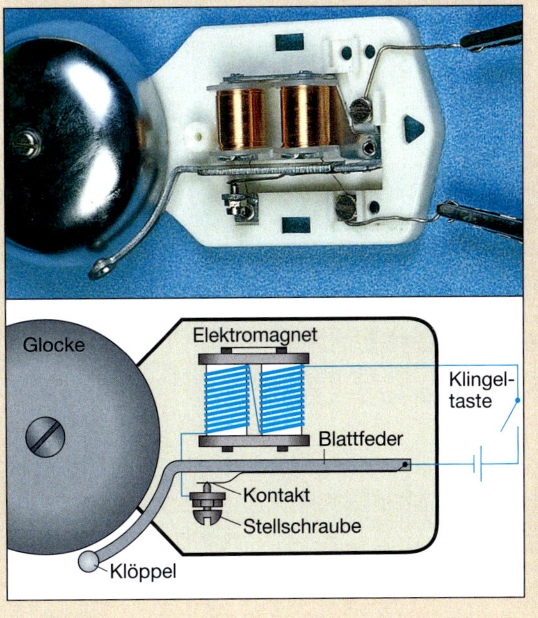

Gefahren durch elektrischen Strom

Wohnungsbrand durch defekte elektrische Geräte ausgelöst

Scheune durch Funken an defektem Kabel abgebrannt

Brand durch manipulierte Sicherung

Kinder durch Föhn in Badewanne getötet

Mann durch Stromschlag getötet

Solche Meldungen können wir immer wieder lesen. Welche Gefahren können beim Einsatz des elektrischen Stromes auftreten? Wie kann man sich vor ihnen schützen? Was ist beim Umgang mit elektrischem Strom zu beachten?

Gefahrensituationen und Gefahrenursachen

Kurzschluss
Er kann in der Zuleitung oder im Gerät selbst auftreten, wenn sich bei schadhafter Isolation die Drähte der Zuleitung berühren. Der Strom fließt dann fast ungehemmt zur Quelle zurück. Es entstehen sehr hohe Stromstärken. Ursache für Kurzschlüsse sind in vielen Fällen durchgescheuerte Ummantelungen (Isolierung) an den Zuleitungen.

Überlastung
Es sind sehr viele „starke" Elektrogeräte in einem Stromkreis in Betrieb. Das führt zu einem großen Strom und damit zur Erhitzung von zu dünnen Zuleitungen.
Werden die Ströme sehr groß, kann die Erhitzung so groß werden, dass die Isolation von Kabeln schmilzt oder brennbare Materialien (Tapete, Gardine usw.) sich entzünden – oft sind dann Brände die Folge.

Stromschlag
Wird der Mensch Teil eines Stromkreises, so führt dies oft zu schweren gesundheitlichen Schäden, manchmal sogar zum Tod.
Der Mensch wird Teil eines Stromkreises
- durch Berühren nicht isolierter oder beschädigter elektrischer Leitungen;
- durch Berühren eines fälschlicherweise von Strom durchflossenen metallischen Gehäuses eines Elektrogerätes;
- durch Eingriff in ein an das Stromnetz angeschlossenes Elektrogerät;
- durch Wasser oder Feuchtigkeit bei elektrischen Geräten und Anlagen;
- durch Berühren nicht isolierter Freileitungen (z. B. bei Überlandleitungen oder bei Oberleitungen von Eisenbahnen durch die Schnur beim Drachensteigen).

Funkenbildung
Durch gebrochene Leitungen oder durch nicht fest sitzende Klemmverbindungen beim Anschluss von elektrischen Geräten, d. h. beim Schließen des Stromkreises, treten Funken auf. Diese können brennbare Materialien in der Nähe entzünden.

Elektrischer Strom ist gefährlich, wenn ein Kurzschluss, Überlastung oder Funkenbildung entstehen oder ein Mensch Teil eines Stromkreises wird (Stromschlag).

Alles muss zusammenpassen

In der Bildfolge oben stimmt etwas nicht: Mit dem großen, wirklichen Trecker wird kein Bollerwagen gezogen und mit dem Spielzeugtrecker bewegt sich der große Anhänger schon gar nicht. Ebenso bei den elektrischen Quellen und Geräten: Das starke Notstromaggregat ist nichts für die winzige Lampe und die Monozelle wird sicher nicht die Kettensäge bewegen.

Zentraler Versuch

Auf jeder Quelle und auf jedem Gerät gibt es eine Voltzahl, z. B. 4,5 V oder 230 V. Ist sie auf beiden gleich, passen sie zueinander – sind die Zahlen vor dem V verschieden, wird das Gerät zerstört oder es funktioniert gar nicht.

Nennspannung

Die Einheit ist 1 Volt: 1 V

So wie bei Trecker und Anhänger die Zugmaschine und der Wagen zusammenpassen müssen, so ist es auch bei elektrischen Quellen und Geräten. Nur wenn beide jeweils zueinander passen, kann das Gerät so arbeiten, wie es beabsichtigt ist. Und woher weiß man, was „richtig“ zusammenpasst?

Jede elektrische Quelle bringt den elektrischen Strom zum Fließen. Die Geräte funktionieren nur, wenn der Strom in ganz bestimmter Weise durch sie hindurchfließt. Die Voltangaben auf den Geräten sagen, ob der Stromfluss aus der Quelle für dieses Gerät richtig ist. Sie heißen deshalb **Nennspannung.**

Die Nennspannungen elektrischer Quellen und Geräte müssen gleich groß sein, damit beide zusammenpassen.

Analogie: Gleicher Gedanke – verschiedener Inhalt — Durchblick

Mit dem Trecker-Anhänger-Beispiel hatten wir uns bewusst gemacht, dass die Größen zweier Dinge vernünftig bemessen sein müssen, wenn wir sie ihrer Funktion gemäß benutzen wollen. Diese Grundeinsicht haben wir auf elektrische Quellen und Geräte übertragen, indem wir deren elektrische „Abmessung“, die Nennspannung, benutzt haben, um sie einander richtig zuzuordnen.
Dabei haben wir den Grundgedanken „muss passen“ von dem übersichtlichen Beispiel der Trecker übertragen auf den elektrischen Stromkreis. Die beiden ganz verschiedenen Inhalte „Trecker“ und „elektrischer Stromkreis“ sind über den Grundgedanken „muss passen“ miteinander verbunden.
Solch eine Übertragung eines Grundgedankens auf einen anderen Inhalt heißt **Analogie.**

Gefahren für den Menschen

Wenn der menschliche Körper Teil eines Stromkreises ist, kann dies schreckliche Folgen haben: Verbrennungen, Schock bis hin zum Tod. Daher ist es lebensnotwendig, beim Umgang mit elektrischem Strom Umsicht und Vorsicht walten zu lassen. Was aber geschieht im menschlichen Körper, wenn er Teil eines elektrischen Stromkreises wird?

Das Blut in den Adern eines Menschen ist ein guter Leiter. Die Haut leitet den Strom ebenfalls; wenn sie feucht ist, leitet sie sogar gut, weil der Schweiß auf der Haut salzhaltig ist.
Schließt ein Mensch mit seinem Körper nun einen elektrischen Stromkreis, so bilden die Adern ein sehr verzweigtes Netz von Wegen für den Strom. Der elektrische Strom erzeugt im Körper Wärme, was dazu führen kann, dass das Blut gerinnt oder Giftstoffe freigesetzt werden. Außerdem ziehen sich durch den elektrischen Strom auch die Muskeln krampfartig zusammen. Das ist einer der Gründe, warum ein Mensch bei einem Stromunfall die Hände, mit denen er die stromführenden Leitungen festhält, nicht mehr öffnen kann. Führt die Strombahn über das Herz, so können Herzrhythmusstörungen auftreten. In allen Fällen sind schwere gesundheitliche Schäden die Folge.

Lehrerversuch

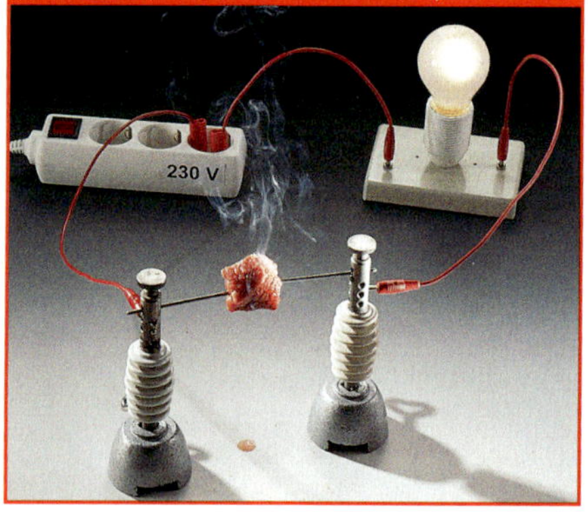

Die Gefahr entsteht daraus, dass Strom *durch* den Körper fließt. Ein Vogel, der *auf* einer Stromleitung sitzt, ist nicht gefährdet; er berührt ja nur eine Leitung, es gibt also keinen geschlossenen Stromkreis und somit fließt auch kein Strom durch seinen Körper. Würde er mit einem Bein oder einem Flügel die andere Leitung berühren, so würde im gleichen Moment der Stromkreis durch ihn geschlossen und er wäre unweigerlich sofort tot.

Die Auswirkungen eines Stromunfalls für einen Menschen hängen von der Größe des elektrischen Stromes ab, denn je stärker der Strom, desto größer seine Wirkung. Aber auch die Einwirkungsdauer spielt eine Rolle: Je länger die Stromwirkung (z. B. das Entstehen von Giftstoffen oder die Herzrhythmusstörungen) anhält, umso schlimmer sind die Folgen.

Wird ein Mensch Teil eines Stromkreises, so fließt ein elektrischer Strom durch seinen Körper. Daraus resultieren vielfältige Gefahren.

Sicherer Umgang mit elektrischem Strom

- Berühre keine elektrischen Leitungen.
- Berühre elektrische Anlagen nie mit beiden Händen gleichzeitig.
- Bastle nicht an angeschlossenen elektrischen Geräten herum.
- Mache nie Versuche an der Steckdose.
- Reinige elektrische Geräte nie mit Wasser.
- Betätige nie elektrische Geräte von der Badewanne aus.
- Ziehe Zuleitungen nie am Kabel, sondern stets am Stecker aus der Steckdose.
- Defekte elektrische Geräte dürfen nur von einem Fachmann repariert werden.
- Beim Kauf von neuen elektrischen Geräten ist auf das VDE-Zeichen zu achten.
- Verlege elektrische Leitungen nie unter Teppichen oder durch Türritzen.
- Sind Kleinkinder im Haushalt, so sichere die Steckdosen mit Kindersicherungen.
- Halte von herabhängenden oder abgerissenen Überlandleitungen weiten Abstand.

Aufgaben

1 **a)** Beschreibe die Auswirkungen der unterschiedlichen Gefahrensituationen von Seite 38.
b) Erkläre die Schutzmaßnahme „Schmelzsicherung". Beschreibe, in welchen Gefahrensituationen sie wirkt.

2 „Vögel sind gegen den elektrischen Strom widerstandsfähiger als Menschen, denn sie sitzen auf den Drähten und bekommen doch keinen Stromschlag." Kommentiere.

3 Begründe den Sinn von „Schutzkleinspannungen" und „Schutzisolierung". Studiere dazu die Pinnwand rechts.

Schutzmaßnahmen beim Umgang mit Elektrogeräten

Netzunabhängige Geräte

Immer häufiger werden elektrische Geräte so konstruiert, dass sie beim Betrieb nicht mit dem Stromnetz des Haushaltes verbunden sind. In solchen netzunabhängigen Geräten ist eine wiederaufladbare Batterie, ein *Akku*, eingebaut. Das Netz wird somit nur zum Aufladen des Akkus benötigt.

Netzunabhängige elektrische Geräte können aber nur solche sein, die mit einer geringen Netzspannung auskommen.

Schutzisolierung

Elektrische Geräte wie Handmixer, Bohrmaschine oder Föhn, die weder mit Batterien noch mit Kleinspannungen auskommen, werden schutzisoliert. Das heißt alle Teile, die gefährliche Spannungen besitzen, sind in ein Kunststoffgehäuse eingeschlossen, sodass sie nicht berührt werden können.

Schutzleiter

Bei Geräten mit metallischen Gehäusen gibt es eine sehr unangenehme Gefahrenquelle. Wenn die Schutzisolierung um die Kabel defekt ist und ein solches Kabel mit dem Gehäuse in Berührung kommt, fließt der Strom ab, wenn ein Mensch mit seinem Körper die Verbindung zur Erde herstellt. Um das zu vermeiden, sind alle Kabel im Haus mit einer dritten Leitung mit gelb-grüner Schutzisolierung versehen. Diese Leitung hat immer Kontakt zum Gehäuse. Über sie wird der Strom über das Gehäuse zum E-Werk zurück geleitet, wenn es im Inneren einen Kontakt zwischen stromführender Leitung und Gehäuse gibt. Wird das Gehäuse, das mit dem Schutzleiter verbunden ist, berührt, ist die Person selbst nicht im Stromkreis, sondern wie der Vogel auf der Leitung berührt sie den Stromkreis nur von außen und ist nicht selbst Teil von ihm.

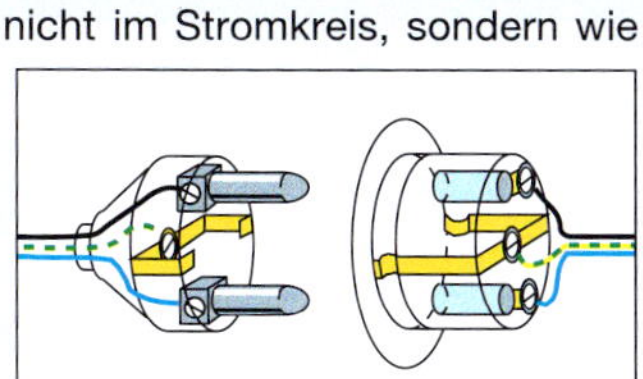

Was muss bei einem Stromunfall beachtet werden?

In der Schule:

1. Den dafür vorgesehenen roten Notausschalter (Pilzdruckschalter) betätigen, um den Stromkreis zu unterbrechen.
2. Den Verunglückten nicht berühren, solange der Stromkreis nicht sicher unterbrochen ist.
3. Sofort Hilfe holen.
4. Erste-Hilfe-Maßnahmen einleiten.

Im Haushalt:

1. Den Stromkreis, in dem sich der Geschädigte befindet, mithilfe der Sicherung ausschalten.
2. Sofort Hilfe rufen: Notruf 112
3. Erste-Hilfe-Maßnahmen einleiten, z. B. Herzdruckmassage und Atemspende.

Erkundige dich, wo in eurem Haushalt der Sicherungskasten ist und welche der Sicherungen zu welchem Stromkreis gehört.

Schutzkleinspannungen

Das Kraftwerk stellt uns wegen der vielfältigen Anwendungen 230 V an den Steckdosen zur Verfügung. Viele elektrische Geräte benötigen aber diese 230 V gar nicht. Mithilfe eines zusätzlichen Gerätes, einem *Transformator*, wird die Spannung von 230 V auf die notwendigen 12 V oder 24 V verringert. Dies reicht z.B. in medizinischen Geräten, bei elektrischen Zahnbürsten, bei Halogenlampen und bei elektrischem Spielzeug wie der Modelleisenbahn. Hier ist der Kontakt mit stromführenden Leitungen über die Schienen für jeden Spieler, Gleisbauer oder Hobbybastler sofort gegeben, aber wegen der Kleinheit der Spannung gefahrlos.

Geräte – Wandler elektrischer Energie

Föhn

Nasse Haare trocknen nach dem Waschen schnell mit einem Föhn. Der durch die Heizspirale hindurch fließende Elektronenstrom macht sie glühend heiß. Der Ventilator, der ebenfalls vom Elektronenstrom angetrieben wird, bewirkt die Strömung der Luft.
Die elektrische Energie, die der Steckdose entnommen wird, hat im Föhn also zweierlei Wirkungen: Erwärmung und Bewegung. Weil diese beiden Wirkungen an anderer Stelle ihrerseits wieder etwas bewirken können, nämlich Haare trocknen oder flattern lassen, spricht man auch hier von Energie, nämlich von **Wärmeenergie** und von **Bewegungsenergie.**

Toaster

Im Inneren eines Toasters sind am Innenrand und in der Mitte verlaufende Metalldrähte zu sehen. Im Betrieb bewirkt der Elektronenstrom durch die Metalldrähte, dass sie rot zu glühen beginnen, also neben Wärmeenergie auch Licht abstrahlen. Die physikalisch richtige Bezeichnung ist **Lichtenergie.**

Vom Toaster wird bei diesem Vorgang elektrische Energie in Wärmeenergie und Lichtenergie gewandelt. Deshalb wird für alle Elektrogeräte die Bezeichnung *Energiewandler* oder kurz **Wandler** verwendet.

Elektrogeräte (Föhn, Toaster, Lampen, Motoren) sind Energiewandler. Sie wandeln elektrische Energie in andere Energieformen: Bewegungsenergie, Wärmeenergie oder Lichtenergie.
Das Gerät im Stromkreis bestimmt, welche Energieform aus diesem Wandler austritt.

Energiefluss-Schema

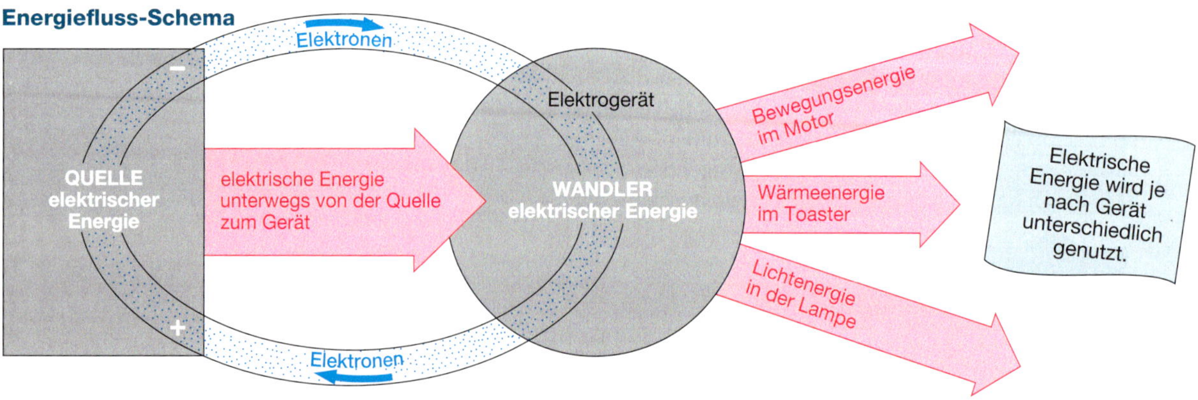

Aufgaben

1 Zeichne für den Wasserkreislauf aus Bohrmaschine/Pumpe und Schaufelrad das Energiefluss-Schema entsprechend dem Schema für den elektrischen Stromkreis.

2 Eine Steckdose ist die Quelle elektrischer Energie im Zimmer. Zeichne und beschrifte für eine Tischlampe das Stromkreis-Energie-Schema von der Steckdose zur Lampe.

Speicher für elektrische Energie

Um mit einem MP3-Player Musik hören zu können, wird keine Steckdose benötigt. Unabhängig vom Stromnetz wird der MP3-Player mithilfe von *Batterien* oder *Akkumulatoren* (kurz „Akkus") betrieben. Das Aufladen eines Akkus erfolgt über ein Ladegerät. Was beim Laden und Benutzen eines Akkus geschieht, zeigt folgender Versuch:

Lehrerversuch

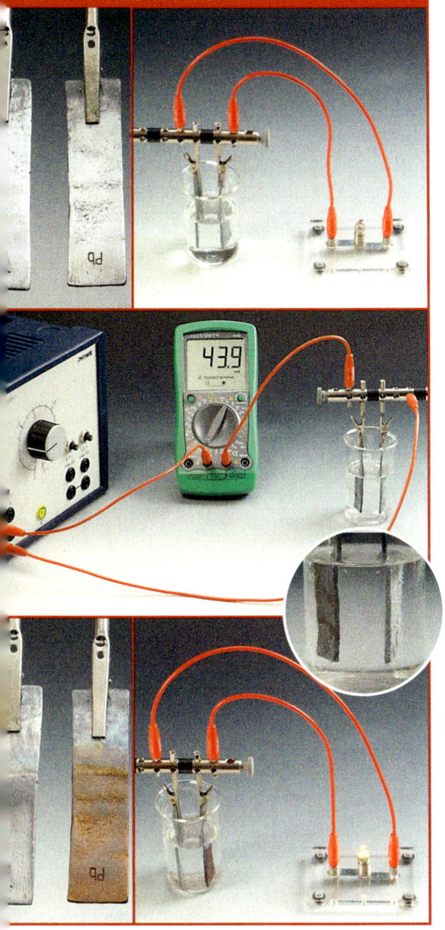

- Zwei Bleiplatten, welche sich in einer säurehaltigen Flüssigkeit befinden, werden mit einer Lampe verbunden. Die Lampe leuchtet nicht, der Akku ist „leer".
- Anstelle der Lampe wird eine elektrische Quelle zwischen die beiden Bleiplatten geschaltet. Ein Strommessgerät zeigt, dass bei eingeschaltetem Netzgerät ein Elektronenstrom fließt.
- Nach einigen Minuten wird die Quelle wieder gegen die Lampe ausgetauscht. Die Lampe leuchtet jetzt.

Der Elektronenstrom, der von der Quelle hervorgerufen wurde, hat chemische Vorgänge im Blei-Akku bewirkt, wie an den Veränderungen der Flüssigkeit und der Bleiplatten zu erkennen ist *(chemische Stromwirkung)*. Beim Entladen des Akkus werden diese Vorgänge rückgängig gemacht; als Wirkung fließt ein Elektronenstrom. Nach dem Aufladen und vor dem Entladen war die Energie in der chemischen Veränderung der Stoffe im Akku enthalten. Sie war **chemische Energie,** die beim Entladen wieder in elektrische Energie gewandelt wird.

In chemischer Form kann Energie aufbewahrt, *gespeichert* werden, in elektrischer Form nicht.

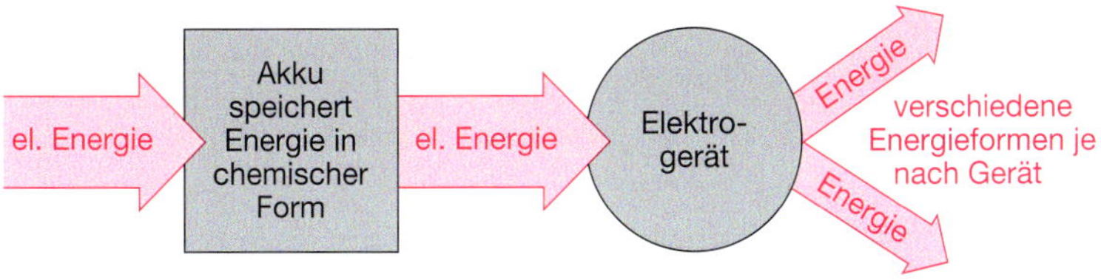

Energie ist in chemischer Form speicherbar.
Ein Akku nimmt elektrische Energie auf, speichert sie als chemische Energie und gibt sie wieder als elektrische Energie an ein Gerät ab.

Batterien

Ein von chemischer Energie leerer Akku kann immer wieder aufgeladen werden. In einer Batterie ist ebenso chemische Energie gespeichert, aber sie kann nicht wieder aufgeladen werden. Denn der chemische Prozess der Energiespeicherung kann bei einer Batterie nur einmal – nämlich beim „Laden" während der Herstellung – durchgeführt werden. Bei der Benutzung, also beim „Entladen", werden die Batteriezellen zerfressen. Deshalb quellen alte Batterien auf.

Aufgrund der giftigen Inhaltsstoffe dürfen Batterien und Akkus, die nach einiger Zeit auch unbrauchbar werden, nur als *Sondermüll* entsorgt werden.

Aufgaben

1 Erkundige dich, wo du gebrauchte Batterien entsorgen kannst.

2 **a)** Paul sagt: „ Die Batterie ist ein halber Akku". Erläutere seine Aussage.
b) Zeichne das Energiefluss-Schema für eine Batterie.

3 Vergleiche Einsatzgebiete, Preis und Umweltverträglichkeit verschiedener Batterien und Akkus.

Versuche und Aufträge – Elektrische Energie

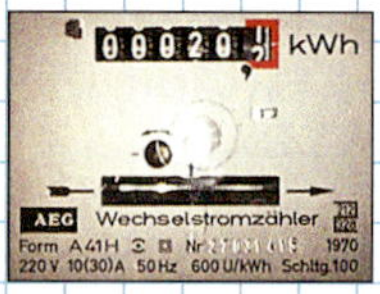

A1 Das Messgerät für die im Haushalt benötigte Energie ist der „Stromzähler“. Er misst die Energie in kWh (Kilowattstunden).

a) Lies die Zählerstände eine Woche lang morgens und abends ab. Trage die Werte in eine Tabelle ein.

b) Bilde die Differenzen und berechne den Energiebedarf während der Tage und während der Nächte. Erläutere.

c) Schalte für einen Moment alle Geräte im Haushalt aus und beobachte die rote Drehscheibe im Zähler. Schalte dann möglichst viele Geräte wieder ein. Erläutere und benutze dabei den Begriff „Energiebedarf“.

d) Finde heraus, welche Geräte im Haushalt einen hohen Energiebedarf und welche Geräte einen eher niedrigen haben.

V2 Führe nochmals den zentralen Versuch von Seite 42 durch. Statt der Hand, die das Rad dreht, kannst du auch eine Bohrmaschine (zuvor den Bohrer herausnehmen!) benutzen, die mit dem Bohrfutter gleichmäßig den Reifen unter sich wegdreht. Für jeden Teilversuch solltest du mehrere Male das Experiment durchführen und dann einen Mittelwert bilden. (Miss so: 1,5 Drehungen nach dem Absetzen, 0,75 Drehungen nach dem Absetzen usw.)

a) Untersuche, ob es einen Unterschied im Energiebedarf für die Scheinwerferlampe und die Rücklichtlampe gibt. Begründe deine Beobachtungen.

b) Untersuche, ob von der Energie der Hand, die das Rad dreht, mehr für das Drehen des Dynamorades oder für die Erzeugung des Lichtes in den Lampen benötigt wird.

Formuliere einen Merksatz zu deinen Beobachtungen.

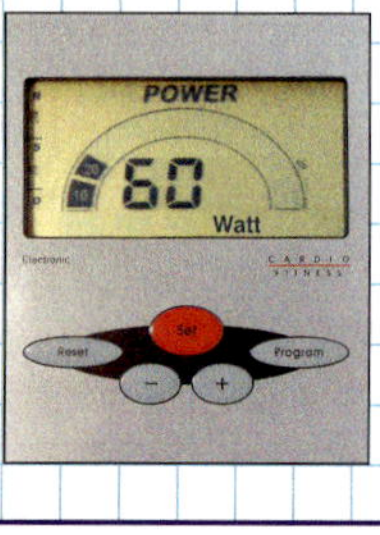

V3 Den Energiebedarf einer 60-Watt-Lampe kannst du mit deinen Beinen nachempfinden: Wenn dir ein Fahrradheimtrainer zugänglich ist, stelle ihn auf 60 Watt ein. Trete den Heimtrainer nun 15 Minuten lang und halte dabei die 60 Watt. Du hast so viel Energie in den Heimtrainer hineingesteckt, wie die Lampe an elektrischer Energie benötigt, um die gleiche Zeit zu leuchten.

V4 Es gibt Spielzeuge, die mit einem Schlüssel aufgezogen werden oder Autos, bei denen ein Schwungrad betätigt werden muss, damit sie laufen.

a) Probiere mit einem solchen Spielzeug aus, welche Wirkung es hat, wenn du viel Energie aus deiner Hand auf das Spielzeug überträgst bzw. was passiert, wenn es nur wenig Energie ist.

b) Beschreibe den Vorgang mit dem Wort „bewirkt“. Wenn du keinen Namen für eine Energieform kennst, die du benennen willst, gib ihr eine möglichst treffende eigene Bezeichnung.

c) Zeichne das Energiefluss-Schema des Versuches.

A5 Auf großen Baustellen erleichtern Baumaschinen die Arbeit. Damit sie eine gewünschte Tätigkeit bewirken können, müssen sie mit elektrischer Energie versorgt werden.

a) Erkunde an einer Baustelle, wie einzelne Baumaschinen mit elektrischer Energie versorgt werden und wie andere ihre Energie in nicht-elektrischer Form bekommen. Formuliere deine Beobachtungen.

b) Zeichne das Energiefluss-Schema zu zwei verschiedenen Baumaschinen.

c) Nenne Unterschiede und Gemeinsamkeiten zwischen beiden Maschinen.

d) Begründe deine Beobachtungen.

V6 Ein Handy, der MP3-Player oder eine Taschenlampe verwenden elektrische Energie aus einem Akku oder einer Batterie. Aber die Energiemenge, die zur Verfügung steht, ist nicht unendlich groß.

a) Lass eine elektrische Zahnbürste oder die Lampe einer selbst gebauten Taschenlampe (siehe zentraler Versuch Seite 21) mit einer Batterie, die schon lange benutzt wurde so lange laufen, bis der Energievorrat gänzlich aufgebraucht ist.

b) Beschreibe den Verlauf der Energieabgabe während der Zeit und achte dabei besonders auf die kurze Zeit, bevor die Zahnbürste still steht oder die Lampe ganz erlischt.

c) Zeichne das Schema der ineinander gewandelten Energien und der Wandler.

* Erstellen einer Mindmap — Werkzeug

Eine Mindmap stellt die Zusammenhänge zwischen den wichtigen Inhalten eines Sachverhaltes übersichtlich geordnet dar. Die grafische Darstellung macht die Beziehungen zwischen den einzelnen Hauptbegriffen deutlich. Damit wird der Sachverhalt auch optisch strukturiert und bleibt so besser im Gedächtnis haften.

① Zentralbegriff festlegen

Bei einer Mindmap wird im Unterschied zu den üblichen Aufzeichnungsverfahren mit dem *Thema* oder dem *zentralen Begriff* in der Mitte eines Blattes begonnen.

Es sollte

- unliniertes A3- oder A4-Papier verwendet werden;
- das Blatt im Querformat beschrieben werden, damit die Lesbarkeit verbessert wird.

② Sammlung

Vom zentralen Begriff/Thema ausgehend werden weitere Begriffe, die mit diesem Thema zusammenhängen, auf einem separaten Blatt gesammelt oder direkt in die Mindmap eingetragen. Die Informationsquellen dafür sind:

- das eigene Vorwissen;
- Bücher, vor allem Lexika;
- das Internet;
- andere Quellen.

Diese weiteren Begriffe werden danach überprüft, ob sie übergeordnet oder Einzelheiten sind. Die übergeordneten Begriffe werden als *Grundbegriffe* an die Hauptäste möglichst waagerecht geschrieben.

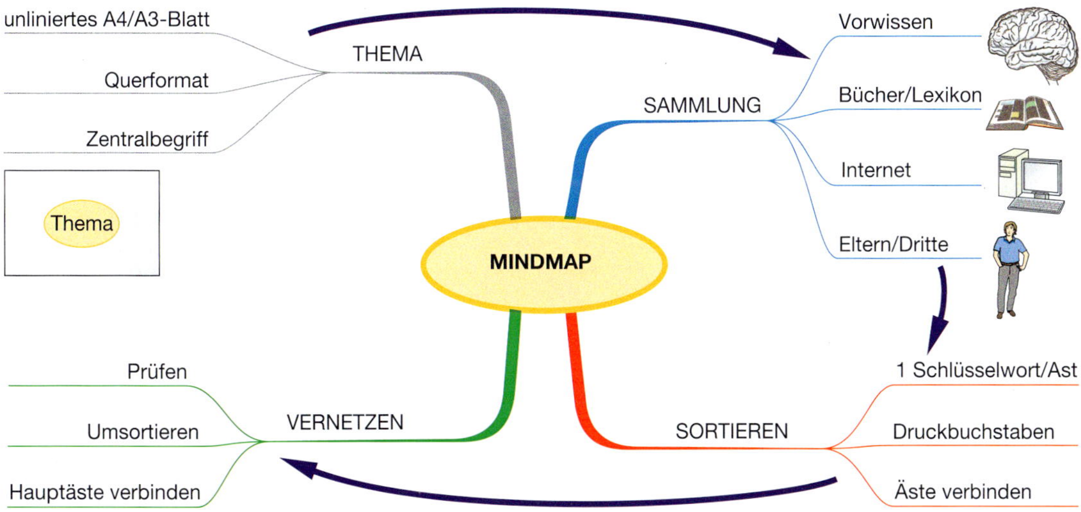

④ Strukturieren, Vernetzen

Im Anschluss an die erste Erstellung der Mindmap – eventuell auch zu einem späteren Zeitpunkt – ist vielfach eine Überarbeitung der Mindmap erforderlich. Die Begriffe werden auf ihre richtige Zuordnung hin überprüft. Gegebenenfalls wird umsortiert. Begriffe, die mehreren Themenbereichen angehören, können Hauptäste miteinander vernetzen.

③ Sortieren

Sofern noch keine Grundbegriffe festgelegt wurden, werden sie an die Hauptäste geschrieben. In Unterverzweigungen werden weitere Begriffe notiert, die zu dem Grundbegriff auf den Hauptästen gehören. Jedem Hauptast und seinen Unterverzweigungen wird eine Farbe gegeben.

Auch kleine Symbole (z. B. Pfeile, Spiegelstriche usw.) oder Bildchen sind für eine einprägsame Gestaltung geeignet.

Beachte:

- Auf jedem Ast darf nur ein Schlüsselwort stehen.
- In großen Druckbuchstaben schreiben.
- Die Äste müssen miteinander verbunden sein.

Durchblick – Grundideen schaffen Ordnung

Naturwissenschaftler bevorzugen Ordnung und Übersichtlichkeit aller Dinge, aller Erkenntnisse und aller Fragen, mit denen sie sich befassen. Sie versuchen, mit möglichst wenigen **Grundideen** ihre Erkenntnisse sinnvoll zu ordnen. Je weniger Schachteln sie benötigen, um ihr Wissen darin unterzubringen, desto besser. Tatsächlich ist es den Physikern unter den Naturwissenschaftlern gelungen, mithilfe von nur vier Grundideen (als Fremdwort: „*Basiskonzepten*") alles so zu ordnen, dass nichts ausgeschlossen bleibt.

Auf den Deckeln dieser vier Schachteln stehen die Namen der Grundideen:

- S SYSTEM
- M MATERIE
- W WECHSELWIRKUNG
- E ENERGIE

Auch die Inhalte der Schachteln selbst sind wieder klar geordnet. So lässt sich alles wiederfinden und die Beziehungen unter den Inhalten der Schachteln sind gut zu verstehen.

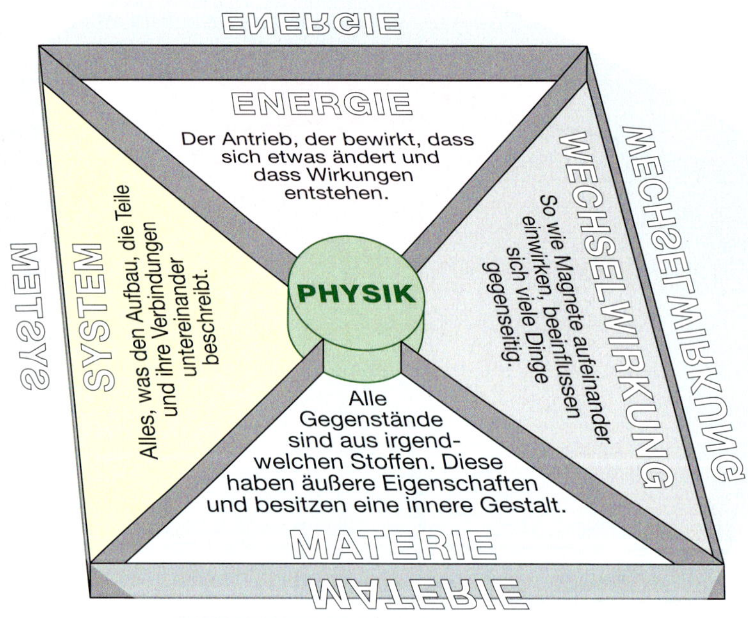

Auf den Seiten dieses Buches, auf denen Neues gelernt wird, steht ganz unten jeweils die Aufschrift der Schachtel (das Basiskonzept), in die der Inhalt der Seite hinein gehört.

Auf der rechts folgenden *Grundwissen-Seite* stehen alle vier Schachteln des Kapitels „Der elektrische Stromkreis" mitsamt ihrem Inhalt. Damit hast du eine gute Übersicht über das, was du in diesem Kapitel gelernt hast – genau so, wie die Physiker ihr weit umfassenderes Wissen geordnet haben.

Der elektrische Stromkreis

Grundwissen

ENERGIE

Damit ein elektrischer Strom fließen kann, muss ein geschlossener Stromkreis vorhanden sein, der aus einer elektrischen Quelle (Batterie, Netzgerät oder Steckdose), einem Elektrogerät und Leitungen besteht. Die Nennspannungen (Angabe in Volt (V)) von Quelle und Elektrogerät müssen gleich groß sein, damit das Gerät richtig funktioniert bzw. nicht beschädigt wird.

Strom ist gefährlich!

Elektrischer Strom kann im Menschen
- Verbrennungen
- Vergiftungen
- Muskelverkrampfung (Herzstillstand)

hervorrufen.
Gegenstände können durch elektrischen Strom entzündet werden.

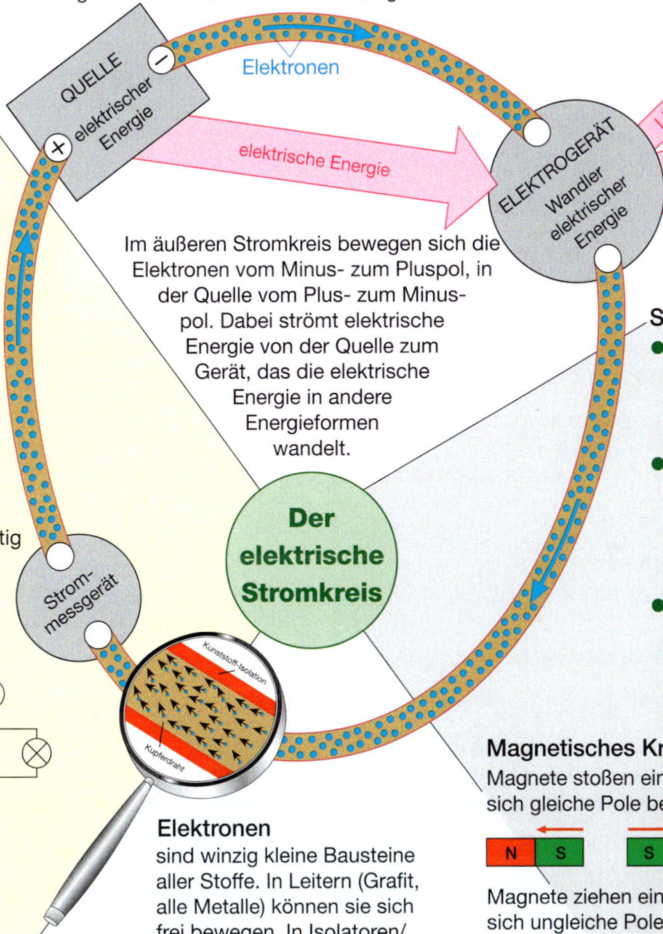

Im äußeren Stromkreis bewegen sich die Elektronen vom Minus- zum Pluspol, in der Quelle vom Plus- zum Minuspol. Dabei strömt elektrische Energie von der Quelle zum Gerät, das die elektrische Energie in andere Energieformen wandelt.

Der elektrische Stromkreis

SYSTEM

Schaltungen

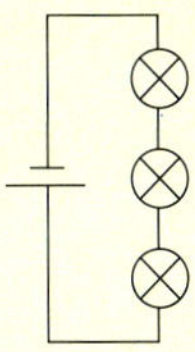

Reihenschaltung: Strom fließt nacheinander durch die Geräte.

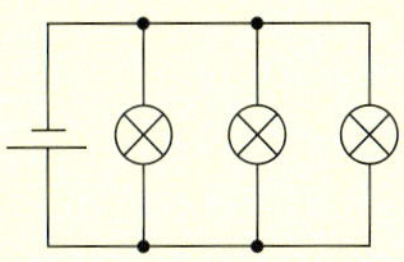

Parallelschaltung: Strom fließt gleichzeitig durch alle Geräte.

Schaltskizze

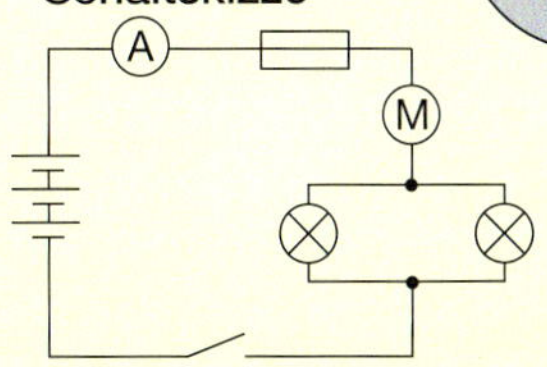

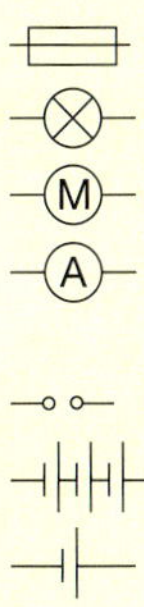

Sicherung
Lampe
Motor
Strommessgerät
Quellen

Elektronen
sind winzig kleine Bausteine aller Stoffe. In Leitern (Grafit, alle Metalle) können sie sich frei bewegen. In Isolatoren/Nichtleitern sitzen sie fest.

WECHSELWIRKUNG

Stromwirkungen

- Lichtwirkung

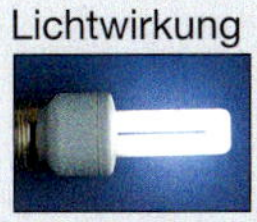

- Magnetische Wirkung

- Wärmewirkung

Magnetisches Kraftgesetz:
Magnete stoßen einander ab, wenn sich gleiche Pole begegnen (S–S, N–N).

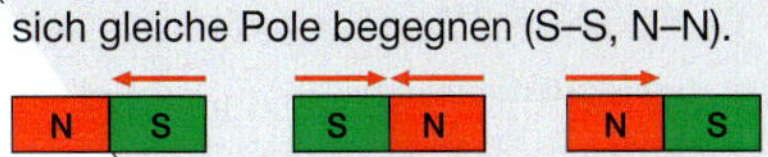

Magnete ziehen einander an, wenn sich ungleiche Pole begegnen (S–N, N–S).

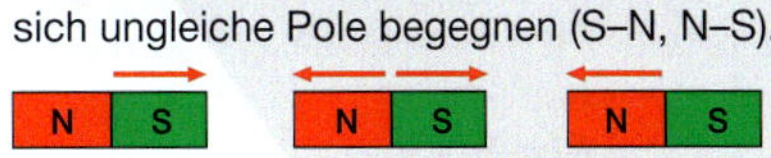

Es gibt zwei Arten von Magnetpolen, nämlich Nord- und Südpol. Magnete ziehen Gegenstände an, die Eisen, Nickel oder Cobalt enthalten.

MATERIE

Elementarmagnete
Gegenstände, die Eisen, Nickel oder Cobalt enthalten, kann man sich aus vielen, winzigen Elementarmagneten zusammengesetzt denken:

- Bei unmagnetischen Gegenständen liegen die Elementarmagnete wirr durcheinander;

- bei Magneten oder magnetisierten Gegenständen sind die Elementarmagnete alle gleich ausgerichtet.

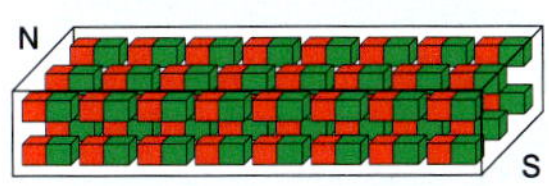

Grundwissen — Der elektrische Stromkreis

A1 a) Fertige mit den Grundbegriffen unten Karteikarten an. Notiere den Begriff auf der Vorderseite und erläutere ihn auf der Rückseite. Anstelle der Karteikarten kannst du auch eine Datenbank anlegen.
b) Erstelle eine Mindmap für das ganze Kapitel. Die Grundbegriffe unten helfen dir dabei.

A2 a) Zwei Magnete können unterschiedlich aufeinander wirken. Beschreibe die Beobachtungen und formuliere einen Merksatz.
b) Erkläre den Vorgang des Magnetisierens und des Entmagnetisierens mithilfe der Elementarmagnete.
c) Erkläre, weshalb die Enden eines Magneten Nord- und Südpol heißen.
d) Beim Experimentieren fällt ein Stabmagnet, der aus sprödem, zerbrechlichem Eisen besteht, herunter und zerbricht in zwei Teile. Ein Mitschüler findet die rote Hälfte des zerbrochenen Magneten und ruft: „Ich habe den Nordpol gefunden". Bewerte seine Aussage.

Grundbegriffe

- *Quelle (elektrische)* S. 10, 12, 41
- *Elektrogeräte* S. 10–12, 44
- *Reihen- und Parallelschaltung* S. 16
- *Schalter (EIN-AUS, UM)* S. 13
- *Schaltskizze* S. 13
- *Leiter und Nichtleiter/Isolator* S. 20
- *Wechselschaltung* S. 15
- *Elektronen* S. 23
- *Stromkreis* S. 10/11, 23, 40/41
- *Stromstärke* S. 24/25
- *Magnet (Dauermagnet), Magnetkräfte* S. 26
- *Magnetpole* S. 26/27
- *magnetisches Kraftgesetz* S. 27
- *Magnetisieren/Entmagnetisieren* S. 29
- *Elementarmagnete* S. 29
- *Magnetfeld* S. 32
- *Feldlinien* S. 32
- *Stromwirkungen* S. 34–37
- *Sicherungen* S. 35
- *Elektromagnet* S. 36
- *Gefahren und Schutzmaßnahmen* S. 38, 40
- *Nennspannung* S. 39
- *Energie (elektrische)* S. 43
- *Bewegungsenergie, Lichtenergie, Wärmeenergie, chemische Energie* S. 44/45
- *Energiewandler* S. 44/45
- *Energiespeicher* S. 45

A3 Bei einem nicht gekennzeichneten Magneten sollen die Pole bestimmt und farbig markiert werden. Entwickle Verfahren und schreibe sie auf, wenn
a) kein zweiter Magnet zur Verfügung steht;
b) ein zweiter gekennzeichneter Magnet verfügbar ist.

A4 Die Magnetfelder zweier gegenüber gelegter Stabmagnete ordnen Eisenspäne auf zwei verschiedene Weisen.
a) Beschreibe alle Eigenschaften der Feldlinien, die du aus dem Bild entnehmen kannst.
b) Schreibe auf, an welchen Stellen die Magnetkräfte besonders stark sind.
c) Benenne die Pole der beiden Magnete in jedem der Bilder so, wie es dir sinnvoll, vor allem aber richtig erscheint.

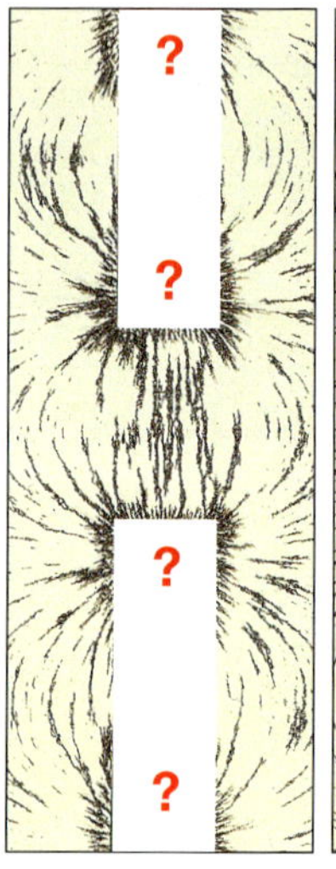

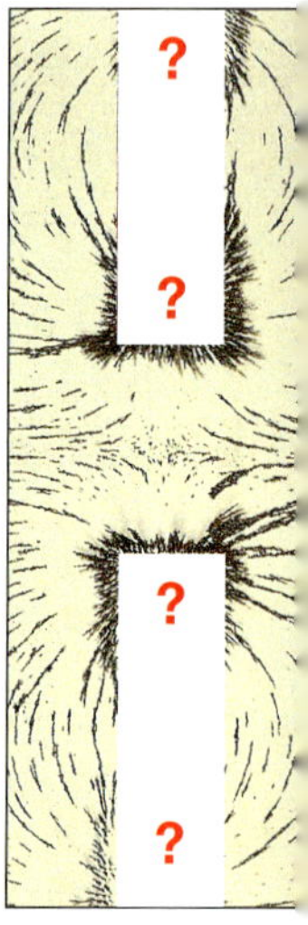

A5 a) Ein Bastler konstruiert eine batteriebetriebene Warnblinkanlage für sein Fahrrad, die er mit je einem Schalter am linken und am rechten Handgriff des Lenkers beliebig an- und ausschalten kann. Zeichne und erläutere zwei Möglichkeiten.
b) Eine Maschine zum Ausstanzen von Blechteilen kann nur mit der linken und der rechten Hand gleichzeitig ein- und ausgeschaltete werden. Zeichne und erläutere.

A6 a) Erstelle eine Übersicht, die den folgenden Geräten die verschiedenen Wirkungen des elektrischen Stroms zuordnet: Klingel, Lötkolben Fernsehbildschirm, Wasserkocher, Bohrmaschine, Föhn, Kaffeemaschine, Modelleisenbahn, Energiesparlampe
b) Ergänze die Liste um weitere Beispiele.
c) „Elektrischer Energie hat Wirkung." Deute den Satz.
d) Zeichne für die Wirkungen des elektrischen Stromes je ein Energiefluss-Schema. – Ergänze die Übersicht durch Aussagen zur Energiewandlung.

A7 Verschiedene Stoffe und mehr als ein Draht werden benötigt, um ein bei der Elektro-Installation verwendetes Kabel herzustellen. Stelle eine Materialliste zusammen und erläutere sie.

A8 Deine Familie will demnächst in ein Haus ziehen, das jetzt im Rohbau fertig ist. Der Hausbesitzer hat euch freigestellt, die Verteilung der Lampen, verschiedener Schalter und der Steckdosen in den Zimmern selbst zu planen. Du willst dein Zimmer folgendermaßen mit Möbeln einrichten:

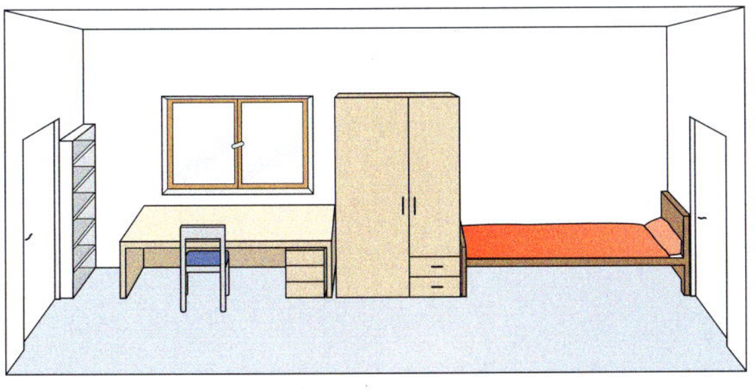

a) Zeichne das Zimmer ohne die Einrichtung auf ein A4-Blatt und lege die Verteilerdosen, Lampenanschlüsse, Schalter und Steckdosen nach deinen Vorstellungen fest. Zeichne die notwendigen Verbindungskabel ein.
b) Fertige eine Schaltskizze an. Ergänze sie um eine Sicherung. Wo müsste diese eingefügt werden?
c) Begründe die Schaltungsart für Lampen und Steckdosen und die Verwendung einer Wechselschaltung.

A9 **a)** Beschreibe den Weg des elektrischen Stroms durch eine Klingel von der Quelle zurück zur Quelle, wenn der Klingelknopf gedrückt wird.

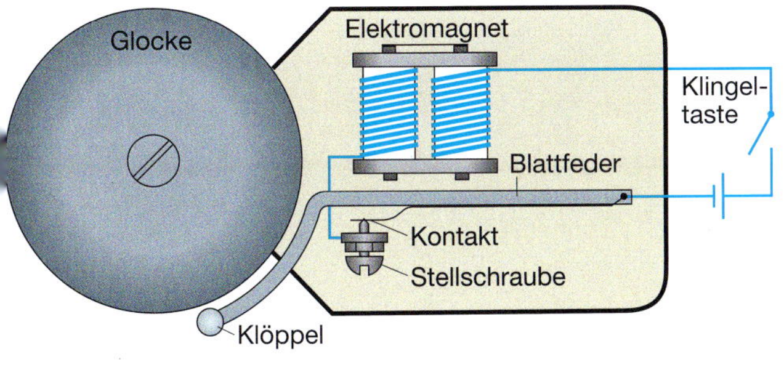

b) Erkläre die Funktionsweise der Klingel. Berücksichtige dabei:
① die Wirkung, die der Elektromagnet auf die Blattfeder hat, wenn Strom fließt;
② das Geschehen an der Kontaktstelle und dadurch wieder beim Elektromagneten.
c) Erläutere, warum die Gefahr eines Stromschlages besteht, wenn die Glocke während des Klingelns berührt wird.

A10 In einen Stromkreis mit zwei Lampen sind Strommessgeräte wie in der Zeichnung eingebaut.

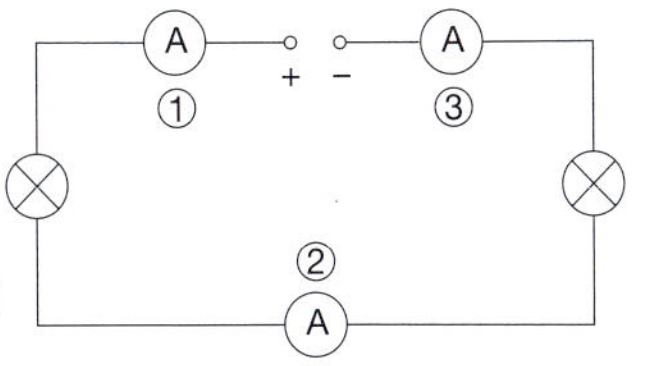

a) Gib an, wie herum sich die Elektronen im Stromkreis bewegen.
b) In der Diskussion, welche Stromstärken wohl angezeigt werden, gibt es folgende Antworten:
1 Messgerät ① zeigt die größte Stromstärke an, Messgerät ② weniger, Messgerät ③ am wenigsten.
2 Messgerät ③ zeigt die größte Stromstärke an, Messgerät ② weniger, Messgerät ① am wenigsten.
3 Alle Messgeräte zeigen die gleiche Stromstärke an.
4 Messgerät ① und ③ zeigen denselben Wert an, Messgerät ② zeigt weniger an.
Begründe, welche Antwort korrekt ist.

A11 **a)** Die Nutzung des elektrischen Stroms birgt auch Gefahren. Beschreibe, in welchen Situationen Gefahren auftreten können.
b) Schmelzsicherungen sollen den Gefahren des elektrischen Stroms entgegenwirken. Begründe ihren Wirkungsmechanismus.

A12 Zeitungen melden oft Unfälle mit dem Oberleitungssystem der Bahn.
a) Erstelle ein Plakat, das auf die Gefahren in der Nähe von Oberleitungen hinweist.
b) Finde Argumente, die den Kindern ihr gefährliches Verhalten deutlich machen.

A13 Elektrische Energie ist für uns selbstverständlich und wird uns von den Energieversorgern, die die Kraftwerke betreiben, zur Verfügung gestellt. Die Kraftwerke sind die Energiequellen für das öffentliche Stromnetz.
a) Nenne andere elektrische Quellen, die ein Netz von Geräten oder auch nur ein einziges Gerät versorgen.
b) Zeichne das jeweilige Energiefluss-Schema mit Quelle, Gerät und gewandelten Energieformen.
c) Manche Quellen können Energie speichern, bei anderen muss sie sofort genutzt werden. Unterscheide die Quellen nach „Speicher-Quellen" und „Sofortnutzungs-Quellen".

Temperatur und Energie

Wasser ist normalerweise flüssig. Aber es kann auch fest sein wie Stein (dann ist es Eis) oder gasförmig wie Luft (dann ist es Wasserdampf). Wird Eis erwärmt, dann schmilzt es; das entstandene Wasser verdampft.
Ob sich ein Gegenstand im festen, flüssigen oder gasförmigen Zustand befindet, hängt offensichtlich von seiner Temperatur ab. Zur Änderung seines Zustandes muss ihm Energie zugeführt oder von ihm abgeführt werden. Was versteht man unter dem Begriff „Energie"? Wo kommt sie her, wie wird sie von einem Ort zu einem anderen transportiert?

Fiebermessen

Die Kinder sind krank und deshalb ist es sinnvoll, die Körpertemperatur zu messen. Das geht auf verschiedene Weisen. Das ältere Kind muss dazu das Fieberthermometer so lange im Mund halten, bis es nicht mehr blinkt oder bis es piept. Dann kann die Körpertemperatur abgelesen werden. Bei Kleinkindern wird ein Thermometer benutzt, das nur ein paar Sekunden ins Ohr gehalten werden muss, um die Temperatur zu messen.

Wärmebild

Das Wärmebild zeigt die Schwachstellen in der Hausfront. Überall dort, wo es rot ist, ist die Temperatur relativ hoch. Das zeigt an, dass hier Energie verloren-geht.

UV-Bild der Sonne

Astronomen rätseln, warum die äußere Sonnenschicht, die Korona, über eine Million Grad heiß wird, während die unteren Schichten kühler sind. Um die Prozesse besser zu verstehen, hat die amerikanische Raumfahrtbehörde NASA von einer Rakete aus Nahaufnahmen der Sonne im ultravioletten Lichtbereich gemacht. Die spektakulären Bilder zeigen ein hohes Maß an Aktivität in der Chromosphäre, einer unteren Schicht der Sonnenatmosphäre.

Jahreszeiten

Vorbereitung

1 Lies die Texte dieser beiden Seiten durch und betrachte die dazugehörigen Bilder. Schreibe zu den einzelnen Themen Fragen auf, die du dazu hast.

2 Blättere das folgende Kapitel durch. Lies die Überschriften und betrachte die Bilder. Notiere neben den Fragen aus **1** die Seitenzahlen, die deiner Meinung nach Antworten zu deinen Fragen liefern könnten.

3 Überlege und schreibe auf, was du in Experimenten untersuchen möchtest. Vielleicht hast du ja schon Ideen, wie die Versuche aussehen könnten.

Temperatur und Thermometer

„Eiskalt", „lauwarm", „glühend heiß", ... Es gibt eine Menge Wörter in unserer Sprache, mit denen wir zum Ausdruck bringen, wie warm oder kalt unsere Umgebung ist. Wenn wir genauere Angaben machen wollen, reden wir von „Temperatur", von „Grad" oder „Grad Celsius". Was steckt hinter diesen Begriffen? Wie kommen diese Angaben zustande?

Wenn angegeben werden soll, wie warm oder kalt ein Gegenstand ist, so müssen wir seine **Temperatur** bestimmen.

Der Mensch hat in seiner Haut Sensoren, das sind Fühlpunkte, die es ihm ermöglichen, den Wärmezustand der Luft oder eines Gegenstands zu „erfühlen". Die Temperaturwahrnehmung ist für die Menschen sehr wichtig. Ohne sie würden wir beim Anfassen von heißen Gegenständen nicht gewarnt werden und uns schwerste Verbrennungen zuziehen. Die Wärmeempfindung ist allerdings bei jedem Menschen unterschiedlich, sie ist z. B. abhängig von Alltagserfahrungen der jeweiligen Person.

So wird jemand, der in einer Fleischerei oft im Kühlhaus arbeitet, ein anderes Temperaturempfinden haben als jemand, dessen Arbeitsplatz die warme Backstube ist.

Außerdem ist das Temperaturempfinden oft Täuschungen unterworfen: Ein Sprung ins Schwimmbecken nach einer kalten Dusche lässt das Wasser wärmer erscheinen als nach einer warmen Dusche.

Um genaue Aussagen über die Temperatur eines Körpers machen zu können, wird ein Messgerät benötigt, ein **Thermometer** (gr. thermos, warm). Im abgebildeten **Flüssigkeitsthermometer** zeigt eine Flüssigkeit die Temperatur an. Mit ihm kann die Raum- bzw. Außentemperatur oder auch die Temperatur von Flüssigkeiten bestimmt werden.

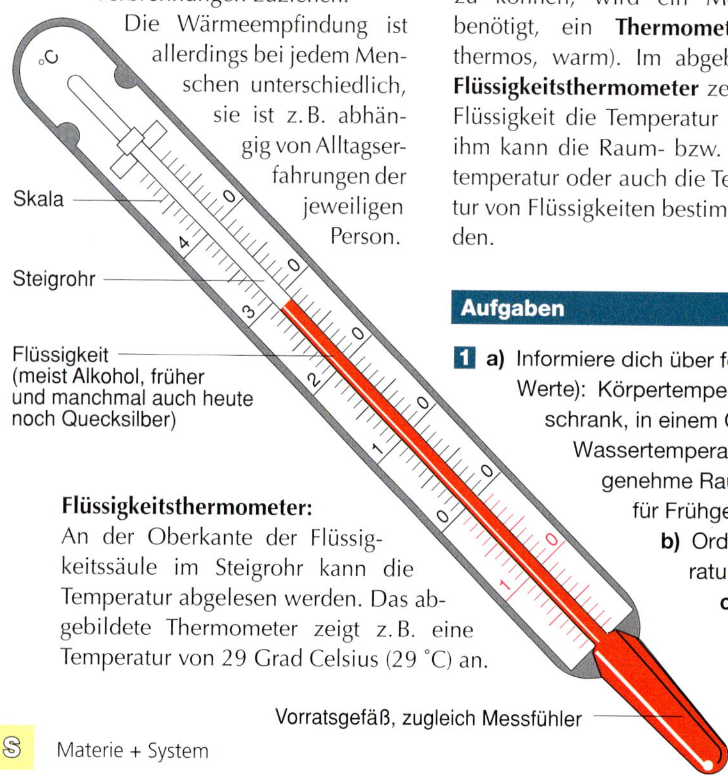

Flüssigkeitsthermometer:
An der Oberkante der Flüssigkeitssäule im Steigrohr kann die Temperatur abgelesen werden. Das abgebildete Thermometer zeigt z. B. eine Temperatur von 29 Grad Celsius (29 °C) an.

Temperatur

Die Einheit ist 1 °C (Grad Celsius).

Es gibt verschiedene Arten von Thermometern, deren Aufbau und Funktionsweise darauf abgestimmt sind, zu welchem Zweck sie genutzt werden sollen. So lassen sich z. B. die Temperatur im Innern eines Brennofens und die Temperatur der Raumluft nicht mit demselben Thermometer messen.

Die Temperatur sagt etwas darüber aus, wie warm oder kalt ein Körper ist.
Für zuverlässige, genaue Temperaturangaben brauchen wir ein Messgerät, das Thermometer.

Aufgaben

1 **a)** Informiere dich über folgende Temperaturen (es reichen ungefähre Werte): Körpertemperatur eines Menschen; Temperatur im Kühlschrank, in einem Gefrierschrank, im Ofen beim Pizzabacken; Wassertemperatur in einem Aquarium bzw. im Hallenbad; angenehme Raumtemperatur; Temperatur in einem Brutkasten für Frühgeborene.

b) Ordne die Werte der Größe nach auf einer Temperaturskala.

c) Nenne Beispiele, bei denen eine genaue Temperaturangabe besonders wichtig ist. Begründe deine Entscheidung.

TEMPERATUREN UND THERMOMETER

Die Flüssigkeit im Thermometer

Als Thermometerflüssigkeit wurde früher Quecksilber verwendet, heute meist gefärbter Alkohol. Quecksilber hat u. a. den Vorteil, dass es Temperaturmesswerte zwischen –30 °C und +300 °C ermöglicht (bei –39 °C wird Quecksilber fest, bei 357 °C wird es gasförmig).

Nachteil ist allerdings, dass Quecksilber giftig ist. Bei einem Bruch des Thermometers verteilt es sich in Form von kleinen silbrigen Kügelchen überall und verdunstet allmählich. Der entstehende Dampf ist giftig.

Dieses Problem gibt es beim Alkoholthermometer nicht. Dafür ist es nur für Temperaturen zwischen –70 °C und +60 °C einsetzbar.

Temperaturanzeige durch Farbveränderung

Es gibt Stoffe, die bei einer bestimmten Temperatur ihre Farbe ändern. Vielleicht erinnerst du dich an die Spielzeugautos, die unter heißem Wasser plötzlich eine andere Farbe bekommen, oder an die Löffel in Corn-Flakes.

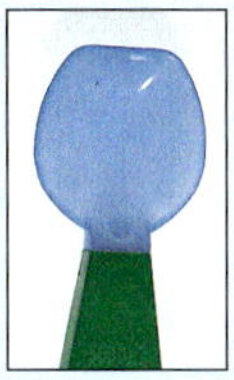
„kalt"

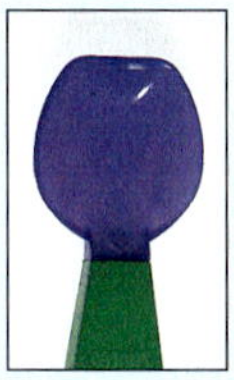
„warm"

In Form von Messstreifen können sie überall dort angebracht werden, wo Flüssigkeitsthermometer nicht oder ungünstig einsetzbar sind: an Triebwerken von Flugzeugen, an Bremsen von Rennwagen usw. Ein Blick genügt um zu sehen, ob eine bestimmte Temperatur überschritten wurde.

Auch beim **Flüssigkristallthermometer** sind es Farbumschläge, die die Temperaturanzeige ermöglichen.

Elektronisches Thermometer

Dieses Thermometer ist besonders geeignet für Messungen, die in einer gewissen Entfernung von der Messstelle durchgeführt werden, z. B. weil die zu messende Temperatur sehr hoch ist. Auch für die zentrale Überwachung der Temperatur an verschiedenen Stellen eines Gebäudes wird diese Art von Thermometern eingesetzt.

Eiskalt... ... glühend heiß

tiefste Temperatur überhaupt	–273,15 °C
mittlere Nachttemperatur auf dem Mond	–170 °C
tiefste Temperatur auf der Erde (Antarktis)	–94 °C
mittlere Körpertemperatur eines Menschen	37 °C
höchste Temperatur auf der Erde (Wüste)	59 °C
mittlere Tagestemperatur auf dem Mond	ca. 130 °C
Eisen wird flüssig	1535 °C
Temperatur an der Oberfläche der Sonne	ca. 6000 °C
Temperatur im Innern der Sonne	ca. 15 Mio. °C
Temperatur auf dem Merkur	ca. 350 °C
Temperatur auf der Venus	ca. 450 °C
Temperatur auf dem Mars	ca. –60 °C
Temperatur auf dem Jupiter	ca. –150 °C
Temperatur auf dem Pluto	ca. –230 °C

Fieberthermometer

Das mit Quecksilber gefüllte Fieberthermometer ① hat am Anfang des Steigrohrs eine Engstelle, die verhindert, dass das Quecksilber nach dem Messen sofort zurückläuft. Man kann in Ruhe den Wert ablesen, muss dann allerdings das Thermometer „runterschütteln". Der Nachteil dieser Thermometer ist, dass sie leicht zerbrechen können.
Beim digitalen Fieberthermometer ② besteht im Gegensatz zum Quecksilberthermometer keine Vergiftungsgefahr bei Bruch des Thermometers.
Bei dem modernen kleinkindfreundlichen Fieberthermometer ③ wird die Körpertemperatur im Ohr gemessen. Der Temperaturwert wird schon nach einer Sekunde im Sichtfenster angezeigt!

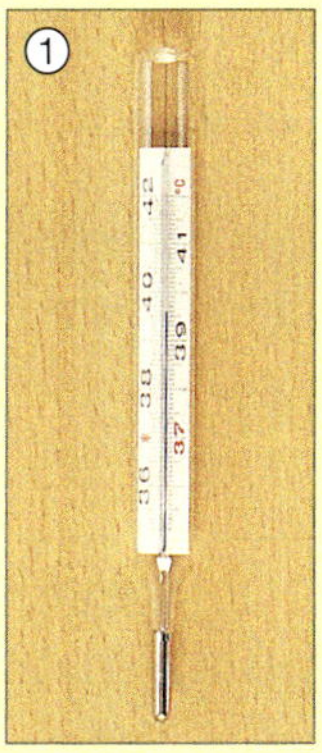
①

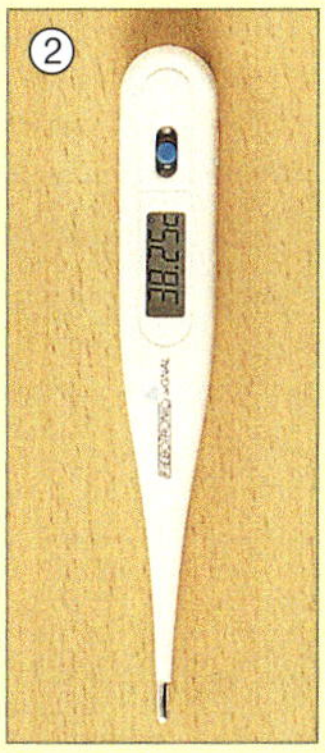
②

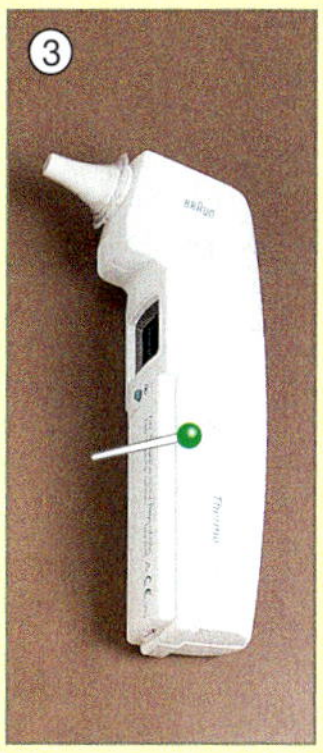
③

Werkzeug — Darstellen von Messwerten

Während eines Versuchs werden oft Messwerte aufgenommen, wie z. B. die Temperatur einer Flüssigkeit zu bestimmten Zeitpunkten. Diese Messwerte werden übersichtlich dargestellt, damit sie nicht verlorengehen und damit man Messergebnisse vergleichen kann. Oft kannst du aus einer sorgfältigen Darstellung sogar weitere wichtige Erkenntnisse ablesen.

Wasser wurde in einem Becherglas mithilfe eines Laborbrenners erhitzt. Nach dem Abschalten des Brenners kühlte das Wasser ab. Mit einem Thermometer wurde die Temperatur in Abständen von 5 Minuten gemessen.

Darstellung in einer Wertetabelle

Eine einfache Möglichkeit, die Messwerte übersichtlich darzustellen, ist die Wertetabelle. In unserem Beispiel wurden die Zeit und die Wassertemperatur gemessen. Die Wertetabelle besteht daher aus zwei Spalten, die jeweils eine entsprechende Überschrift haben.

In die Zeilen werden die Messwerte eingetragen. Dabei werden aber nicht nur die Zahlenwerte angegeben sondern auch, dass „in Minuten“ bzw. „in °C“ gemessen wurde. Überlege dir vor dem Erstellen der Wertetabelle, wie viele Zeilen du brauchst.

Zeit nach Ausschalten	Temperatur des Wassers
0 min	83 °C
5 min	69 °C
10 min	62 °C
15 min	55 °C
20 min	52 °C
25 min	47 °C
30 min	46 °C
35 min	41 °C
40 min	39 °C
45 min	38 °C

Regeln für das Erstellen eines Diagramms

1. Achsenkreuz zeichnen

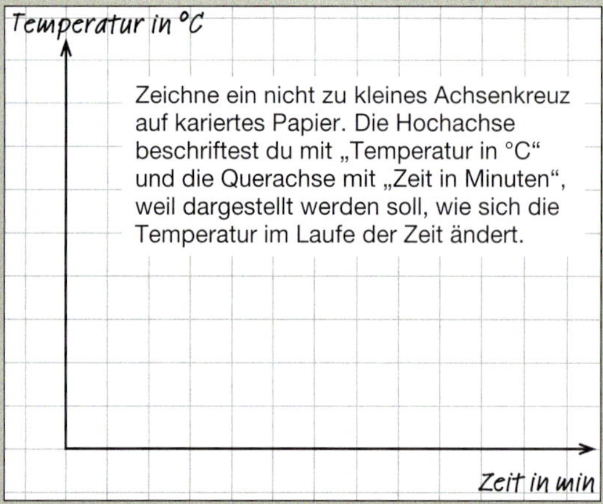

Die Angabe „min“ und „°C“ ist wichtig, damit es nicht zu Verwechselungen kommt.

2. Einteilung der Achsen

Oft wird die Einteilung der Achsen auf einem Arbeitsblatt vorgegeben, manchmal musst du dir die Einteilung aber auch selbst überlegen:

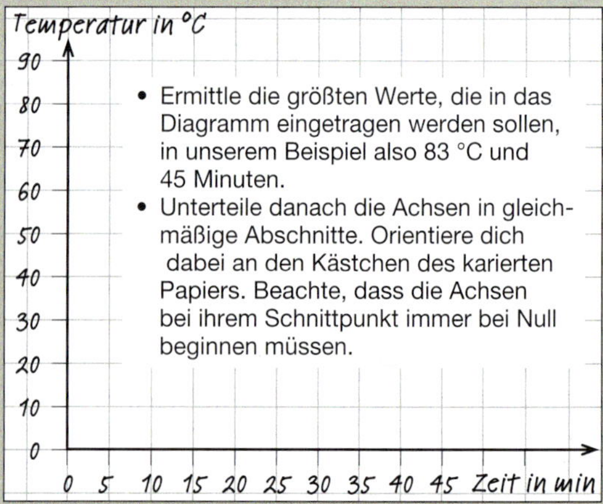

Achte auf Übersichtlichkeit. Eine Einteilung in 1 °C-Schritte wäre bei unserem Beispiel nicht sinnvoll.

Darstellung in einem Diagramm

Um die Messwerte anschaulicher als in einer Wertetabelle darzustellen, kannst du sie in ein Diagramm übertragen.

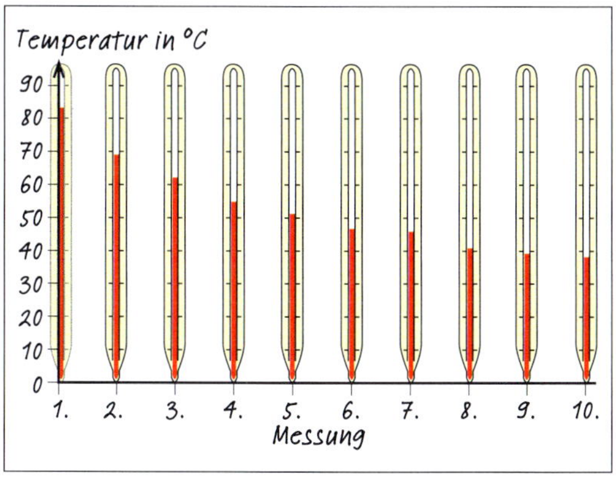

Das Zeichnen der vielen Thermometer ist sehr aufwändig, außerdem gibt es ja auch Versuche, bei denen die Temperatur mit einem Digital-Thermometer gemessen wird. Es gibt daher allgemeine Regeln für das Erstellen von Diagrammen. Hältst du dich daran, kannst du sicher sein, dass dein Diagramm überall auf der Welt richtig gelesen werden kann.

Auswertung des Diagramms

- Aus dem Diagramm kannst du ablesen, dass die Temperatur zu Beginn der Messungen schnell gesunken ist. Je niedriger die Temperatur des Wassers war, desto langsamer erfolgte die weitere Abkühlung.
- Anhand der Ausgleichskurve kannst du z. B. abschätzen, wie hoch die Temperatur auch zu Zeitpunkten war, an denen nicht gemessen wurde. Umgekehrt kannst du auch ablesen, nach welcher Zeit eine bestimmte Temperatur erreicht wäre.

Um anzugeben, wie hoch die Temperatur z. B. nach 12 Minuten war, gehst du vom Wert 12 Minuten auf der Querachse senkrecht nach oben bis zur Kurve. Von diesem Punkt gehst du dann waagerecht nach links bis zur Hochachse. Dort kannst du die gesuchte Temperatur ablesen, die vermutlich zu diesem Zeitpunkt gemessen worden wäre.

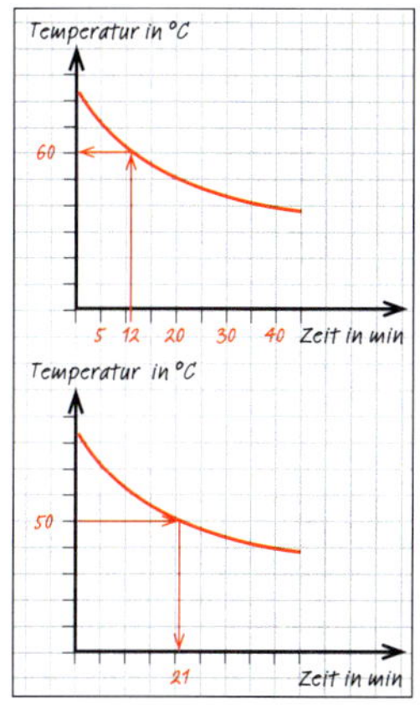

3. Eintragen der Messwerte
Beispiel: Nach 10 Minuten wurde die Temperatur 62 °C gemessen.

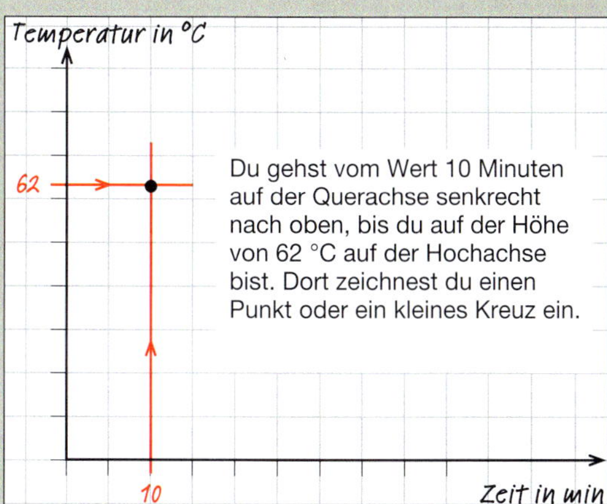

4. Kurve zeichnen
Wenn alle Messwerte in das Diagramm eingetragen sind, ist es meist sinnvoll, sie durch eine glatte Kurve ohne Ecken zu verbinden. Dabei müssen nicht alle Kreuze oder Punkte direkt auf der Kurve liegen: **Ausgleichskurve.**

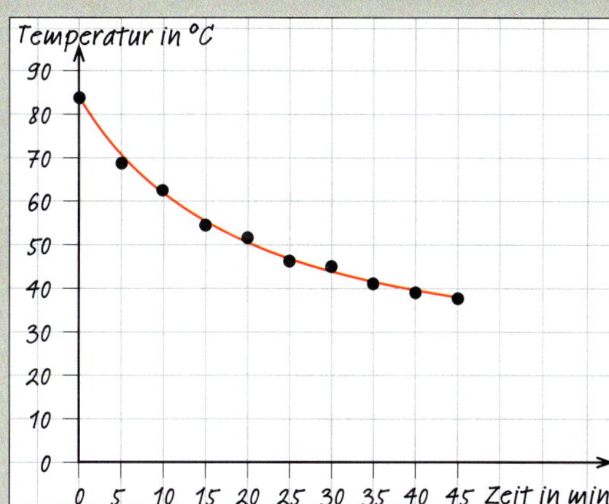

Thermische Ausdehnung

Das hätte früher passieren können: Ein Autofahrer tankt sein Auto „randvoll“ und stellt es für einige Zeit in der prallen Mittagssonne ab. Als er weiterfahren will, bemerkt er die Benzinpfütze unter dem Tank.
Sicher war der Tank nicht undicht. Aber warum ist dann das Benzin ausgelaufen? Hat es sich etwa ausgedehnt, also sein Volumen vergrößert?

Flüssigkeiten werden erhitzt

Bei genauer Betrachtung der Thermometerskalen auf den vorangehenden Seiten fällt auf, dass die angezeigte Temperatur um so größer ist, je höher die Thermometerflüssigkeit im Steigrohr angestiegen ist. Bei steigender Temperatur braucht die Flüssigkeit zunehmend mehr Platz – sie dehnt sich aus. Verhalten sich alle Flüssigkeiten so?

Der Versuch im Bild unten zeigt das Verhalten dreier Flüssigkeiten, die gleichzeitig in heißes Wasser gestellt wurden. Der Flüssigkeitsspiegel, vorher bei allen gleich hoch, ist unterschiedlich stark angestiegen. Lässt man die Flüssigkeiten eine Weile stehen, so ziehen sie sich bei Abkühlung wieder zusammen – der Flüssigkeitsspiegel sinkt.

Zentraler Versuch

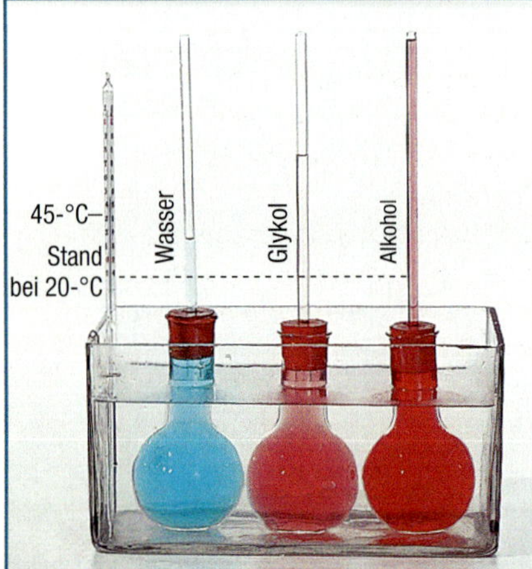

Die Volumenzunahme einer Flüssigkeit ist um so größer,
- je größer ihr Ausgangsvolumen ist,
- je höher die Temperaturzunahme ist.

Damit wird klar, was beim Auto im Bild oben passiert ist. Das Benzin, das vor dem Auftanken im kühlen Erdtank gelagert war, wurde durch die Sonneneinstrahlung stark erhitzt, es dehnte sich aus. Da der Tank randvoll war, lief ein Teil des Benzins aus dem Einfüllstutzen auf die Straße.

So eine Benzinpfütze könnte gefährlich werden: Ein Funken, z. B. von einer weggeworfenen Zigarettenkippe, könnte das Benzin entzünden und einen Brand verursachen.

Zum Glück kann das heute nicht mehr passieren: Die Zapfpistolen schalten die Pumpen ab, bevor der Tank randvoll ist. So bleibt im Tank immer noch etwas Luft, sodass der Inhalt (Benzin, Heizöl) Platz zum Ausdehnen hat.

> Flüssigkeiten dehnen sich bei Temperaturerhöhung aus.
> Diese thermische Ausdehnung ist unterschiedlich stark für verschiedene Flüssigkeiten.

Aufgaben

1 Erläutere, woher der umgangssprachliche Ausdruck „Die Temperatur steigt“ bzw. „fällt“ kommt.

2 Erläutere, was sich im zentralen Versuch ändern würde, wenn dickere Steigrohre benutzt worden wären.
Nenne mögliche weitere Änderungen im Versuchsaufbau und ihre Auswirken.

3 **a)** Begründe, warum Getränkeflaschen nie randvoll gefüllt sind.
b) Erkläre, warum Gurken oder Melonen nicht längere Zeit in der prallen Sonne liegen sollten.

Die Celsius-Skala

Wird eine Mischung aus zerstoßenem Eis und Wasser so lange erhitzt, bis sie schließlich siedet, und dabei das „Thermometer“ ohne Skaleneinteilung beobachtet, so fällt auf: Solange das Eis schmilzt, bleibt die Thermometerflüssigkeit an derselben Stelle stehen. Erst wenn alles Eis geschmolzen ist, steigt sie allmählich an, um dann während des Siedens wieder stehen zu bleiben!

Zentraler Versuch

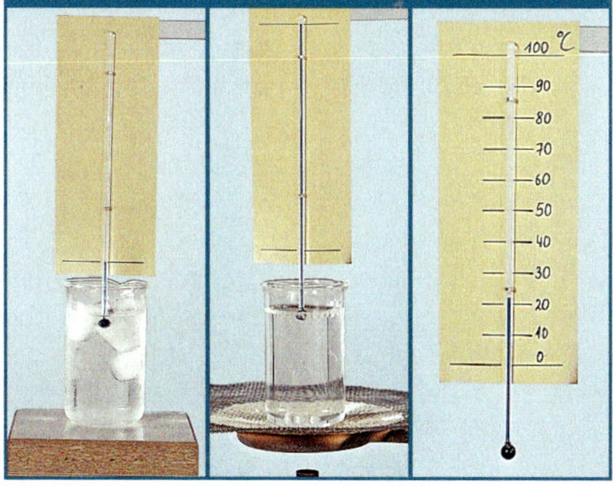

Beispiel: War im Sommer die höchste Tagestemperatur 32 °C und die niedrigste Nachttemperatur 8 °C, so betrug der Temperaturunterschied zwischen Tag und Nacht 32 °C – 8 °C = 24 C.

Im Winter betrug die Temperaturdifferenz zwischen Tag (5 °C) und Nacht (–15 °C)

von –15 °C bis 0 °C	=	15 °C
von 0 °C bis 5 °C	=	5 °C
Insgesamt	=	20 °C

Diese erstaunliche Beobachtung veranlasste den Schweden ANDERS CELSIUS im Jahre 1742 dazu, diese beiden Temperaturwerte als **Fixpunkte** für eine Temperaturskala zu wählen. So entstand die auch heute noch verwendete **Celsius-Skala** mit den beiden Fixpunkten **0 °C** („null Grad Celsius“) für schmelzendes Eis und **100 °C** für siedendes Wasser. Den Abstand zwischen diesen beiden Fixpunkten teilte CELSIUS in 100 gleich große Teile und erhielt so die Einheit für die Temperatur, das Grad Celsius „1 °C“.

Für Temperaturen unterhalb von 0 °C und oberhalb von 100 °C wird die Skala einfach nach unten und oben mit gleicher Einteilung fortgesetzt. Temperaturen unter 0 °C bekommen ein Minuszeichen.
Das Thermometer hat im Versuch mithilfe der beiden Fixpunkte eine Temperaturskala bekommen, es wurde **geeicht.** Mit ihm kann nun die Temperatur einer anderen Flüssigkeit bestimmt werden.

Manchmal interessieren nicht die genauen Temperaturwerte sondern **Temperaturunterschiede.**

Beim **Umgang mit dem Thermometer** muss Folgendes beachtet werden:
- Thermometer so eintauchen, dass der Messfühler sich vollständig in der Flüssigkeit befindet;
- warten, bis die Thermometerflüssigkeit nicht mehr steigt oder sinkt;
- senkrecht auf die Skala blicken.

Grundlage für die Celsius-Skala sind die Fixpunkte:
0 °C: Schmelztemp. von Eis
100 °C: Siedetemp. von Wasser

Physikalische Größen

Die Temperatur ist eine **physikalische Größe.** Sie beschreibt eine Eigenschaft von Körpern, die wir messen können. Auch Zeiten und Strecken sind solche physikalischen Größen. Bei der Angabe einer physikalischen Größe ist die **Einheit** genau so wichtig wie der **Zahlenwert.** *Beispiel:* Es ist sicher ein großer Unterschied, ob du mit dem Fahrrad in 30 Minuten oder in 30 Sekunden eine Strecke von 10 Kilometern oder von 10 Metern fährst.
Physikalische Größen und Einheiten werden mit **Symbolen** abgekürzt. Um sie voneinander unterscheiden zu können, werden die Größensymbole schräg gedruckt.

Beispiel:	Strecke	s	=	10	km
	Zeit	t	=	30	min
	Phys. Größe	**Symbol**		**Zahlenwert**	**Einheit**

Aufgaben

1 **a)** Wie müsste ein Flüssigkeitsthermometer verändert werden, wenn die Striche auf der Skala weiter auseinander liegen sollen? (Es gibt drei Möglichkeiten!)
b) Nenne Vor- und Nachteil einer solchen Skala.

2 Wie groß ist jeweils die Temperaturdifferenz
a) zwischen der höchsten und der tiefsten je auf der Erde gemessenen Temperatur,
b) zwischen der durchschnittlichen Tagestemperatur auf dem Mond und der dortigen Nachttemperatur,
c) zwischen deiner Körpertemperatur und der höchsten Temperatur in der Wüste.
(Für die Temperaturwerte siehe Pinnwand Seite 57.)

3 Warum eignet sich Wasser nicht als Thermometerflüssigkeit für ein Außenthermometer bei uns? Warum würde es am Äquator funktionieren?

4 Was ist das Besondere an den Fixpunkten der Celsius-Skala?

Streifzug | **Geschichte des Thermometers**

Als es noch keine Messgeräte zur Temperaturmessung gab, konnten die Menschen nur vage Aussagen darüber machen, wie kalt oder warm etwas war.

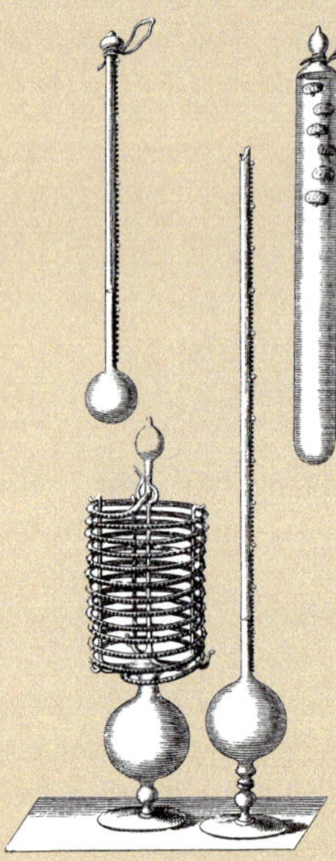

Die ersten Flüssigkeitsthermometer entstanden um 1600 in Italien nach einer Idee von GALILEO GALILEI (1564–1642) für medizinische Zwecke. Sie waren z. T. sehr kunstvoll hergestellt und funktionierten auch recht zuverlässig mit dem einzigen Nachteil, dass jedes Thermometer seine eigene Skala hatte. Eine allgemein gültige Temperaturangabe war mit einem solchen Thermometer nicht möglich.

Trotzdem konnten diese Thermometer schon von Ärzten benutzt werden. Diese wendeten folgenden Trick an: Zum Vergleich nahm erst der Arzt die Thermometerkugel in den Mund und markierte die Anzeige am Steigrohr. Danach wurde beim Patienten gemessen und wenn bei ihm die Flüssigkeitssäule deutlich höher stieg als beim Arzt, so hatte der Patient offensichtlich Fieber. Das ging natürlich nur, wenn der Arzt selbst kein Fieber hatte.

Den ersten Versuch, eine einheitliche und überall gültige Temperaturskala herzustellen, machte im Jahre 1714 DANIEL GABRIEL FAHRENHEIT (1686–1736) aus Danzig mit der Einführung zweier Fixpunkte.
Für den ersten wählte er die tiefste Temperatur, die er damals herstellen konnte, nämlich die Temperatur einer „Kältemischung" (Mischung aus Eis, Wasser und Salmiak). Diese Temperatur (–18 °C) wählte er als Nullpunkt seiner Skala. Als zweiten Fixpunkt wählte er vermutlich seine eigene Körpertemperatur und bezeichnete sie mit 100 Grad. Den Abstand dazwischen teilte er in 100 gleiche Teile. So entstand die Fahrenheit-Skala, die heute z. B. in den USA noch benutzt wird. Solltest du bei einem USA-Besuch einmal Fieber bekommen, so musst du nicht erschrecken, wenn das dortige Fieberthermometer über 100 Grad anzeigt!
Im Jahre 1742 schlug der schwedische Professor für Astronomie ANDERS CELSIUS (1701–1744) die bereits bekannten Fixpunkte vor, allerdings nannte er damals die Temperatur der Eis-Wasser-Mischung 100° und die Temperatur des siedenden Wassers 0°! Die schwedische Akademie der Wissenschaften übernahm diesen Vorschlag acht Jahre später, tauschte aber die Werte um. Die so entstandene Celsius-Skala wird heute in allen europäischen Staaten verwendet.

Etwa 100 Jahre später führten Forschungen in der Physik zu der Erkenntnis, dass die Temperaturskala nach unten begrenzt ist, dass es also eine tiefste Temperatur gibt, die nicht unterschritten werden kann. Diese Temperatur, die im Labor zwar nicht hergestellt werden kann, der man aber inzwischen sehr nahe gekommen ist, liegt bei –273,15 °C.

Nun wäre es ja sinnvoll, diese Temperatur als Nullpunkt auf der Temperaturskala zu wählen. Genau dies tat der englische Physiker LORD KELVIN (1824–1907): Er bezeichnete diese tiefste Temperatur als **absoluten Nullpunkt 0 K** (null Kelvin). Ansonsten behielt er die Skaleneinteilung der Celsius-Skala bei, sodass die Skalenabstände auf beiden Skalen gleich sind. Deshalb stimmen auch Temperaturdifferenzen auf beiden Skalen überein. So kam es in der Physik zu der Vereinbarung, Temperaturdifferenzen in K anzugeben.
Die Kelvin-Skala wird heute vorwiegend in der Wissenschaft verwendet.

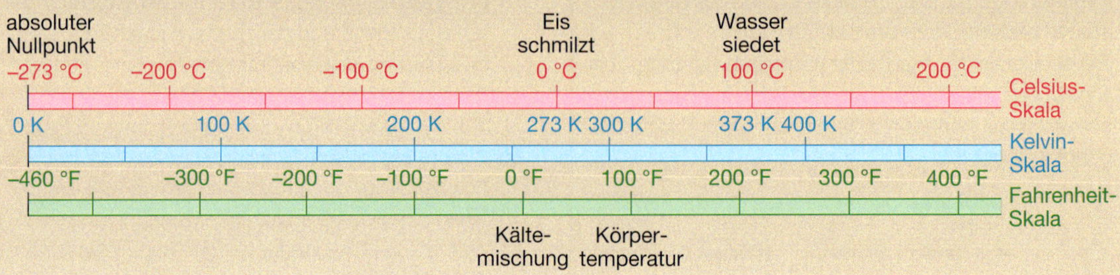

Thermische Ausdehnung von Luft

Bei einem Heißluftballon wird die Luft im Innern des Ballons von einem Gasbrenner erhitzt, der Ballon bläht sich auf und steigt schließlich hoch. Warum ist das so?

Das Bild rechts hilft uns weiter: Wenn die Luft im Glaskolben links erhitzt wird, steigen Luftblasen im Messzylinder rechts hoch.
Offensichtlich dehnt sich die Luft im Rundkolben bei der Temperaturerhöhung aus und strömt durch das Glasrohr in den Messzylinder. Da sie das Wasser aus dem Messzylinder verdrängt, lässt sich die Volumenzunahme der Luft direkt ablesen.
Genaue Messungen zeigen, dass sich Luft umso stärker ausdehnt, je größer die Temperaturzunahme ist. Die Volumenzunahme von einem Liter Luft beträgt pro 1 °C Temperaturerhöhung etwa 4 ml.

Zentraler Versuch

Das ist wesentlich mehr als die Volumenzunahme bei festen oder flüssigen Körpern.

Zurück zum Heißluftballon: Durch den Brenner wird die Luft in der Ballonhülle erhitzt. Die Luft dehnt sich aus und strömt zum Teil unten aus der Ballonhülle heraus. Daher ist der Ballon nun leichter als vor dem Feuerstoß – er steigt auf.

Luft dehnt sich bei Temperaturerhöhung aus und zieht sich bei Abkühlung zusammen.

Aufgaben

1 Warum darf eine Luftmatratze oder ein Schlauchboot am Morgen eines heißen Sommertages nicht zu stark aufgepumpt werden?

2 Einen eingebeulten Tischtennisball kannst du wieder „reparieren“, indem du ihn in heißes Wasser legst. Erkläre, wie diese „Reparatur“ funktioniert.

Thermische Ausdehnung von Wasser und Luft — Versuche und Aufträge

V1 a) Fülle ein Filmdöschen randvoll mit Wasser, verschließe es mit dem Deckel und lege es einige Stunden in ein Gefrierfach.
Beschreibe deine Beobachtung beim Herausnehmen und erkläre sie.
b) Wiederhole den Versuch statt mit Wasser mit Butter, die du vorher im Wasserbad hast flüssig werden lassen. **Vorsicht beim Einfüllen der heißen Butter!** Beschreibe deine Beobachtung. Was ist der Unterschied zum Wasser?

V2 Fülle eine Thermoskanne zu ungefähr drei viertel mit heißem Wasser (**Vorsicht:** Verbrühungsgefahr!) und drücke den Verschluss-Stopfen leicht fest.
a) Beschreibe, was nach kurzer Zeit zu sehen bzw. zu hören ist.
b) Versuche eine Erklärung deiner Beobachtung.
c) Überlege dir eine Erweiterung des Versuchs, mit der du überprüfen kannst, ob deine „Theorie“ richtig ist.

V3 Feuchte die Öffnung einer leeren Flasche an und lege eine Münze darauf, die die Öffnung gerade verschließt.
a) Lege beide Hände um die Flasche und beobachte die Münze einige Zeit. Beschreibe und erkläre deine Beobachtungen.
b) Warum klappt der Versuch noch besser, wenn die Flasche vorher im Kühlschrank war?

V4 Stülpe einen Luftballon über den Hals einer leeren Sprudelflasche, die du vorher einige Zeit in den Kühlschrank gelegt hast. Stelle die Flasche nun in heißes Wasser. Erkläre deine Beobachtung.

V5 Baue dieses „Luftthermometer“ nach.
a) Umschließe es längere Zeit mit den Händen. Tauche es dann in kaltes Wasser.
b) Erkläre deine Beobachtung.

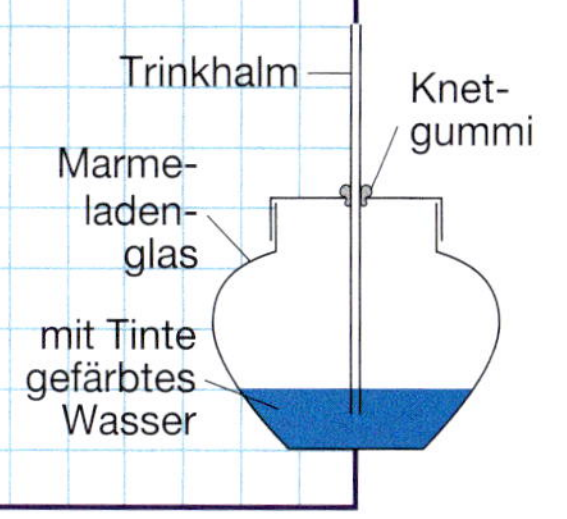

Thermische Ausdehnung bei festen Körpern

Lange Brücken sind oft nur auf einer Seite fest verankert, während das andere Ende frei beweglich auf Rollen oder auf Gleitflächen gelagert ist. Wozu braucht die Brücke diese „Bewegungsfreiheit"?

Die Stahlkugel, die bei Zimmertemperatur genau durch den Ring passt, bleibt nach dem Erhitzen über einer Gasflamme auf dem Ring liegen. Nach einiger Zeit fällt sie wieder hindurch. Ganz offensichtlich hat sich die Kugel beim Erhitzen ausgedehnt und beim Abkühlen wieder zusammengezogen. Ohne den Ring würden wir der Kugel diese minimale Volumenveränderung wohl kaum ansehen. Die Ausdehnung fester Körper ist sehr gering. Trotzdem darf sie nicht vernachlässigt werden.

Bei lang gestreckten festen Körpern wie Brücken oder Eisenbahnschienen ist insbesondere die Ausdehnung in *Längsrichtung* interessant.

Im Versuch wird die **Längenausdehnung** verschiedener Stoffe untersucht. Das Metallrohr, das am einen Ende fest eingespannt ist und am anderen locker aufliegt, wird durch heißes Wasser oder Wasserdampf erhitzt. Die sehr kleine, mit dem bloßen Auge nicht wahrnehmbare Längenausdehnung wird über den Zeiger sichtbar gemacht. Kühlt das Rohr später wieder ab, so zieht es sich zusammen; der Zeiger geht wieder in seine Ausgangsstellung zurück.

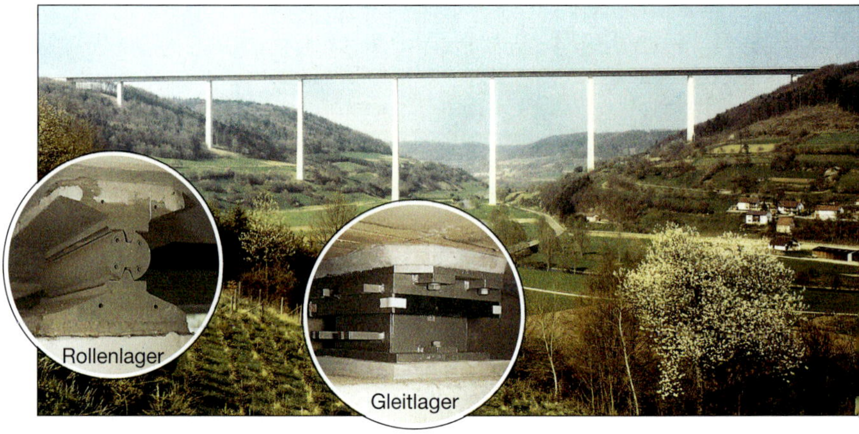

Der Vergleich verschiedener Rohre zeigt, dass die Längenausdehnung abhängig ist

- vom *Stoff:* Z. B. dehnt sich ein Aluminiumrohr bei gleicher Temperaturerhöhung stärker aus als ein Kupferrohr;
- von der *Ausgangslänge:* Je länger das Rohr ist, desto mehr verlängert es sich;
- von der *Temperaturdifferenz:* Je größer die Temperaturzunahme, desto stärker die Ausdehnung.

Die Tabelle rechts oben zeigt die Längenzunahme verschiedener 1 m langer Stäbe bei Temperaturerhöhung um 1 °C. Die Zahlenwerte erscheinen verschwindend gering, doch das Beispiel der Eisenbahnbrücke macht deutlich, dass die Längenausdehnung im Straßen-, Schienen- und Brückenbau berücksichtigt werden muss.

Natürlich nimmt z. B. bei einer Eisenschiene nicht nur die Länge bei Temperaturerhöhung zu, sondern auch ihre Breite und Höhe, allerdings in sehr viel geringerem Maße im Vergleich zur Längenausdehnung.

Zentraler Versuch

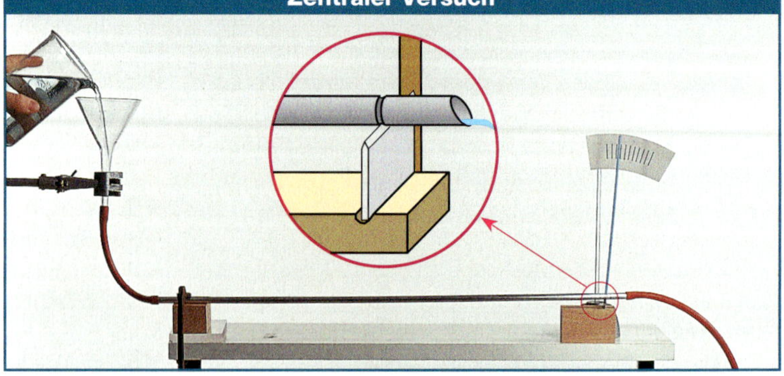

Feste Körper dehnen sich im Allgemeinen bei Temperaturerhöhung in alle Richtungen aus.
Die Längenausdehnung fester Körper bei Temperaturerhöhung ist abhängig vom Stoff, von der Ausgangslänge und von der Temperaturzunahme des Körpers.

So weit dehnen sich 1 m lange Stäbe bei Erwärmung um 100 °C aus:

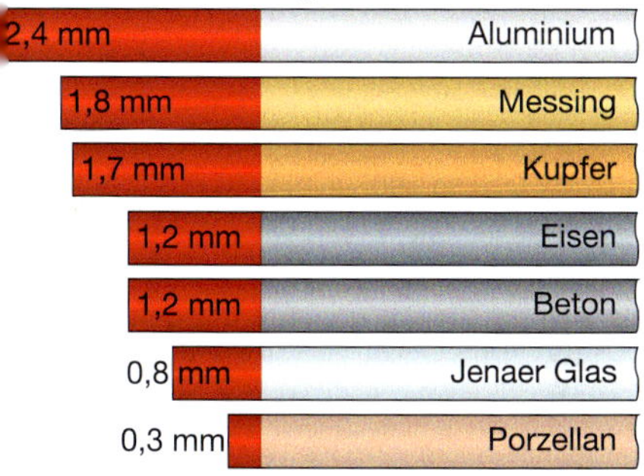

Wie groß die auftretenden Kräfte bei der thermischen Ausdehnung fester Stoffe sein können, zeigt der „Bolzensprengapparat“. Wenn der Mittelstab erhitzt wird, dehnt er sich aus. Durch Hineinschieben des Keils kann er während des Erhitzens nachgespannt werden. Kühlt der Stab anschließend ab, so zieht er sich so stark zusammen, dass der Bolzen zerknallt.

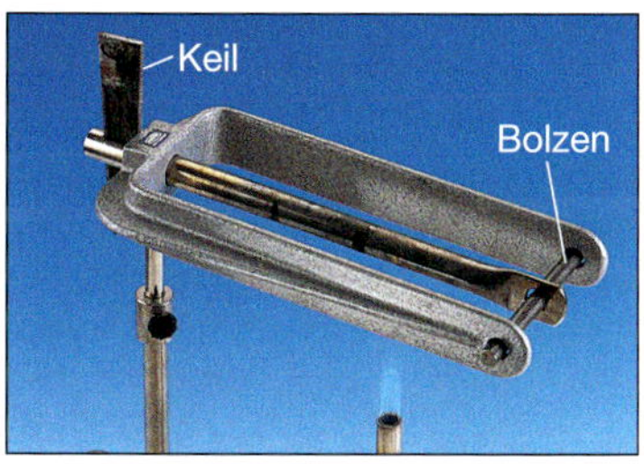

Aufgaben

1 Eisen und Beton sind für die Konstruktion großer Bauwerke „füreinander wie geschaffen“. Begründe diese Aussage.

2 Ein eisernes Gartentor klemmt in einer Jahreszeit immer an der seitlichen Verriegelung am gemauerten Pfosten.

a) In welcher Jahreszeit tritt diese Schwierigkeit auf?

b) Benenne mögliche Ursachen dafür.

c) Wie ist Abhilfe möglich?

3 Der Eiffelturm, eine Konstruktion ganz aus Eisen, ist im Winter bei –20 °C etwa 300 m hoch. Berechne seine Höhe an einem heißen Sommertag bei +35 °C.

Rechenbeispiel

Längenausdehnung einer Eisenbrücke

Diese Eisenbahnbrücke wurde im Jahre 1897 in der Nähe der Ortschaft Müngsten gebaut, um die Städte Remscheid und Solingen miteinander zu verbinden. Der Bau war ein Gemeinschaftswerk verschiedener Konstrukteure, bei dem ANTON RIEPPEL (1852–1926), von dem auch der Entwurf stammte, maßgeblich beteiligt war.

Die gewaltige Eisenkonstruktion, die später zum Vorbild für die Straßenbrücke über den Niagara wurde, war für die damalige Zeit ein technisches Wunder. Nichts Vergleichbares war bis dahin gebaut worden, es gab also keine Erfahrung auf diesem Gebiet. 5000 Tonnen Stahl und Eisen wurden gebraucht für die 500 m lange, bis heute höchste Eisenbrücke Deutschlands (107 m über der Talsohle).

Welchen Einfluss haben nun die Temperaturdifferenzen zwischen Winter und Sommer auf die Länge der Brücke?

In unseren Regionen ist im Winter mit Temperaturen bis zu –30 °C, im Sommer bis zu +50 °C zu rechnen, d. h. mit Temperaturdifferenzen von etwa 80 °C.

Der Tabelle ist zu entnehmen, dass ein 1 m langer Eisenstab sich bei einer Temperaturerhöhung von 1 °C um 0,012 mm ausdehnt.
Die 500 m lange Brücke verlängert sich dann bei einer Temperaturerhöhung um 1 °C um
500 · 0,012 mm = 6 mm.
Bei der angenommenen Temperaturdifferenz von 80 °C ergibt sich eine Längenänderung von
80 · 6 mm = 480 mm.
Das ist immerhin fast ein halber Meter!

Beim Entwurf der Brücke wurde dies berücksichtigt: Unterbrechungen der Eisenträger über den Pfeilern sowie „Pufferzonen“ bei den Schienen sorgen dafür, dass die Brücke sich ausdehnen kann, ohne dass sie dadurch zerstört wird.

Streifzug — Das Bimetall

Die thermische Ausdehnung fester Körper bereitet im Alltag zwar oft Probleme, lässt sich aber auch nutzbringend anwenden.

Das **Bimetall** (aus der *lateinischen Silbe* bi-, zwei) ist ein Beispiel dafür. Es besteht aus zwei fest miteinander verbundenen Metallstreifen (z. B. ein Streifen aus Eisen und der andere aus Messing), die sich unterschiedlich stark ausdehnen. Bei Erhitzung biegt sich der Bimetallstreifen folglich in die Richtung des Stoffes, der sich weniger stark ausdehnt, also in unserem Beispiel in Richtung zum Eisen hin. Je größer die Temperaturzunahme ist, umso stärker ist die Krümmung.

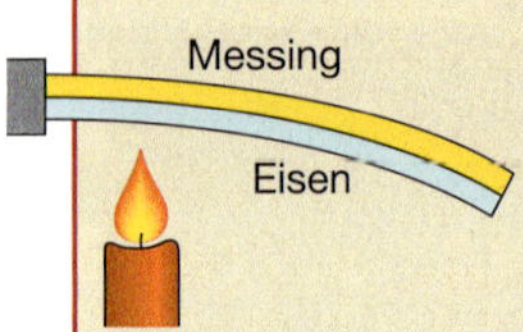

Wird ein langer, schmaler Bimetallstreifen zu einer Spirale gerollt, so kann dieser zur Messung von Temperaturen verwendet werden. Dazu wird das eine Ende des Streifens fest auf einer Achse montiert, die im Boden des Gehäuses befestigt ist. Am anderen Ende der Bimetallspirale ist ein Zeiger befestigt, der sich über eine Temperaturskala bewegen kann – fertig ist das **Bimetallthermometer.**

Versuche und Aufträge — Thermische Ausdehnung von festen Körpern

V1 Baue mit zwei gleich hohen Flaschen, einem Korken, einer Stricknadel aus Metall (oder einer alten Fahrradspeiche), einer Nähnadel, einer Kerze und einem Trinkhalm als Zeiger folgende Versuchsanordnung auf.

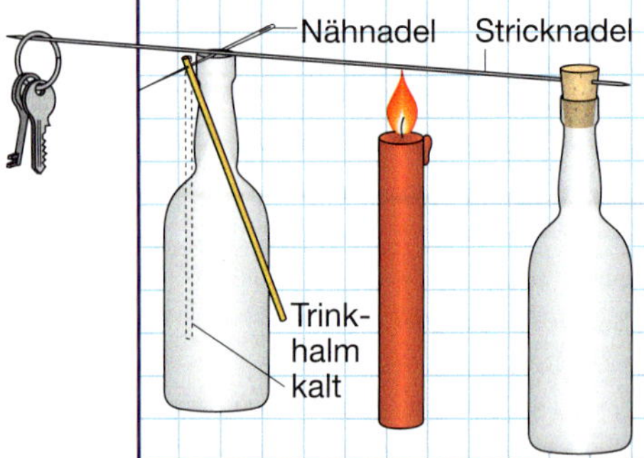

Das freie Ende der Nadel soll auf dem Flaschenhals der zweiten Flasche aufliegen (evtl. mit einem Schlüssel beschweren).

a) Erhitze die Stricknadel mit der Kerzenflamme und beobachte.

b) Erkläre deine Beobachtung.

V2 Schlage zwei Nägel so in ein Holzbrettchen, dass eine Münze gerade noch durchrutschen kann.

a) Halte die Münze mit einer Pinzette über eine Kerzenflamme. Probiere, ob sie danach immer noch hindurch passt.

b) Tauche die heiße Münze dann in kaltes Wasser und teste erneut.

c) Erkläre deine Beobachtungen.

V3 Schneide aus Alufolie einen etwa 15 cm langen und 1,5 cm breiten Streifen. Klebe ihn ganz glatt auf ein gleich großes Stück Schreibpapier. Dabei musst du darauf achten, dass der Klebstoff überall gut zwischen der Alufolie und dem Papier verteilt ist. Klebe dann das eine Ende deines Bi-Streifens am Ende einer Stricknadel (oder eines Holzspießes oder einer alten Kugelschreibermine) fest. Wickele zum Schluss deinen ganzen Bi-Streifen so um die Stricknadel, dass sich eine Spirale wie im obigen Foto des Bimetallthermometers ergibt.

Die folgenden Experimente darfst du nur unter größter Vorsicht und zusammen mit einem Erwachsenen durchführen!

a) Überlege, was wohl passieren wird, wenn du die Spirale erhitzt. Nähere die Spirale einer Kerzenflamme und erwärme sie vorsichtig. Was beobachtest du?

b) Was wird sich ändern, wenn du die Spirale anders herum wickelst und erneut erhitzt? Führe das veränderte Experiment durch.

c) Untersuche, ob die Erwärmung über einem eingeschalteten Toaster ausreicht, um den gleichen Effekt wie über der heißen Kerzenflamme zu erzielen.

d) Fasse die Ergebnisse deiner Experimente schriftlich zusammen.

THERMISCHE AUSDEHNUNG IN UMWELT UND TECHNIK

Straßenbau

Beim **Brückenbau** wird, wie wir bereits gesehen haben, ein Ende der Brücke auf Rollen gelagert. Im Brückenbelag sorgt eine Dehnungsfuge für entsprechende Bewegungsfreiheit.

Solche Dehnungsfugen gibt es auch auf **Autobahnen**. Dort bestehen sie aus einem mit Kunststoff oder Asphalt ausgefüllten Spalt zwischen den großen Betonplatten.

Stahlbeton

Beim Bau von großen Gebäuden wird häufig **Stahlbeton** verwendet, d. h. zur Verstärkung werden Stahlgerippe in die Betonwände oder -decken mit eingegossen. Die Verbindung dieser Baustoffe ist deshalb möglich, weil sich Stahl und Beton bei Temperaturerhöhung gleich stark ausdehnen.

Lange **Rohrleitungen**, z. B. bei Fernheizungen, in chemischen Industrieanlagen usw., werden in regelmäßigen Abständen in Bögen gelegt. Wenn das Rohr sich ausdehnt, wird der Bogen unten entsprechend enger, aber das Rohr bricht nicht.

Eisenbahnräder und Weinfässer

Der Radreifen, das ist die Lauffläche des Rades, besteht aus besonders hartem Stahl. Durch „Aufschrumpfen" wird er auf dem eigentlichen Rad befestigt. Das Bild zeigt, wie der Spurkranz mit einem ringförmigen Gasbrenner erhitzt wird. Dann wird der kalte Radkörper von oben hineingesetzt und das Ganze wird abgekühlt. Ohne Schweißen oder Verschrauben sitzt der Spurkranz felsenfest.

Weinfässer aus Holz werden von Metallreifen zusammengehalten. Bei der Fertigung der Fässer wird der Reifen stark erhitzt und in heißem Zustand um das Fass gelegt. Wenn er sich anschließend abkühlt, zieht er sich zusammen und presst die Holzteile (Fassdauben und Boden) so fest zusammen, dass keine Flüssigkeit auslaufen kann.

Ausdehnungsgefäß bei einer Warmwasser-Zentralheizung

Rohre, Heizkörper und Kessel einer Heizanlage sind ein geschlossenes System, aus dem kein Wasser entweichen kann. Um ein Platzen durch die Ausdehnung des Wassers beim Erhitzen zu vermeiden, ist ein Ausdehnungsgefäß eingebaut. Es ist zum Teil mit Wasser, zum Teil mit Luft gefüllt. Wenn sich das Wasser bei höheren Temperaturen ausdehnt, wird die Luft zusammengepresst.

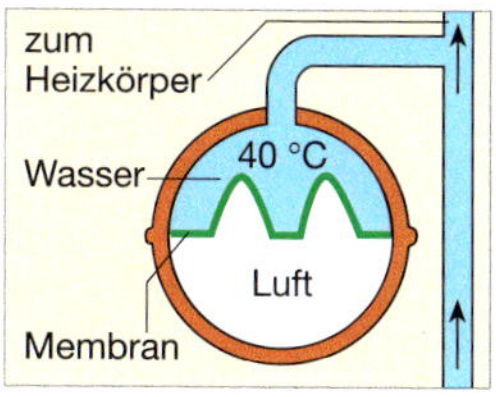

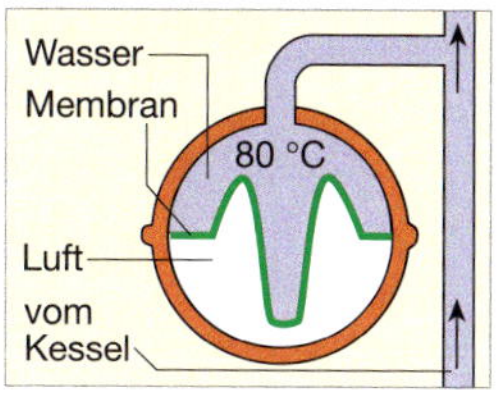

Die Zustandsformen von Wasser

Wasser ist für unser Leben eine der wichtigsten Grundlagen. Es kommt in drei verschiedenen Formen vor – als flüssiges Wasser, als festes Eis oder als gasförmiger Wasserdampf.

Wovon hängt es ab, welchen Zustand das Wasser annimmt? Wann wechselt es von einer Form in die andere? Welche Vorgänge laufen dabei im Wasser ab?

Die Zustandsformen fest, flüssig und gasförmig

Eisengegenstände sind normalerweise feste Körper, Benzin eine Flüssigkeit und Luft ein Gas. Aber Eisen kann durch starkes Erhitzen flüssig werden und Benzin kann besonders an warmen Sommertagen Dämpfe entwickeln, also gasförmig werden.
Körper können also je nach ihrer Temperatur in verschiedenen **Zustandsformen** auftreten.

Zentraler Versuch

Einige wenige Stoffe können bei den normalerweise herrschenden Umgebungstemperaturen in allen drei Zustandsformen vorkommen. Das beste Beispiel ist Wasser, deshalb soll es stellvertretend für andere Stoffe genauer untersucht werden:

- Im Gefrierschrank wird aus Wasser Eis. Dieser Vorgang heißt beim Wasser *Gefrieren,* bei allen anderen Stoffen **Erstarren.**
- Umgekehrt wird das Eis beim Erhitzen mit einem Gasbrenner flüssig: **Schmelzen.**
- Bei weiterem Erhitzen bläht sich der Beutel auf, d.h. über dem Wasser muss sich ein unsichtbarer, gasförmiger Körper befinden: Wasserdampf. Der Übergang vom flüssigen in den gasförmigen Zustand heißt **Verdampfen.** Jede Flüssigkeit verdampft – unabhängig von ihrer Temperatur; besonders schnell läuft das Verdampfen ab, wenn die Flüssigkeit siedet, denn dann entsteht das Gas auch in ihrem Inneren.
- Auf der Innenseite des Beutels bilden sich Wassertröpfchen: Der Wasserdampf ist dort wieder flüssig geworden. Dieser Vorgang heißt **Kondensieren.**

Bei Übergängen von einer Zustandsform in eine andere ändert sich die äußere Form der Körper.

- Feste Körper haben immer eine bestimmte, feste Form. Ihr Volumen lässt sich auch unter großer Krafteinwirkung kaum verändern. So kann z.B. eine leere Getränkedose zwar zu einem ziemlich kleinen Paket zusammengedrückt werden, das Blechvolumen bleibt dabei aber gleich – es wird lediglich die Luft aus der Dose herausgedrückt.
- Flüssige Körper haben keine bestimmte Form. Sie passen sich immer der Form des Behälters an, in dem sie sich befinden. Ihre Oberfläche ist dabei immer waagerecht. Ihr Volumen lässt sich – wie bei festen Körpern – auch durch große Kräfte kaum verändern.
- Gasförmige Körper schließlich haben weder eine feste Form noch ein festes Volumen. Das Gas nimmt den ihm zur Verfügung stehenden Raum vollständig ein. Sein Volumen ist deshalb immer so groß wie das Volumen des Gefäßes, in das es eingeschlossen ist. Gase lassen sich relativ leicht zusammendrücken.

Unter der Lupe: Die Zustandsformen von Wasser

Wird ein Stück Kreide immer weiter zerkleinern, so entstehen zunächst kleine Kreidestückchen, dann grober Kreidestaub, anschließend feiner Kreidestaub. Selbst wenn dieser Kreidestaub ganz fein zermahlen wird, bleibt immer Kreide in Form von sehr kleinen Teilchen übrig.
Solch ein Zerkleinern ist für alle Stoffe denkbar. Alle Stoffe bestehen aus winzig kleinen Teilchen. Experimente haben gezeigt, dass diese Teilchen ständig in Bewegung sind, erstaunlicherweise selbst in einem Stück Kreide!

Beobachtung | **Deutung**

FEST
Eiswürfel
- sind hart und lassen sich nicht verformen
- zerbrechen, wenn große Kraft auf sie ausgeübt wird; sie bleiben aber hart
- brauchen kein Gefäß.

In Festkörpern liegen die Teilchen sehr dicht beieinander. Sie haben nur wenig Bewegungsfreiheit – nur kleine Zitterbewegungen am Platz sind möglich.
Die einzelnen Teilchen halten sich gegenseitig auf ihren Plätzen fest. Deshalb hat ein fester Körper eine ganz bestimmte Form.

FLÜSSIG
Wird das Eis erwärmt, geht es nach und nach in den flüssigen Zustand über, es schmilzt.
Wasser
- lässt sich aus einem Gefäß in ein anderes gießen
- passt sich der Gefäßform an
- bietet einer Hand kaum Widerstand, wenn sie durch Wasser gezogen wird.

Die Zitterbewegung der Teilchen wird beim Erhitzen heftiger. In Flüssigkeiten liegen die Teilchen immer noch dicht beieinander. Ihre gegenseitige Anziehung ist jedoch – aufgrund der stärkeren Zitterbewegungen – nicht mehr so stark.
Die einzelnen Teilchen lassen sich gegeneinander verschieben. Deshalb hat eine Flüssigkeit ein bestimmtes Volumen, aber keine feste Form.

GASFÖRMIG
Wird das Wasser weiter erwärmt, wird es gasförmig. Aus Wasser wird Wasserdampf.
Wasserdampf
- entweicht aus einem offenen Gefäß
- verteilt sich überall in der Luft
- ist nicht „fassbar".

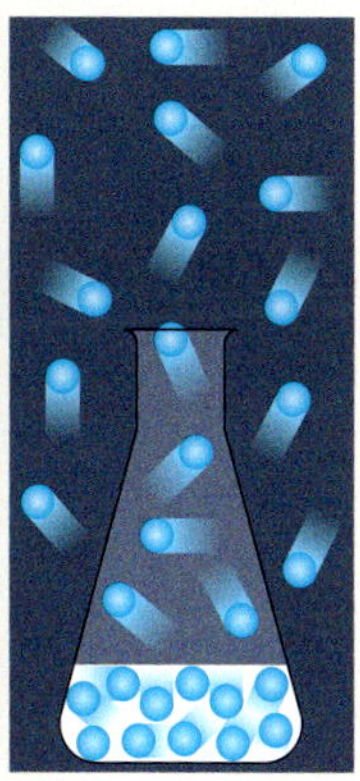

Bei weiterer Erwärmung des Wassers werden die Teilchenbewegungen immer stärker.
Es gelingt deshalb immer mehr Teilchen, die Flüssigkeit zu verlassen.
In Gasen gibt es keine Anziehung zwischen den Teilchen mehr. Deshalb haben Gase keine bestimmte Form und füllen immer den gesamten zur Verfügung stehenden Raum völlig aus.

Schmelzen und Verdampfen

Im Versuch werden das Schmelzen und Verdampfen genauer untersucht. Als Wärmequelle dient eine Kochplatte mit der das aus dem Eis entstehende Wasser immer weiter erhitzt wird. Im Diagramm unten ist der Temperaturverlauf für das gesamte Experiment dargestellt.

- Die Temperatur des Eises erhöht sich gleichmäßig bis es 0 °C, seine **Schmelztemperatur** erreicht hat.
- Obwohl weiter erhitzt wird, bleibt die Temperatur nun so lange konstant bei 0 °C, bis alles Eis geschmolzen ist.
- Erst dann steigt die Wassertemperatur wieder gleichmäßig an, bis 100 °C erreicht sind.
- Wenn 100 °C erreicht sind, beginnt das Wasser zu sieden. Das ist am Aufwallen des Wassers zu erkennen. 100 °C ist also die **Siedetemperatur** von Wasser. (Der Wert 100 °C gilt allerdings nur für Meereshöhe und klares Wetter. Bei schlechtem Wetter oder in höheren Lagen siedet Wasser schon bei niedrigeren Temperaturen.)
- Die beim Sieden aufsteigenden Blasen bestehen aus durchsichtigem Wasserdampf, der nach kurzer Zeit den gesamten Kolben ausfüllt und aus dem Röhrchen ausströmt. Er hat ebenfalls eine Temperatur von etwa 100 °C.

Zentraler Versuch

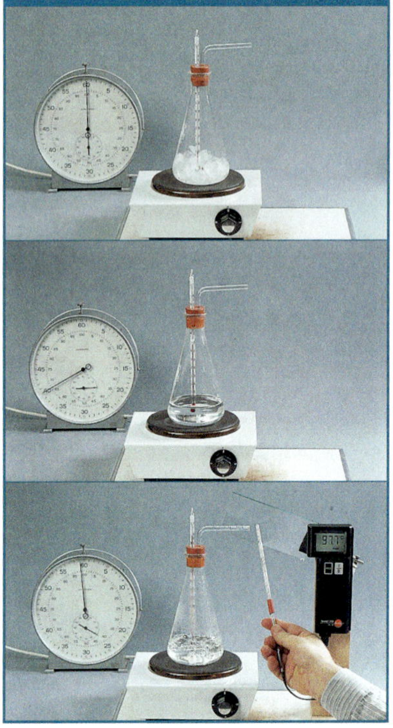

Wird dieses Experiment mit anderen Stoffen wiederholt, so lässt sich feststellen: Jeder Stoff hat eine ganz bestimmte Schmelz- und Siedetemperatur. Sie kennzeichnen den betreffenden Stoff. Siehe Tabelle rechts unten.

Da die Schmelz- und Siedetemperaturen von Wasser in Bereichen liegen, die leicht zugänglich sind, ist es einfach, alle drei Zustandsformen zu beobachten. Bei anderen Stoffen ist dies schwieriger.
Bei Eisen ist die Schmelztemperatur so hoch, dass sie sich mit Schulmitteln nicht messen lässt; die Siedetemperatur ist so extrem, dass sie nur mit großem technischen Aufwand erreicht werden kann. Quecksilber ist das einzige Metall, das bei Zimmertemperatur flüssig ist. Ob sich ein Körper in der festen, flüssigen oder gasförmigen Zustandsform befindet, hängt deshalb von seiner Temperatur ab und von dem Stoff, aus dem er besteht.

Bei der Schmelztemperatur geht ein Stoff von der festen in die flüssige Zustandform über, bei der Siedetemperatur von der flüssigen in die gasförmige. Schmelz- und Siedetemperatur kennzeichnen das Material.

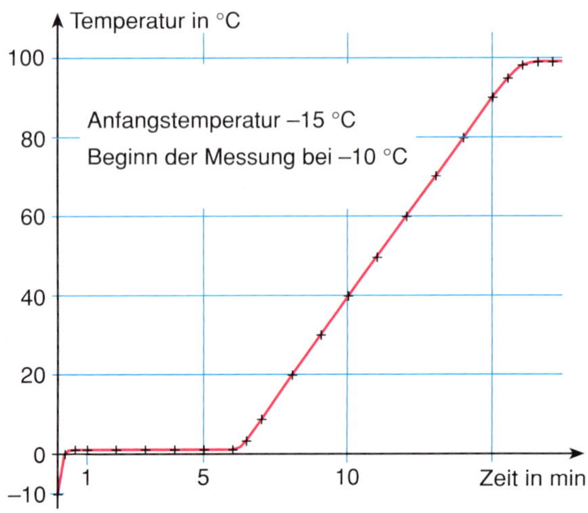

Aufgaben

1 Nach einem Wohnungsbrand lag ein geschmolzener Aluminiumgegenstand neben unversehrtem Goldschmuck. Erkläre, welche ungefähre Temperatur während des Feuers an dieser Stelle herrschte.

2 Ein Stück hartes Fett wird in einem Topf erhitzt, bis es verdampft ist. Beschreibe den ganzen Vorgang.

3 **a)** Begründe, warum sich Wasser höchstens für ein Zimmerthermometer als Thermometerflüssigkeit eignet.
b) Erkläre, warum Außenthermometer meist mit Alkohol, manchmal auch mit Quecksilber gefüllt sind.

4 Heißes Fett wird in den Ausguss eines Spülbeckens geschüttet. Erläutere die möglichen Folgen.

5 Wachsflecken lassen sich am besten mit einem Bügeleisen und einem Stück Küchenpapier entfernen. Erkläre, wie das geht.

Kondensieren und Erstarren

Zentraler Versuch

Kommt heißer Wasserdampf an eine kalte Glasplatte, so wird er abgekühlt und kondensiert zu Wasser. An der Glasplatte sind die Wassertröpfchen zu erkennen. Dieser Vorgang findet bei der **Kondensationstemperatur** statt. Sie beträgt 100 °C. Die Wassertröpfchen an der Glasplatte haben ebenfalls diese Temperatur.

Wird Kondenswasser immer weiter abgekühlt, so erstarrt es bei 0 °C zu Eis.

Nun wird klar, was häufig über siedendem Wasser als Nebel zu sehen ist: kondensierter Wasserdampf. In der Luft bilden sich beim Abkühlen des unsichtbaren Dampfes kleine Tröpfchen, aus denen der Nebel besteht.
Der Nebel beginnt nicht unmittelbar über der Oberfläche des siedenden Wassers, da hier die Lufttemperatur für das Kondensieren noch zu hoch ist. Erst in einigem Abstand zur Oberfläche ist die Temperatur niedrig genug, damit die Kondensation einsetzen kann.

Da die Kondensationstemperatur bei allen Stoffen mit der Siedetemperatur übereinstimmt und die Erstarrungstemperatur mit der Schmelztemperatur, gibt es in Tabellen nur Angaben zu Siedetemperatur und Schmelztemperatur.

Stoff	Schmelztemperatur	Siedetemperatur
Alkohol	–114 °C	78 °C
Quecksilber	–39 °C	357 °C
Wasser	0 °C	100 °C
Aluminium	660 °C	2450 °C
Blei	327 °C	1750 °C
Eisen	1540 °C	3070 °C
Gold	1063 °C	2700 °C
Kupfer	1083 °C	2590 °C
Silber	960 °C	2200 °C
Zinn	232 °C	2650 °C

Verdunsten

Im Sommer trocknet eine nasse Straße innerhalb kürzester Zeit, aber sicher haben weder die Straße noch das Wasser eine Temperatur von 100 °C. Wasser kann also auch schon bei Temperaturen unter 100 °C vom flüssigen in den gasförmigen Zustand übergehen. Dieser Vorgang heißt Verdunsten.

Versuche und Aufträge

Zustandsformen

V1 a) Wenn im Frühling während der Baumblüte Nachtfrost droht, werden die Bäume am Abend mit Wasser eingesprüht. Erkläre, warum dadurch das Erfrieren der Blüten verhindert wird.
b) Überprüfe dies in einem Experiment. Lege dazu ein unter fließendem Wasser abgekühltes Thermometer auf den Rost im Gefrierfach und notiere nach 10 und nach 30 Minuten die Temperatur, die das Thermometer anzeigt.
c) Führe das Experiment nochmals durch, umhülle jetzt aber das Thermometer mit etwas feuchtem Zellstoff. Halte es vorher wieder unter fließendes Wasser.

V2 Fieber kann auch ohne Medikament gesenkt werden z. B. mit einem feuchten Tuch als Wadenwickel.
a) Teste die Wirkungsweise, indem du einen solchen Wickel um die Wade (oder den Unterarm) legst und dabei zur Temperaturkontrolle direkt über der Haut ein Thermometer mit einwickelst.
b) Erkläre die Funktionsweise des Wadenwickels. Da Wadenwickel den Kreislauf belasten, frage zuerst deine Eltern und führe das Experiment nur kurz im Beisein von Vater oder Mutter durch.

V3 Stelle Getränkeflaschen oder -dosen in eine Schüssel mit Wasser; stelle eine Schale mit Wasser oben auf die Getränke. Verhülle alles so mit saugfähigen Tüchern (z. B. Wischlappen), dass diese stets durch das Wasser feucht gehalten werden. Fülle gegebenenfalls oben Wasser nach. Teste in der Sonne, wie hoch bzw. niedrig die Temperatur in deinem „Kühlschrank“ ist.

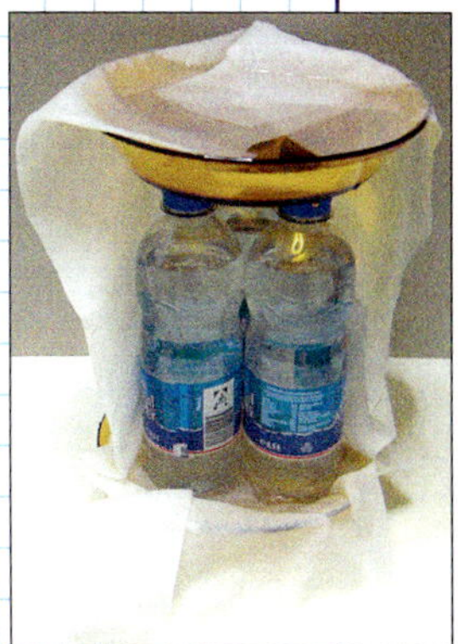

Zustandsänderungen brauchen Energie

Im zentralen Versuch auf Seite 70 wurde zum Schmelzen von Eis eine elektrische Heizplatte verwendet. Die Heizplatte ist ein Energiewandler, denn sie wandelt elektrische Energie in Wärmeenergie.

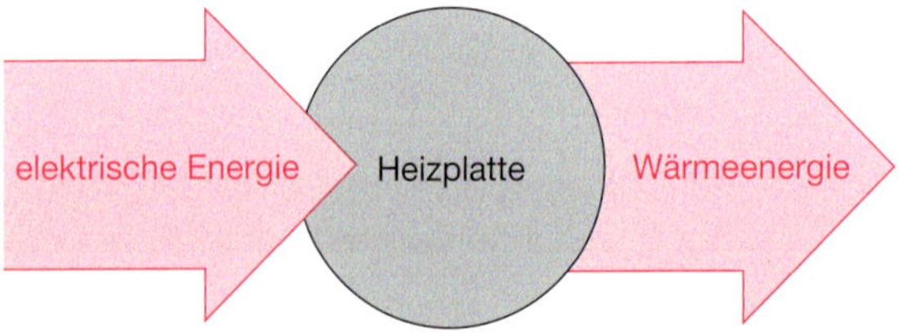

Diese Wärmeenergie wurde von den Eisstückchen aufgenommen und bewirkte, dass das feste Eis schmolz und zu flüssigem Wasser wurde. Anschließend bewirkte sie eine Temperaturerhöhung des Wassers.
Die zugeführte Energie befindet sich nun im Wasser; sie heißt jetzt **thermische Energie.** Damit sich die thermische Energie eines Körpers erhöht, muss ihm also Wärmeenergie zugeführt werden, wie es im Versuch durch die Heizplatte geschieht.

Die Vergrößerung der thermischen Energie führt zur Änderung der Zustandsform oder zur Temperaturerhöhung des Körpers. Im Umkehrschluss müsste sich die thermische Energie des Körpers, der Wärmeenergie abgibt, erniedrigen und damit seine Temperatur sinken. Diese Beobachtung kann bei der Heizplatte nicht gemacht werden, aber nur deshalb nicht, weil der elektrische Strom ständig elektrische Energie nachliefert und damit die Abnahme der thermischen Energie verhindert.

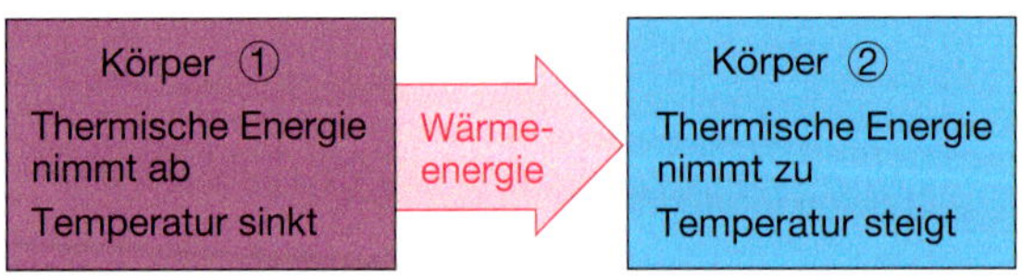

Zufuhr oder Abgabe von Wärmeenergie führt entweder zur Temperaturänderung oder zur Änderung der Zustandsform eines Körpers.

Die Richtung des Wärmeenergie-Stroms

Kaltes Wasser lässt sich auch erhitzen, indem ein heißer Kupferklotz hineingelegt wird. Dadurch steigt die Wassertemperatur, die Temperatur des Kupferklotzes sinkt. Das heißt, die thermische Energie des Wassers hat sich erhöht. Im gleichen Maß hat sich die thermische Energie des Kupferklotzes erniedrigt. Dieser Vorgang läuft von selbst ab und zwar so lange, bis der Kupferklotz die gleiche Temperatur hat wie das Wasser.

Zentraler Versuch

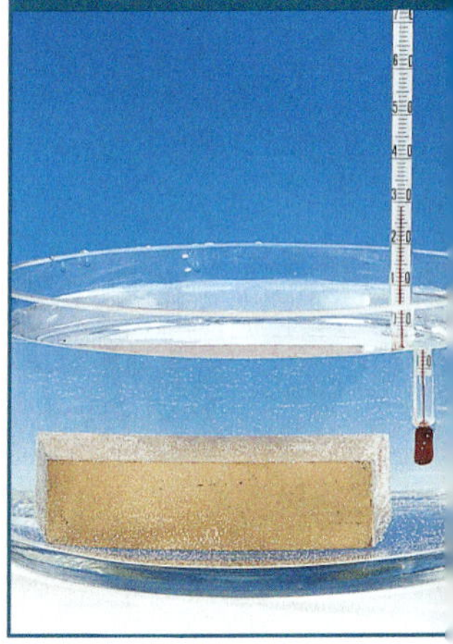

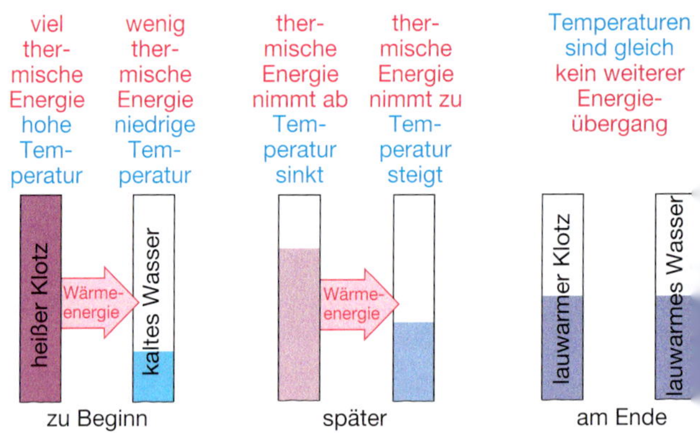

Eine Tasse mit heißem Kaffee oder Tee kühlt sich allmählich ab; warmes Wasser in der Badewanne wird von selbst kälter. Das Umgekehrte wurde noch nie beobachtet, dass nämlich ein kalter Körper von selbst Energie abgibt und dadurch einen wärmeren Körper noch wärmer macht. All diesen Vorgängen ist gemeinsam, dass sie von selbst nur in einer Richtung ablaufen, nämlich von heiß nach kalt.

Wärmeenergie geht von selbst immer nur vom heißeren zum kälteren Körper über, nie umgekehrt.

Aufgaben

1 Erkläre, warum es nicht sinnvoll ist, eine Kühltruhe im Keller aufzustellen, in dem auch Obst und Getränke kühl gelagert werden sollen.

2 Die Temperatur im Badezimmer nimmt ab, wenn die Wanne mit kaltem Wasser gefüllt wird. Erkläre diese Beobachtung.

3 Meiers ziehen um und müssen die alte Wohnung renoviert übergeben. „Praktisch diese Einbauküche bis zur Decke“, denkt Herr Meier. „Da haben wir wenig Arbeit, dahinter ist ja alles sauber.“
a) Was hat er nicht bedacht?
b) Erkläre Herrn Meier, warum es gerade hinter den eingebauten Elektrogeräten besonders schmutzig sein kann.

Eine Einheit für die Energie

Die Temperatur einer Wassermenge kann durch Zufuhr von Energie erhöht werden. Je mehr Energie ihr zugeführt wird, desto höher steigt ihre Temperatur. Die Temperaturerhöhung hängt aber auch davon ab, wie viel Wasser verwendet wird. Deshalb wurde für die Energie folgende Festlegung getroffen: Um die Temperatur von 1 kg Wasser um 1 °C zu erhöhen, sind 4,2 kJ nötig.

Energie

Die Einheit ist 1 J (Joule)
Das Formelzeichen ist *E*.

Weitere Einheiten:
Kilojoule: 1 kJ = 1000 J
Megajoule: 1 MJ = 1000 kJ = 1 000 000 J

Wie jede andere physikalische Größe hat auch die Energie eine Einheit, nämlich **1 Joule = 1 J.** Sie ist nach dem englischen Forscher JAMES PRESCOTT JOULE (1818–1889) benannt.

Eine ältere Energieeinheit ist die Kalorie (cal).
1 kcal war genau die Energie, die gebraucht wurde, um 1 kg Wasser um 1 °C zu erhöhen, also 1 cal = 4,2 J.
Bei der Angabe der Energiegehalte von Lebensmitteln ist die Kilokalorie (kcal) immer noch zu finden.

Durch die Zufuhr von 4,2 kJ Energie steigt die Temperatur von 1 kg Wasser um 1 °C.

Rechenbeispiel

Für ein Vollbad werden 200 l Wasser benötigt. Sie kommen mit einer Temperatur von 15 °C ins Haus und müssen auf etwa 40 °C gebracht werden. Berechne die zum Erwärmen des Wassers nötige Energie.

Lösung: Um 1 l Wasser um 1 °C zu erwärmen, sind etwa 4 kJ nötig.
Um 200 l Wasser um 1 °C zu erwärmen, sind etwa 200 · 4 kJ = 800 kJ nötig.
Um 200 l Wasser um 25 °C zu erwärmen, sind etwa 25 · 800 kJ = 20000 kJ = 20 MJ nötig.

Kühlschrank — **Streifzug**

Überlistung eines Naturgesetzes

Bei jedem Kühlschrank wird den Lebensmitteln im Innern Energie entzogen, wodurch ihre Temperatur sinkt, und als Wärmeenergie an die Umgebungsluft abgegeben, wodurch deren Temperatur steigt. Hier findet offensichtlich ein Energietransport von kalt nach warm statt!

Entscheidend ist, dass beim Kühlschrank der Übergang der Wärmeenergie von kalt nach warm nicht „von selbst" stattfindet. Damit er funktioniert, muss Energie aufgebracht werden. Beim Kühlschrank übernimmt diese Aufgabe ein Kompressor. Er schafft mithilfe elektrischer Energie die Wärmeenergie vom Innen- in den Außenraum. Das Naturgesetz kann also nur „überlistet" werden, weil von außen zusätzliche Energie in den Prozess eingebracht wird.

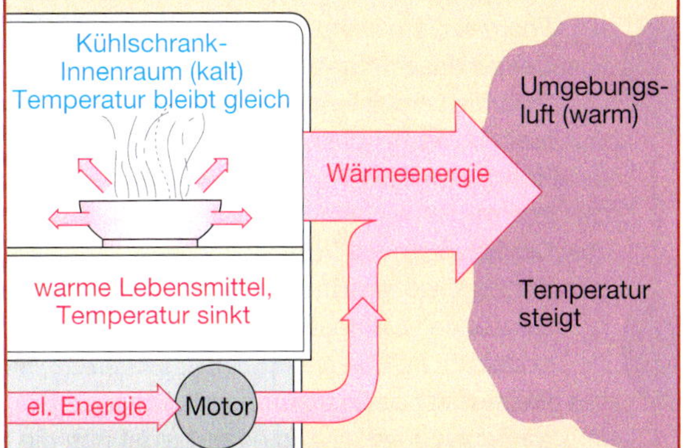

Die Dicke der Energiepfeile im Bild ist so gewählt, dass daraus der Energieanteil abgelesen werden kann, der beim betrachteten Vorgang eine Rolle spielt. Im Beispiel hat also die Energieform Wärmeenergie einen größeren Anteil an der Gesamtenergie als die elektrische Energie, die erforderlich ist, damit der Energieübergang überhaupt stattfindet und der Kühlschrank funktioniert.

Aufgaben

1 Informiere dich über den Namensgeber der Energieeinheit Joule.

2 **a)** Finde weitere Beispiele, in denen Wärmeenergie von einem Körper zu einem anderen übergeht.
b) Beschreibe die Temperaturänderungen, die dadurch bewirkt werden.

3 Beim Duschen verbrauchst du nur etwa 30 l heißes Wasser. Rechne aus, wievielmal teurer ein Wannenbad im Vergleich zu einem Duschbad ist. Gehe wie beim Rechenbeispiel vor.

4 5 l Wasser werden 42 kJ Energie zugeführt. Berechne, auf welchen Wert die Wassertemperatur steigt, wenn sie zu Beginn 16 °C betrug.

Energieübergänge zwischen Körpern verschiedener Temperatur

Wie wird Energie überhaupt transportiert, wie gelangt sie von der Sonne zu uns, so dass Menschen an einem heißen Sommertag in den Schatten flüchten, weil die Sonne zu stark „brennt"? Wie kann Energie eingesperrt oder gespeichert werden?

Leitung

Bei Töpfen auf der heißen Herdplatte kann es vorkommen, dass nicht nur der Topfinhalt, sondern auch die Griffe sehr heiß werden. Energie wird vom Topfboden über das Metall bis in den Griff transportiert.

Zentraler Versuch

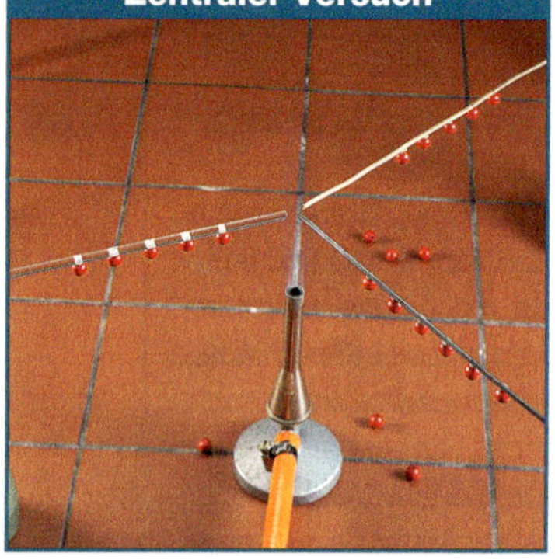

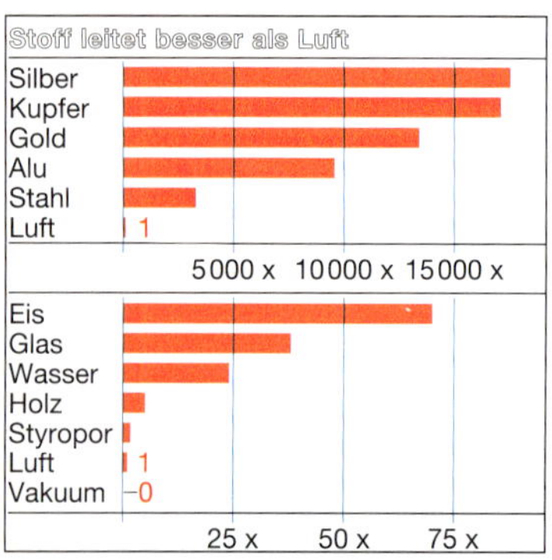

Die Wachskugeln, die näher an der heißen Flamme sind, fallen zuerst ab, denn es dauert einige Zeit, bis die Energie von einem Stabende zum anderen transportiert wird.
Stäbe aus unterschiedlichem Material leiten die Energie unterschiedlich gut, was daran zu erkennen ist, dass die Wachskugeln am Kupferstab viel schneller abfallen als die am Stahlstab.

Durch Leitung wird Energie innerhalb eines Körpers transportiert, ohne dass sich dabei Material bewegt.

Mitführung

Wird die Hand über einen warmen Heizkörper gehalten, so ist ein schwacher Luftzug zu spüren. Die warme Luft strömt nach oben, dadurch wird frische Luft von unten an den Heizkörper geführt, die sich erwärmt und aufsteigt. Es entsteht eine Luftströmung, durch die Energie vom Heizkörper in den ganzen Raum transportiert wird. Im Schattenbild der Kerze ist zu sehen, wie die Luft nach oben strömt.

Zentraler Versuch

Solche Strömungen können auch in Flüssigkeiten beobachtet werden. Wird an der Ecke das Wasser erhitzt, bewegt es sich dort nach oben, was an den blauen Schlieren sichtbar wird. Dabei nimmt das zunächst kalte Wasser Energie auf, seine Temperatur steigt, es bewegt sich nach oben zu den kälteren Bereichen, wobei es das kalte Wasser vor sich her schiebt. Unten wird dann das ankommende kalte Wasser erwärmt. Da hier Energie vom strömenden Wasser „huckepack" mitgenommen wird, heißt dieser Vorgang *Mitführung*.

Bei Mitführung wird Energie von strömenden Flüssigkeiten oder Gasen mitgenommen.

Aufgaben

1 Erkläre, warum man eine Hand dicht neben eine Flamme halten kann, aber nicht darüber.

2 Erkläre, warum die Heizspirale im Wasserkocher unten ist.

3 Nach einem Unfall sollten Verletzte auf eine Decke bzw. Folie gelegt werden. Außerdem müssen sie zugedeckt werden. Begründe dieses Vorgehen.

Strahlung

Ein Raum kann im Winter ohne Heizung allein durch die Sonneneinstrahlung erwärmt werden. Die Energie kann aber weder durch Leitung noch durch Mitführung zur Erde gelangen, da es im Weltall nichts gibt, was als Energieträger dienen könnte.
Vor einer Rotlichtlampe z. B. ist die ankommende Energie zu spüren, ein Thermometer zeigt die Temperaturerhöhung an. Wird ein Gegenstand zwischen Lampe und Körper gebracht, so ist deutlich zu merken, dass die Energiezufuhr unterbrochen wird.

Zentraler Versuch

Energie kann also auch ohne Beteiligung von Material von einem Körper mit hoher Temperatur zu einem Körper mit niedriger Temperatur gelangen. Alle Körper, die wärmer sind als ihre Umgebung, strahlen Energie ab – je heißer sie sind, desto mehr (z. B. eine eingeschaltete Herdplatte ohne Kochtopf darauf).

Durch Strahlung wird Energie transportiert, ohne dass dabei ein übertragender Körper beteiligt ist.

Energieübertragung | **Versuche und Aufträge**

V1 a) Stelle einen Becher mit heißem Wasser (Temperatur vorher messen) in einen geschlossenen Karton. Bestimme nach 5, 10, 15 Minuten die Temperatur im Karton und trage sie grafisch auf.
b) Klebe in den Karton rundherum Styropor oder anderes Isoliermaterial und wiederhole die Messung.
c) Wie ändert sich die Temperatur, wenn du „Fenster" in deinen Karton schneidest.

V2 a) Öffne die Tür zu einem ungeheizten Raum einen Spalt weit. Untersuche nun mithilfe einer brennenden Kerze die Luftströmungen oben und unten am Türspalt.
b) Erkläre, wie die Strömungen zustande kommen.

V3 Eine Glühlampe unter Glas – kann das gut gehen? Kontrolliere in einem Modellversuch, wie hoch die Temperatur im Glaskolben werden kann. Stülpe dazu ein Glasgefäß (Vase oder Krug) über ein batteriebetriebenes Glühlämpchen und miss die Temperatur im Innern.

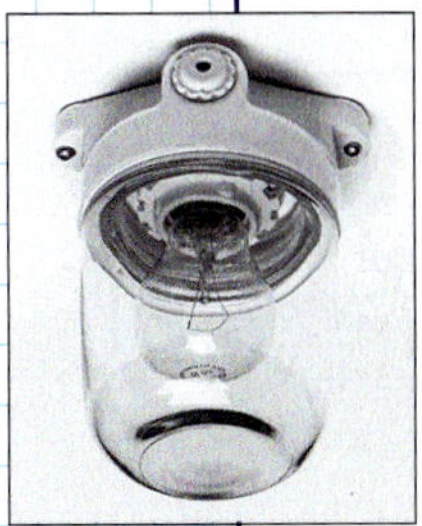

V4 Halte die Unterkante eines wassergefüllten Teeglases über eine brennende Kerze und lasse einen Tropfen Tinte über der Flamme ins Wasser fallen. Erkläre das Verhalten der Tinte.

V5 Fülle in ein Reagenzglas Eisstücke und fülle das Glas zu zwei drittel mit Wasser. Halte das Reagenzglas leicht schräg und erhitze das Wasser im Glas mithilfe einer Kerze, bis es sprudelt. Beobachte und erkläre, was mit dem Eis geschieht.

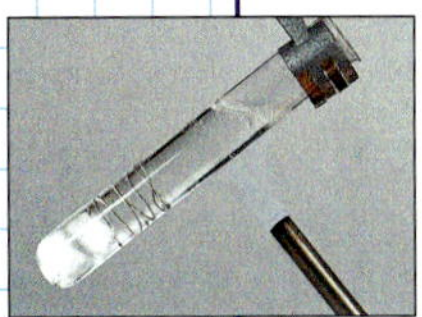

V6 Material: zwei Behälter, zwei Thermometer, trockene Erde, Wasser, ein schwarzes Tuch
a) Fülle einen Behälter mit Wasser und einen mit Erde. Stelle sie in die Sonne, miss alle 2 (5) Minuten die Temperatur und notiere die Werte.
b) Decke die Behälter mit einem schwarzen Tuch ab, miss wieder die Temperaturen und notiere die Werte (max. 2 Stunden)
c) Stelle beide Behälter in den Schatten (ohne Tuch), miss die Temperatur ein drittes Mal und notiere.
Welcher Behälter heizt sich schneller auf?
Welcher Behälter erreicht die höchste Temperatur?
Welcher Behälter kühlt sich schneller ab?
Vergleiche jeweils die Temperaturen und ihre Änderungen.

Aufgaben

1 Zähle die Formen des Energietransports auf, die beim Backen im Umluftofen, auf dem Gasherd und im Holzkohle- bzw. Grill stattfinden.

2 Nenne die Bedingungen, unter denen es auch im Winter bei Sonnenschein im PKW heiß werden kann, selbst wenn die Heizung nicht angeschaltet ist.

3 Im Sommer bevorzugen wir helle Kleidung. Kühlwagen sind weiß gestrichen. In südlichen Ländern sind die Häuserfronten hell, häufig sogar weiß. Erkläre.

Streifzug Warmwasserheizung

Eine **Solaranlage** auf dem Dach nutzt Sonnenenergie für die Warmwasserversorgung oder zum Heizen.

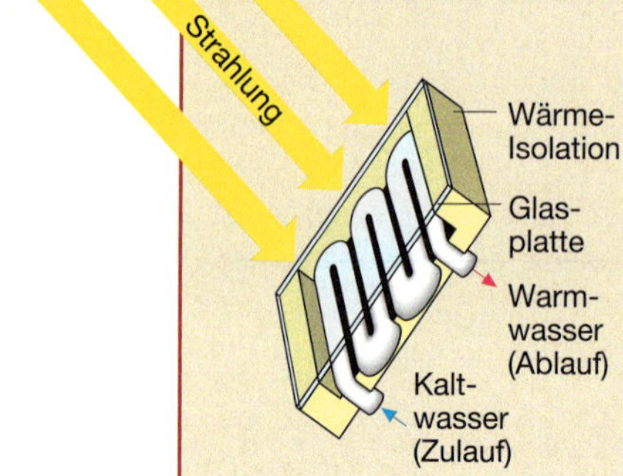

Fußbodenheizungen sorgen für angenehm gleichmäßige Raumtemperaturen. Der Boden nimmt die Energie vom Wasser auf und gibt sie durch Leitung an die Zimmerluft weiter.

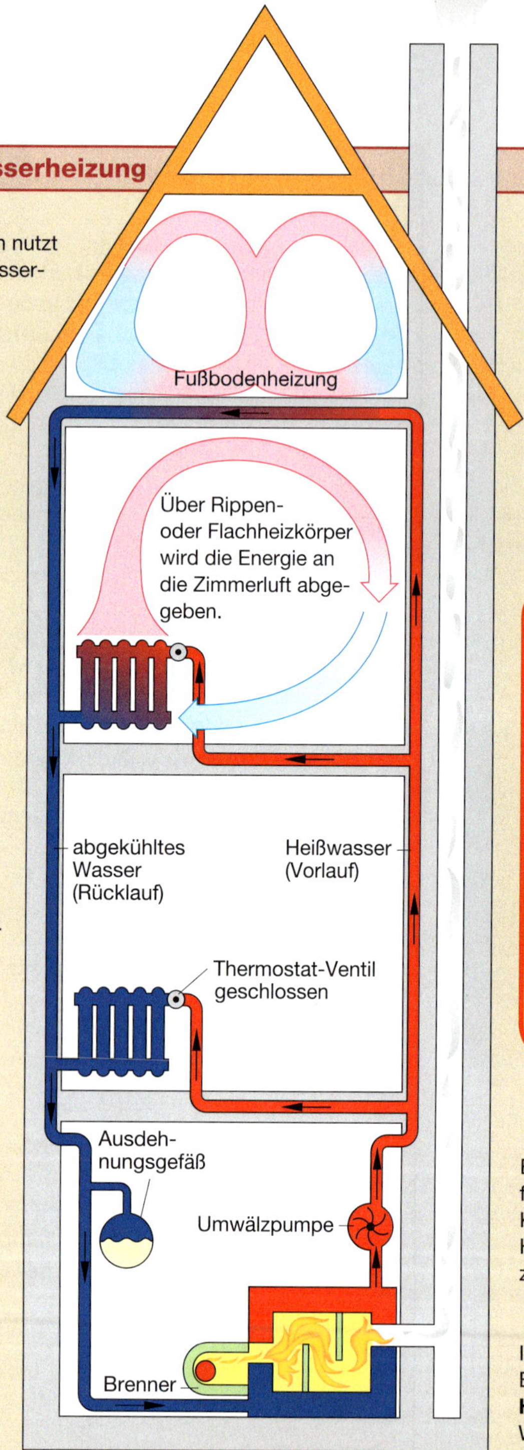

Thermostat-Ventile regeln die Raumtemperatur. Dazu messen sie mit einem Temperatursensor die Lufttemperatur. Dieser Istwert wird vom Regler mit einem vorher eingestellten Sollwert verglichen. Unterschreitet der Istwert den Sollwert, wird das Ventil geöffnet. Warmes Wasser strömt so lange durch den Heizkörper, bis Sollwert und Istwert wieder übereinstimmen. Dann wird das Ventil geschlossen, die Warmwasserzufuhr wird gestoppt. Es wird keine Energie mehr an die Zimmerluft abgegeben. Durch Wärmetransport nach draußen sinkt die Raumtemperatur, der Istwert fällt unter den Sollwert, das Ventil wird wieder geöffnet.

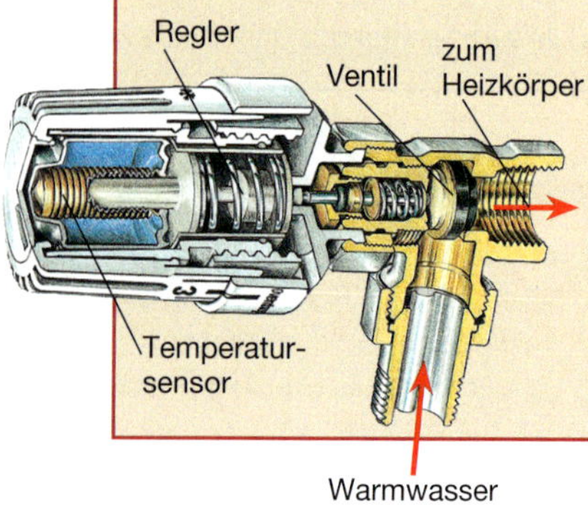

Eine **Wärmepumpe** kann die Heizung unterstützen; sie arbeitet im Prinzip wie ein Kühlschrank: Sie holt sich thermische Energie aus dem Boden und transportiert sie mithilfe einer elektrisch betriebenen Pumpe gegen die natürliche Richtung des Wärmeenergie-Stromes in die warme Wohnung.

Möglichkeiten zur Energieeinsparung

- Niedertemperaturheizungen (Vorlauftemperaturen von 55 °C bzw. 45 °C)
- Anpassung der Wassertemperatur an die Außentemperatur durch Messung mit einem Außenfühler (gleitende Kesselwasser-Temperaturregelung)
- Nutzung der bis zu 180 °C heißen Abgase am Kessel zum Erwärmen von Brauchwasser

Eine **Umwälzpumpe** befördert das Wasser vom Kessel zu den einzelnen Heizkörpern und von dort zum Kessel zurück.

In dem mit Heizöl oder Erdgas betriebenen **Heizkessel** wird das Wasser auf die Vorlauftemperaturen von 70 °C (Heizung) bzw. 30 °C (Fußbodenheizung) gebracht. Durch Zumischen von kaltem Wasser kann Brauchwasser zum Waschen, Duschen oder Baden bereitgestellt werden.

Die Sonne als Motor des Wettergeschehens

Streifzug

Das Leben auf der Erde spielt sich in einer extrem dünnen Schale von 20 km Dicke ab: in der Lufthülle, in oberflächennahen Bodenschichten und in Gewässern. Ermöglicht wird das Leben durch die Sonnenstrahlung, denn nur sie setzt die vielfältigen Prozesse in der Atmosphäre und in den Gewässern in Gang und hält sie aufrecht – alle Lebewesen und Pflanzen profitieren davon. Dabei wirkt die Lufthülle wie ein riesiges Treibhaus: Ohne sie läge die durchschnittliche Temperatur nicht bei +15 °C, sondern bei lebensfeindlichen –18 °C!

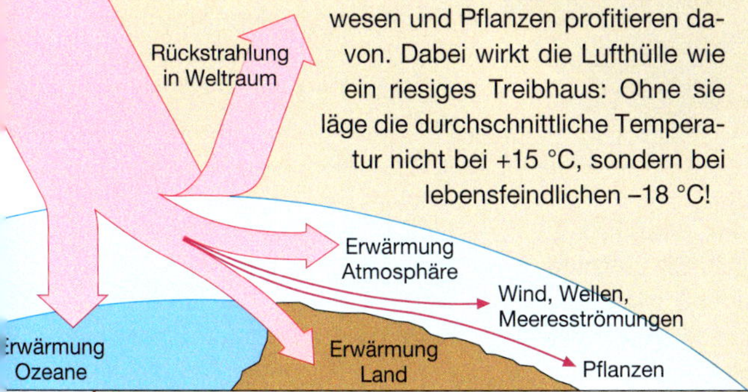

Vom Hoch zum Tief – wie Wind ensteht

Wenn durch die Sonneneinstrahlung die Luft erwärmt wird, dehnt sie sich aus. Im gleichen Luftvolumen sind dann viel weniger Luftteilchen vorhanden. Folglich ist dieses Luftvolumen leichter als ein gleichgroßes kühleres und steigt deshalb nach oben. Dadurch wird der Luftdruck an dieser Stelle geringer, es entsteht ein Tiefdruckgebiet. Beim Hochsteigen kühlt sich die Luft ab, wird schwerer und sinkt wieder zur Erdoberfläche zurück. Dadurch steigt in dieser Region der Luftdruck, es entsteht ein Hochdruckgebiet. Von diesem strömt die kältere Luft wieder zurück in das Tiefdruckgebiet – es weht Wind.

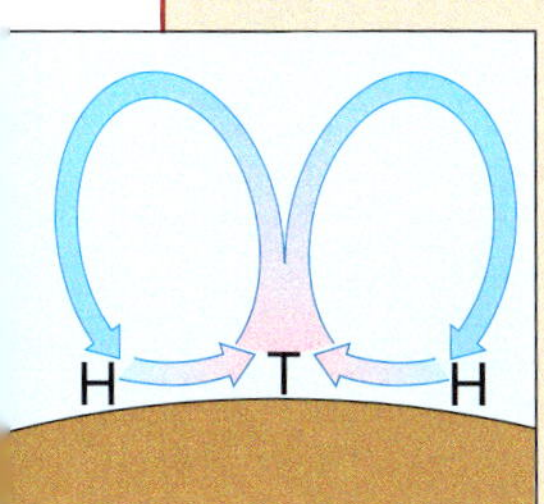

Die Strömungsrichtung ist aber nicht direkt vom Hoch zum Tief gerichtet, sondern der Wind verlässt das Hoch auf einer Spiralbahn und dreht sich auf einer ebensolchen in das Tief hinein.

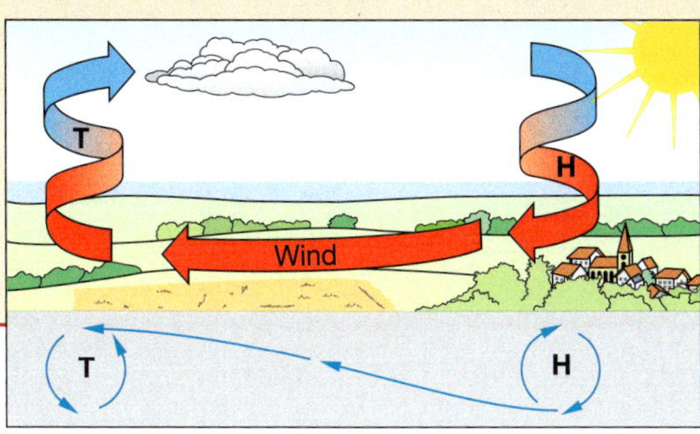

Auch in kleinerem Maßstab gibt es immer wiederkehrende Windströmungen: Am Meer weht der Wind meist sehr gleichmäßig und stabil aus einer Richtung. Das kommt so:

An sonnigen Tagen ist die Luft über dem Land viel wärmer als über dem Wasser, denn der Boden erwärmt sich schneller und stärker. Die Warmluft steigt auf, kalte Luft strömt vom Meer nach. Der Wind weht „auflandig" vom Meer auf das Festland.

In klaren Nächten ist es umgekehrt. Nun kühlt sich die Luft über dem Festland stärker ab als die über dem Meer, denn das Meerwasser gibt laufend tagsüber gespeicherte Energie an die Luft ab. Jetzt steigt die Luft über dem Meer nach oben; durch die vom Festland nachströmende Luft wird der Wind „ablandig", er weht vom Land in Richtung Meer.

Energieströme

Die in den Beispielen beschriebenen Windströmungen sind Wirkungen, die dafür verantwortlich sind, ob es regnet, schneit oder sogar hagelt oder ob das Wetter sonnig und trocken ist. Wirkungen können aber nur entstehen, wenn Energie im Spiel ist – und genau das ist der Fall. Die Energie steckt hier in Form von Bewegungsenergie im Wind. Mit dem Wind sind Energieströme am Werk, die das Wettergeschehen steuern und beeinflussen.

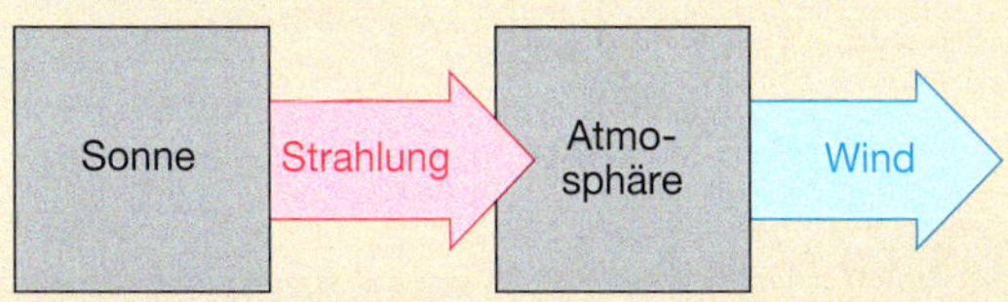

Woher kommen aber nun diese Energieströme? Ein Ausgleich kann nur durch die Bewegung riesiger Luftmassen erfolgen. Wind entsteht dadurch, dass Wasser, Land und Luft unterschiedlich stark erwärmt werden. Diese Erwärmung erfolgt offensichtlich durch die Sonne, von der ein ununterbrochener Energiestrom ständig zur Erde gelangt.

* Dämmung

Aus der geheizten Wohnung soll möglichst wenig Energie entweichen. Im Winter beim Spaziergang möchte niemand frieren. In allen solchen Fällen wird versucht, den Energietransport von einem wärmeren Körper an die kältere Umgebung zu verhindern oder zumindest einzuschränken.

Zentraler Versuch

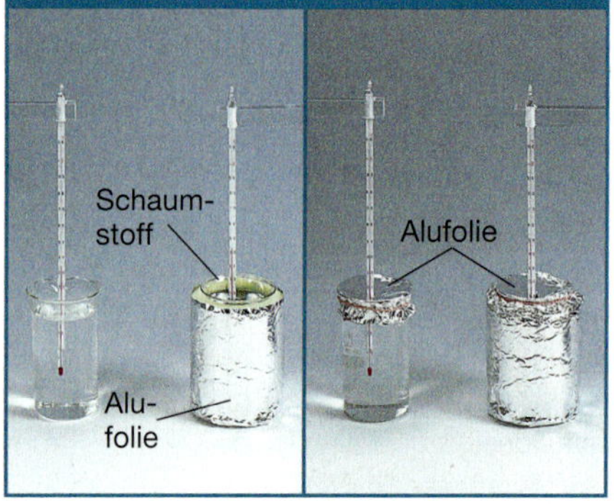

- **Verringerung der Leitung:** Im Bild rechts ist die Temperatur in den ummantelten Gläsern nach 10 Minuten weniger weit abgesunken als in den linken beiden. Die Schaumstoffschicht ist ein schlechter Energieleiter, denn sie enthält Lufteinschlüsse, welche die Leitung verhindern. Da Gase schlechte Energieleiter sind, wirken Stoffe, die solche Lufteinschlüsse enthalten, als Dämmmaterialien. Aber auch durch feste Stoffe, wie Holz, Kork oder Kunststoffe geht Energie vergleichsweise schlecht hindurch. Sie können deshalb zur Dämmung eingesetzt werden.

- **Verringerung der Mitführung:** Die Deckel auf den rechten Gläsern verhindern, dass die warme Luft über dem Wasser nach oben steigt und Energie vom Wasser wegtransportiert. Die Energiemitführung lässt sich verringern, indem die Bewegung von Flüssigkeiten oder Gasen behindert wird. Bei einem Fenster wirkt eine dünne Luft- oder Edelgasschicht zwischen den beiden Glasscheiben als Dämmung. Noch größer ist der Effekt, wenn das Gas vollständig entfernt wird. Dadurch kann überhaupt keine Mitführung stattfinden. Die Erzeugung eines solchen Vakuums ist aber technisch aufwändig und wird deshalb bei Fenstern nur selten angewendet.

- **Verringerung der Strahlung:** Um die rechten Gläser ist Aluminiumfolie gewickelt. Sie hat die Aufgabe, die durch Strahlung nach außen gehende Energie ins Innere zu reflektieren. Energieverluste durch Strahlung können unterbunden werden, indem die Körper in helle oder glänzende Oberflächen eingepackt werden, die die Strahlung reflektieren und so einen Energietransport aus dem Körper heraus vermindern.

Der unerwünschte Energieübergang zwischen Körpern kann nicht vollends verhindert, aber durch Dämmung stark eingeschränkt werden.

Streifzug — Thermoskanne

Die Thermoskanne ist ein besonders gutes Beispiel für Wärmedämmung. Sie hält die eingefüllten Flüssigkeiten lange heiß oder kalt.

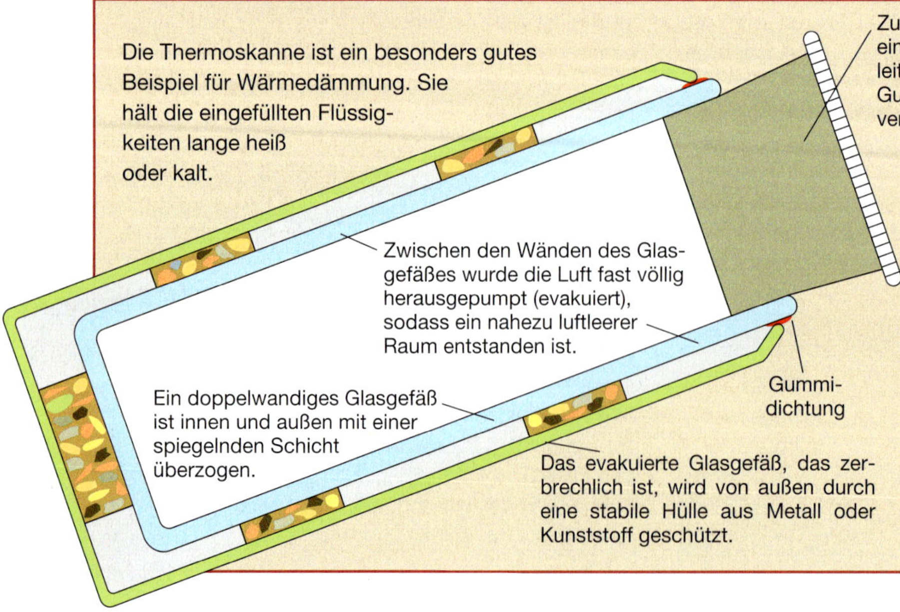

Statt des Glasgefäßes werden heute auch doppelwandige Stahlgefäße verwendet. Der Raum zwischen den zwei Wandungen ist mit Isoliermaterial ausgeschäumt, das kleine Lufteinschlüsse enthält. Zusätzlich wird das Stahlgefäß noch mit Isoliermanschetten umgeben.

Dämm-Maßnahmen beim Haus — Streifzug

Dämm-Maßnahmen an der Fassade

Die Aufgabe eines Hauses besteht vorrangig darin seine Bewohner vor Regen, Wind und Kälte zu schützen. So gehört eine Heizung unbedingt dazu, um auch bei niedrigen Außentemperaturen eine angenehme Temperatur im Innern zu schaffen. Die höhere Innentemperatur führt aber dazu, dass laufend Energie nach außen abfließt – es muss ständig geheizt werden, um die Innentemperatur zu halten.
Durch verschiedene Dämm- Maßnahmen beim Hausbau wird versucht, die Energieabgabe durch Wände, Fenster, Dach und Türen so gering wie möglich zu halten.

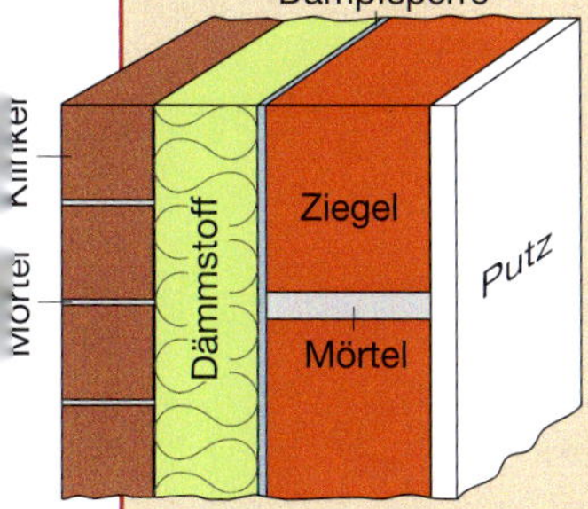

Je dicker die Wände sind, desto schlechter leiten sie die Energie weiter. Nun kann man aber die Wände auch nicht zu dick machen, weil sie dann zu schwer werden. Deshalb werden die Mauern mit Dämmstoffen versehen und verklinkert. Eine 24 cm dicke Ziegelwand mit einer derartigen Dämmung leitet Energie schlechter als eine 50 cm dicke Ziegelwand allein.

Durch Fenster und Türen strömt die meiste Energie aus einem Wohnhaus nach draußen. Über ein Drittel der Energieverluste eines Hauses geht auf das Konto schlecht isolierter Fenster kommen. Das liegt zum einen daran, dass sie immer wieder geöffnet werden, und zum anderen an den Materialien, die hier eingesetzt werden. Die dämmende Wirkung der Fenster kann durch Rollläden oder Klappläden verbessert werden. In erster Linie kommt es aber darauf an, den Energietransport durch das Glas zu verringern. Denn Glas ist ein besserer Leiter als Ziegelsteine oder Beton. Deshalb bestehen Fenster aus zwei Glasscheiben mit Luft dazwischen. Die 6–16 mm dicke trockene Luftschicht zwischen den Scheiben verringert die Leitung und im Wesentlichen auch die Mitführung. Eine solche Doppelverglasung heißt Isolierglas.

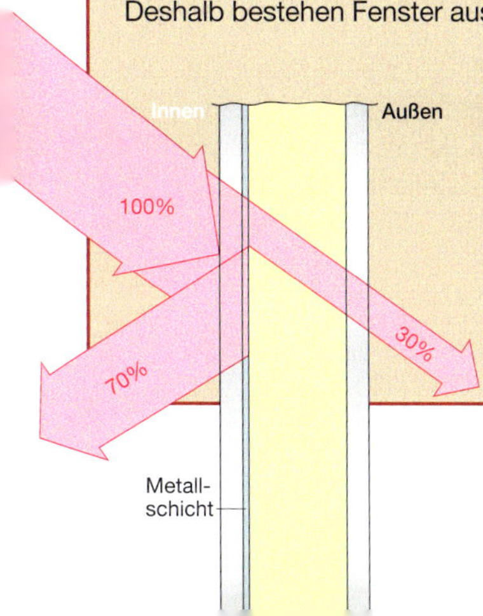

Dachbegrünung

Eine optimale Dämmung für ein Haus kann durch Dachbegrünung erreicht werden. Sie wirkt als natürliche Schutzschicht und verlängert die Lebensdauer des Daches erheblich. Aber es gibt noch weitere Vorteile: Der durch die Bebauung zerstörte Lebensraum für Tiere und Pflanzen kann auf dem Dach wiederhergestellt werden. Dachbegrünungen halten viel Regenwasser zurück und führen es dem natürlichen Kreislauf direkt wieder zu. Es fällt weniger Abwasser an und die Kanalisationen werden entlastet.

Dämmung von Heizungsrohren

Eine Schwachstelle bei der Heizung eines Hauses sind die Zuleitungen, die das heiße Heizungswasser zu den Heizkörpern bringen. Diese Rohre erwärmen sich natürlich auch und geben dadurch einen Teil der Energie an Stellen ab, wo gar keine Heizung gebraucht wird, z. B. im Keller oder im Hausflur.

Damit das Warmwasser in den Heizungsrohren nicht so schnell abkühlt, erhalten diese Rohre eine Ummantelung, die aus einer Art weichem Schaumstoff besteht und einer Schutzhülle aus Plastik oder Aluminium. Dadurch ist der Energieaustausch mit der Umgebungsluft stark eingeschränkt bzw. völlig unterbunden.

Kalte Füße müssen nicht sein. Das hatten sich wohl auch die Hersteller von Skistiefeln gesagt und durch die Auswahl spezieller Kunststoffe und entsprechender Fertigung Spezialschuhe hergestellt. Sie verhindern, dass Wärmeenergie von unseren warmen Füßen in die eiskalte Umgebung geleitet wird.
Auch Wanderstiefel oder normale Schuhe können vor Wärmeverlust schützen, wenn die Sohle entsprechend dick und aus schlechten Wärmeleitern gefertigt ist. Nasses Material dagegen leitet die Wärmeenergie gut ab, was schnell zu kalten Füßen führen kann.

Robben in der Wüste?

Robben haben eine dicke Fettschicht, die sie bei ihren langen Aufenthalten im Wasser vor Auskühlung bewahrt. Denn Fett ist ein schlechter Wärmeleiter.
Wenn sich die Robben aber an der Küste Namibias aufhalten, wird es leicht zu heiß, da sich direkt an die Küste eine der trockensten Wüsten der Welt, die Wüste Namib, anschließt. Da Robben nicht schwitzen können, müssen sie überschüssige Wärmeenergie anders als über das Verdunsten von Schweiß ableiten. Sie machen es durch Wärmeleitung über die felllosen Flossen.

Tiere im Winter

Vögel haben es im Winter schwer bei der Futtersuche und schaffen es kaum, ihren Körper mit der nötigen Energie zu versorgen. Deshalb müssen sie besonders darauf achten, dass sie wenigstens die Energieverluste gering halten.
Das schaffen sie dadurch, dass sie sich beim Sitzen mächtig aufplustern. Die zusätzliche ruhende Luft in ihrem Gefieder behindert den Energietransport, so dass die Vögel unter ihrer „Daunendecke" ruhig schlafen können.

Das gleiche Prinzip wie bei den Federn der Vögel liegt dem Fell des Eisbären zugrunde. Luftpolster im Fell behindern den Energietransport vom Körper weg.

Polizei rettet Säugling aus überhitztem Auto

SOLINGEN: Ein 27 Jahre alter Vater hat seinen Sohn in Solingen bei sommerlicher Hitze im Auto zurückgelassen und ist Einkaufen gegangen. Passanten seien auf das 13 Monate alte Kind aufmerksam geworden, als es in dem heißen Auto schrie und offensichtlich unter der Hitze litt, teilte die Polizei mit. Die alarmierten Beamten machten den Vater im Supermarkt ausfindig. Der 27-Jährige hat ausgesagt, er habe seinen Sohn im Auto gelassen, weil dieser im Kindersitz eingeschlafen war. Gegen den Vater wird nun wegen gefährlicher Körperverletzung ermittelt.

Die Meere beeinflussen das Klima

Über dem Golf von Mexiko steht die Sonne das ganze Jahr über sehr hoch; die Energiezufuhr durch die Sonnenstrahlung ist dort besonders stark, sodass das Meerwasser bis in große Tiefen erwärmt wird. Es bildet sich eine Strömung von warmem Meerwasser aus, die bis nach Europa reicht: der Golfstrom. Sein Wasser führt eine gewaltige Menge an innerer Energie mit, die in den kälteren Regionen Nordeuropas an die Luft abgegeben wird. Die Folge davon ist, dass die Häfen in Skandinavien auch im Winter weitgehend eisfrei bleiben. Insgesamt ist das Klima in Europa wegen des Golfstroms wesentlich wärmer als in Gegenden Nordamerikas, die auf dem gleichen Breitengrad liegen.

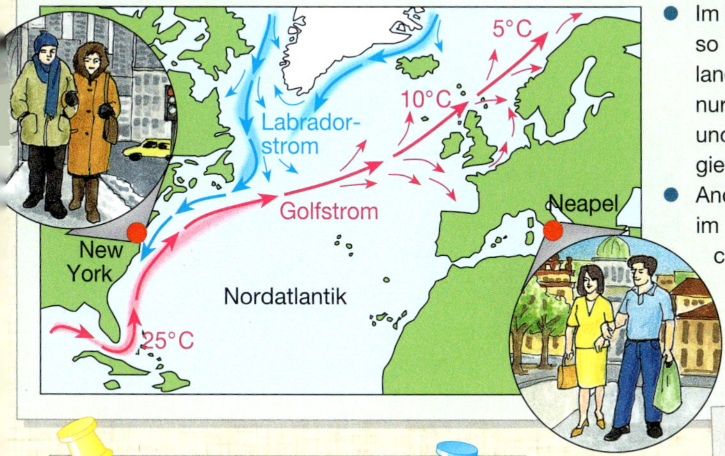

Aber auch sonst beeinflusst das Meer das Klima stark:

- Im Sommer ist es in den Küstenregionen nie so heiß wie in trockenen Gebieten des Inlandes. Denn das Meerwasser erwärmt sich nur sehr langsam. Es ist kälter als die Luft und entzieht daher der Luft laufend Energie.
- Anders im Winter: Das Meerwasser gibt die im Sommer aufgenommene und gespeicherte Energie langsam ab. Deshalb ist es jetzt in den Küstenregionen wärmer als in anderen Landesteilen.

Auf einem Halbleiterchip, wie er in allen Computern zu finden ist, werden immer mehr elektronische Bauteile untergebracht, die Wärmeenergie produzieren. Weil die Bauteile aber bei Erwärmung nicht mehr so gut funktionieren wie im kalten Zustand, müssen sie die erzeugte Wärmeenergie schleunigst abgeben. Dazu dienen großflächige Kühlkörper aus Metall und zusätzlich Lüfter.

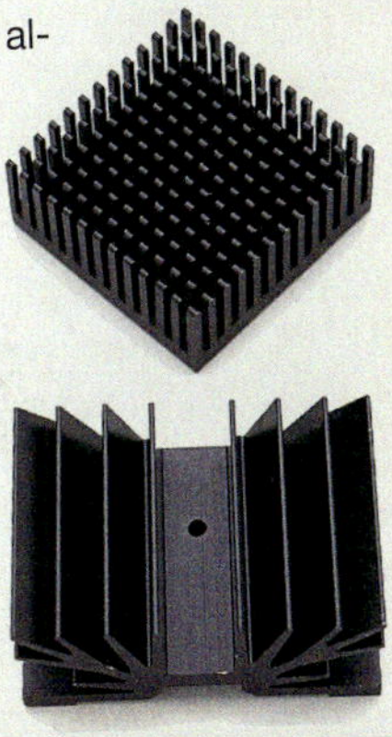

Merke

- Töpfe mit gut schließenden Deckeln zudecken, um das Entweichen von heißem Wasserdampf und damit von Wärmeenergie zu verringern.
- Die Größe von Topfboden und Herdplatte müssen zueinander passen, damit möglichst keine Energie daneben geht.

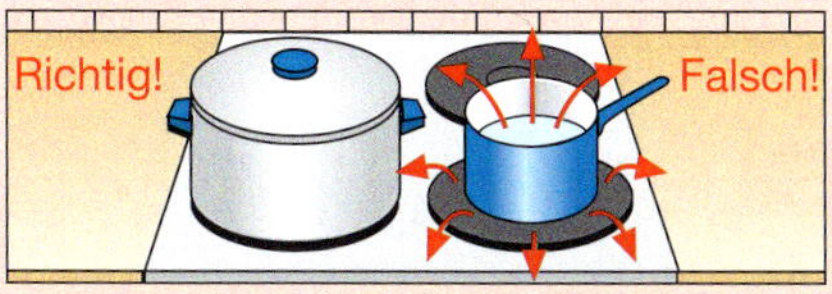

Solarherd

Vielerorts ist das Brennmaterial knapp. Holz gibt es in Wüstengegenden kaum und andere Brennstoffe wie Erdöl oder Erdgas sind für die meisten Menschen dort unerschwinglich. Abhilfe kann ein Hohlspiegel schaffen, mit dem Speisen gekocht werden können.

Sonnenbaden beim Skifahren ist nichts Ungewöhnliches. Obwohl der Schnee deutlich kälter als 0 °C ist, liegen die Jungs und Mädels im T-Shirt in den Liegestühlen. Die intensive Strahlung in den Bergen genügt, um sie nicht frieren zu lassen. Allerdings wird es auf der sonnenabgewandten Seite schnell kalt – und Wind darf es auch nicht geben!

Energietransport

Im Versuch fließt Wasser aus dem hochgestellten Vorratsgefäß auf das Wasserrad. Dieses wird in Drehung versetzt und kann dadurch das Säckchen heben. Die Ursache der Drehung des Wasserrades ist die Bewegungsenergie des fließenden Wassers: diese war vorher als Lageenergie im hochgehobenen Wasser des Vorratsgefäßes gespeichert. Die Lageenergie des Wassers nützt also erst etwas, wenn sie zum Wasserrad gelangt.

- Die Energie zur Drehung des Wasserrades wird mit dem fließenden Wasser in Form von Bewegungsenergie transportiert
- Bei einer Weihnachtspyramide steigt erwärmte Luft auf. Die Wärmeenergie aus der Kerzenflamme wird als Bewegungsenergie der Luft auf das Flügelrad übertragen.
- Bei elektrischen Anlagen fließt der elektrische Strom im Kreis und transportiert elektrische Energie von der Quelle (Kraftwerk oder Batterie) zum Gerät (Mixer, Lampe, CD-Player).

Transportiert wurde die Energie also von bewegter Luft, bewegtem Wasser und elektrischen Strom. Sie werden daher als **Energieträger** bezeichnet.

Zentraler Versuch

Ein Supertanker transportiert Erdöl, ein Güterzug Kohle und durch Pipelines fließen Öl oder Gas. In all diesen Stoffen ist Energie gespeichert, die durch die Bewegung des Energiespeichers von einem Ort zu einem anderen transportiert wird. Deshalb werden auch Kohle, Öl und Gas als Energieträger bezeichnet.

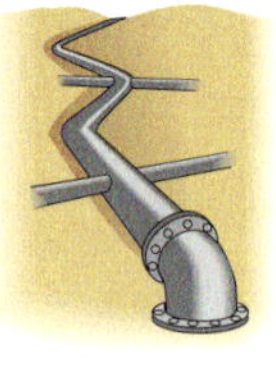

Es gibt also zwei verschiedene Formen des Energietransports:

- Elektrischer Strom, Wind und strömendes Wasser sind immer unterwegs und transportieren Energie. Für alle gilt: Ohne Strömung keine Energie.
- Kohle Öl, Gas. Holz u.Ä. sind eigentlich Energiespeicher, d.h. die Energie ist auch dann noch da, wenn sie sich nicht bewegen.

Die Träger verhalten sich bei Energiewandlungen unterschiedlich:

- Elektrischer Strom, Wind und Wasser durchlaufen die Wandler unverändert und können immer wieder neu mit Energie beladen werden.
- Kohle, Öl, Gas und Holz werden bei der Wandlung (Verbrennung) zu Gas und festen Rückständen, verändern sich also völlig.

Energie braucht immer einen Träger.

Aufgaben

1 Beschreibe den Energietransport in einer Zentralheizung.

2 Findet auch über die Gasleitung ein Energietransport statt? Erkläre.

3 Nenne Energiespeicher im Auto und erläutere deine Überlegungen.

4 Erkläre die Drehung der Weihnachtspyramide. Werden die Kerzen ausgemacht, kann sich die Pyramide doch noch weiterdrehen. Wie kommt das?

5 Schon vor Jahrhunderten gab es Wassermühlen. Diese Mühlen nutzten Energie in derselben Form wie die modernen Windräder (Windgeneratoren). Nenne diese Energieform und erläutere die Unterschiede, die zwischen einem Windrad und einer Wassermühle bestehen.

Energie kommt auf vielen Wegen von der Sonne zu uns

Streifzug

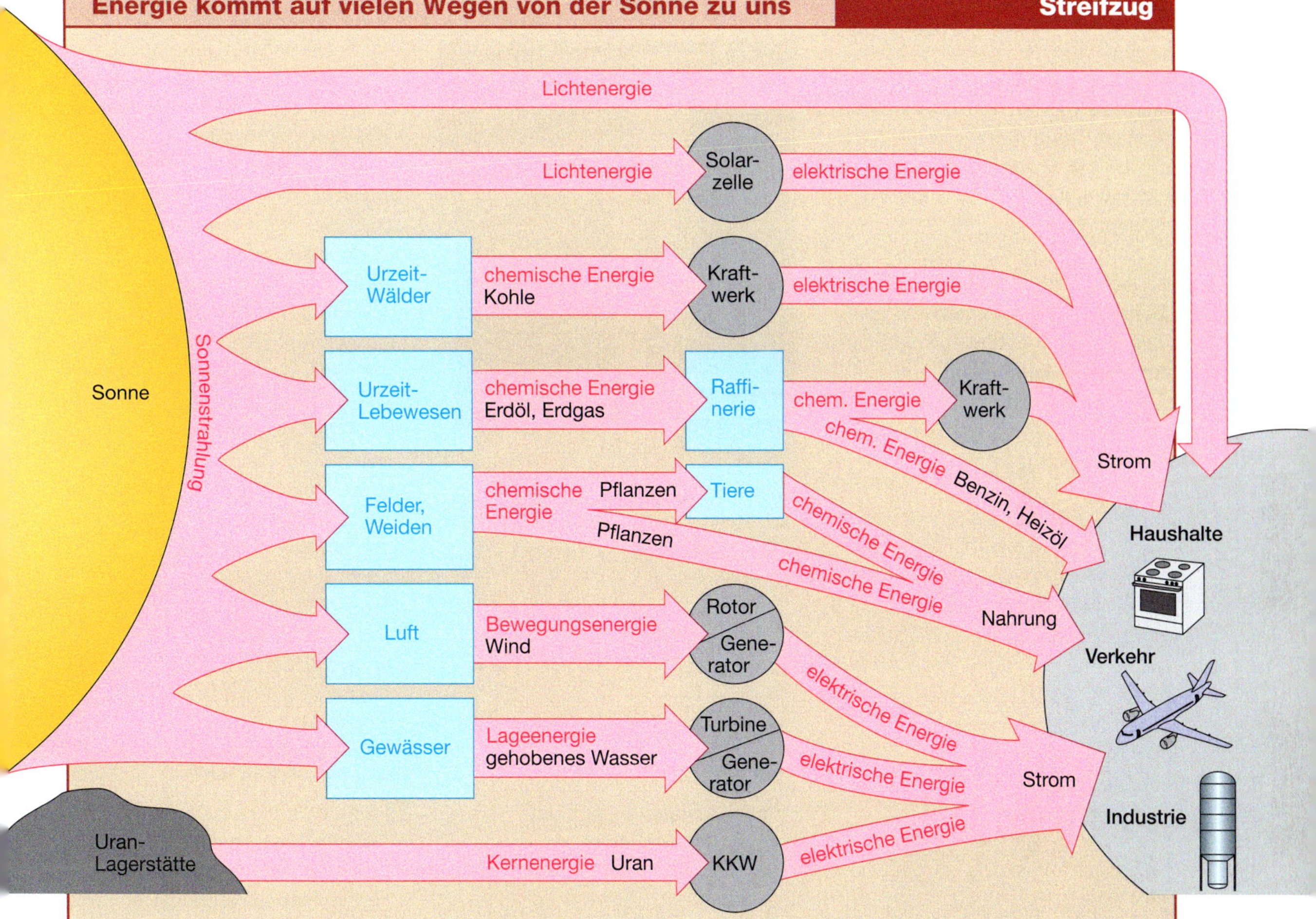

Wie kam die Energie in die Energieträger Kohle, Erdöl, und Erdgas

Sonnenenergie bewirkt, dass Pflanzen wachsen. Vor Millionen von Jahren starben Bäume und Pflanzen ab, vermoderten und wurden überlagert von Erdschichten, Gestein und Geröll. Der Druck auf die Pflanzenschichten wurde mit der Zeit ungeheuer groß – aus ihnen wurde Kohle. Erdöl und Erdgas haben sich aus Kleinstlebewesen, die vor Urzeiten im Meer lebten und abgestorben sind, gebildet.
Im Laufe vieler Millionen Jahre entstand so der Energieschatz der Menschheit. All dies aber wäre nicht möglich gewesen ohne die Sonnenenergie.

Speicherung von Energie

An einem heißen Sommertag liefert die Sonne Energie im Überfluss. Ein halbes Jahr später herrscht bitterkalter Winter und die Wohnung muss geheizt werden. Jetzt könnte die im Sommer überschüssige Energie gut verwendet werden.

Mit Solarzellen kann die Energie des Sonnenlichts in elektrische Energie gewandelt werden. Dieses Verfahren heißt **Fotovoltaik.** Die elektrische Energie lässt sich in Akkus speichern und könnte bei Bedarf abgerufen werden.

Zentraler Versuch

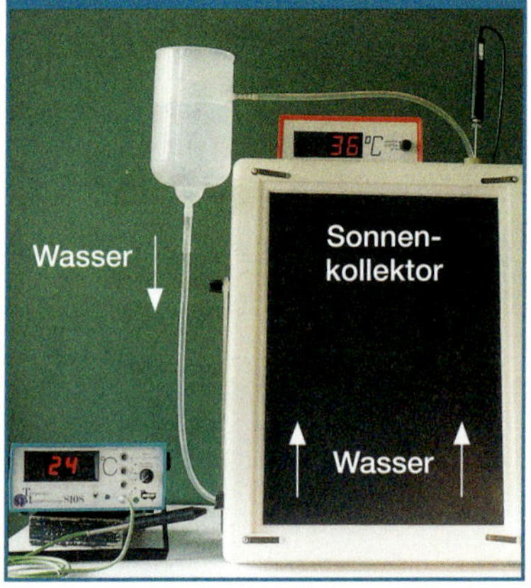

Eine andere Möglichkeit zeigt der Versuch: Hinter einer Glasscheibe ist eine Rohrleitung in Schlangenlinien ausgelegt. Durch die Sonneneinstrahlung wird es hinter der Glasscheibe sehr warm.
Dieser Effekt wird noch dadurch verstärkt, dass sich der Aufbau in einem schwarz gestrichenen Kasten befindet.

Läuft das Wasser langsam genug durch das Rohrsystem, so strömt kaltes Wasser hinein, welches am Ende als warmes Wasser herauskommt.

Die Sonnenenergie wird also direkt zur Erwärmung von Wasser genutzt. Diese Energiewandlung geschieht in **Sonnenkollektoren.** Gespeichert wird das warme Wasser und damit die gewandelte Sonnenenergie in einem Wassertank, der im Keller steht und gut isoliert ist. Das warme Wasser wird dann zum Baden oder Duschen genutzt. Der Nachteil ist, dass die Energie nur für einige Tage gespeichert werden kann.

Sonnenenergie kann in Form von thermischer Energie gespeichert werden.

Energiespeicher

Über einen längeren Zeitraum kann Energie in großem Maße nur gespeichert werden, wenn Wasser in große Höhe gebracht wird. Ein wassergefüllter Stausee ist ein solcher Energiespeicher. Bei Bedarf stürzt das Wasser zu Tal, wo es Turbinen und Generatoren antreibt und elektrische Energie liefert. Falls überschüssige Energie da ist, kann mit ihr Wasser wieder in den Stausee hoch gepumpt werden, damit der Speicher wieder gefüllt ist.

Energie ist in fester- oder flüssiger Form in Holz, Kohle und Kerzenwachs oder in Benzin und Heizöl enthalten. Auf diese Weise ist sie als chemische Energie über sehr lange Zeit speicherbar.

An Gasometerkugeln zeigt sich, dass Energie auch gasförmig gespeichert werden kann. Es gibt auch die Möglichkeit, viel Gas in Stahlflaschen zu pressen. Dann steht es unter so hohem Druck, dass es flüssig wird: *Flüssiggas.*

Energie kann in ganz unterschiedlichen Formen gespeichert werden.

Aufgaben

1. Eine Wärmflasche ist ein Energiespeicher. Begründe.
2. Opa erzählt: „Im Winter habe ich immer einen großen Stein in den heißen Backofen und dann in mein Bett gelegt." Erläutere Opas Verfahren der Energiespeicherung.
3. In einem fahrenden Auto ist Energie gespeichert. Beschreibe, um welche Energie es sich handelt. Erläutere mögliche Wirkungen.

ENERGIESPEICHER

Wasser kann viel Energie speichern

Zur Erwärmung von 1 Liter Wasser um 1 °C sind 4,2 kJ Energie erforderlich.
Dies bedeutet, dass in dem Wasserspeicher einer Sonnenkollektoranlage (200 l, 60 °C) gegenüber dem Leitungswasser von 20 °C eine Energie von 33 600 kJ gespeichert ist. Vollständig gewandelt in elektrische Energie könnte damit eine 100 W-Glühlampe ca. 93 Stunden lang betrieben werden.

Energiegehalt von Brennstoffen

1 kg Brennholz	*14 500 kJ*
1 kg Braunkohle	*19 500 kJ*
1 kg Steinkohle	*29 700 kJ*
1 kg Benzin	*42 500 kJ*
1 kg Flüssiggas	*46 000 kJ*
1 m^3 Stadtgas	*16 000 kJ*

Ein Speicher für Bewegungsenergie

Ein Fahrradreifen, der sich schnell dreht, kann seine Bewegungsenergie über einen Dynamo an eine Lampe abgeben. In der Bewegung des Rades steckt also Energie.
Diese Energie benutzt ein modernes Hybridauto, wenn es abgebremst wird. Statt die Energie einfach an die Bremsen abzugeben, die dabei heiß werden, wird ein Generator zugeschaltet, der die Bewegungsenergie in elektrische Energie wandelt und im Akku speichert.

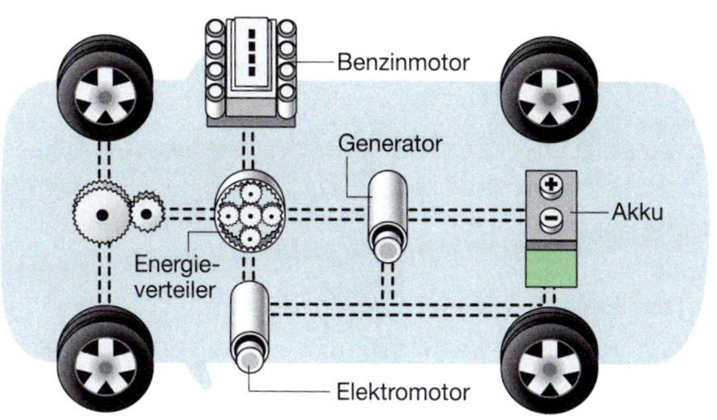

Natürlich braucht auch das Hybridauto einen Motor. Um die gespeicherte Energie nutzen zu können, besitzt es einen Elektromotor. Damit es auch fahren kann, wenn die Batterie leer ist, ist zusätzlich ein normaler Benzinmotor vorhanden. Daher hat das Hybridauto seinen Namen: Hybrid als Vorsilbe bedeutet soviel wie „aus Teilen zusammengesetztes Ganzes". Die Umschaltvorgänge (Generator als Bremse, Antrieb durch Elektromotor, Antrieb durch Benzinmotor) regelt blitzschnell ein Computer. Der Fahrer merkt davon überhaupt nichts. Außer, dass das Auto viel weniger Benzin verbraucht.

Sonnenkollektor

Die Sonne bestrahlt die wassergefüllten Rohre. Dabei wandelt sich Lichtenergie in innere Energie des Wassers. Das heiße Wasser wird zum Speicher gepumpt und der Kollektor bezieht von dort kühles Wasser. Damit wird die innere Energie in den Speicher transportiert.

Wasserspeicher im Keller

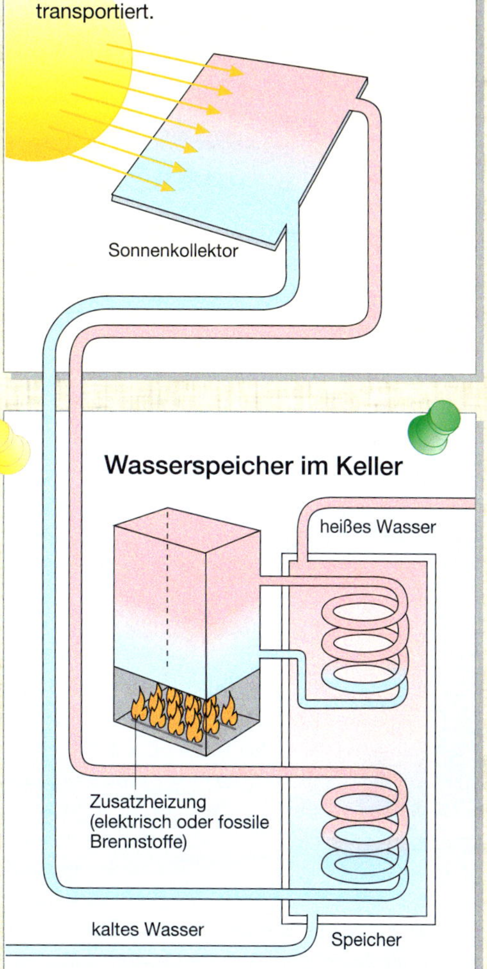

Das heiße Wasser aus dem Sonnenkollektor erwärmt das Wasser im Wasserspeicher im Keller. Somit dient der Wasserspeicher auch als Energiespeicher für die innere Energie des Wassers. Das heiße Wasser kann dann im Haushalt zum Duschen oder Hausarbeiten genutzt werden. Falls die Sonne nicht scheint, kann eine Zusatzheizung dazu benutzt werden, mittels Wandlung elektrische Energie oder die innere Energie einer Flamme dem Wasser zuzuführen.

Energieentwertung

Im Bild rechts leuchtet eine Speziallampe unter Wasser. Wenn sie z. B. zehn Minuten in Betrieb war, wird eine Temperaturerhöhung von 7 °C festgestellt. Dabei wird aber nur ein Teil der zugeführten elektrischen Energie in Lichtenergie gewandelt, ein anderer in Wärmeenergie: Messungen zeigen, dass nur $\frac{1}{10}$ der elektrischen Energie in Lichtenergie gewandelt ist. Der weitaus größere Rest hat die Glühlampe und das Wasser erwärmt.

Zentraler Versuch

Dieser Energieanteil war weder erwünscht noch kann er später genutzt werden, denn diese Energie geht im Laufe der Zeit von selbst aus dem Wasser in die Umgebungsluft über. Mit ihr können keine Vorgänge mehr bewirkt werden. Wenn diese Energie in der Umgebung angekommen ist, nützt sie nichts mehr; sie wird deshalb **entwertet** genannt. Je geringer der entwertete Anteil ist, desto wirkungsvoller ist der Energiewandler und folglich auch nützlicher.

In einem Energieflussschema können die Energieanteile wieder durch die Pfeildicken dargestellt werden.

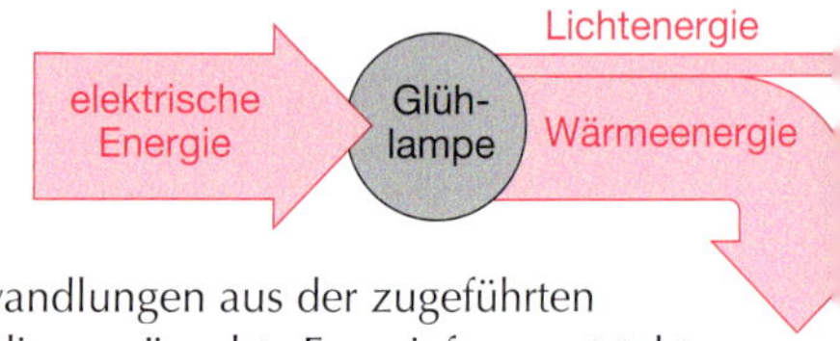

Dass bei Energiewandlungen aus der zugeführten Energie nicht nur die gewünschte Energieform entsteht, sondern immer auchWärmeenergie, ist ein allgemeines physikalisches Prinzip.

Bei fast allen Energiewandlungen entsteht zwangsläufig auch nicht erwünschte Energie. Wenn diese in die Umgebung abfließt und nicht weiter genutzt werden kann, ist sie entwertet.

* Nicht immer ist Wärmeenergie entwertete Energie!

Nicht immer ist Wärmeenergie entwertete Energie, wie das Beispiel Kartoffelkochen zeigt:

Nur ein sehr geringer Teil der Wärmeenergie, die die heiße Herdplatte abgibt, steckt nach dem Garen noch in den Kartoffeln. Aber ohne diese Wärmeenergie würden die Kartoffeln nicht gar!

Im Alltag gibt es weitere Prozesse, die ohne Wärmeenergie nicht ablaufen können:

- Das Hufeisen muss an den Pferdehuf genau so gut angepasst werden wie ein Schuh an einen Menschenfuß. Damit dies möglich ist, wird es vom Hufschmied erhitzt, bis es formbar ist.
- Nasse Haare werden mithilfe der Wärmeenergie getrocknet, die ein Föhn mit einem warmen Luftstrom zur Verfügung stellt.
- Die Heizung erwärmt zwar die Zimmerluft, von dieser geht die thermische Energie aber als Abwärme aus dem Haus.

Bei diesen Beispielen dient die Wärmeenergie dazu, dass überhaupt etwas geschieht. Sie ist also notwendig, damit der gewünschte Prozess abläuft und heißt deshalb **Prozesswärme.**
Im Endprodukt ist diese Energie allerdings nicht mehr vorhanden, sondern wird als Wärmeenergie an die Umgebung abgegeben. Letztlich ist sie dann wieder entwertet. Wärmeenergie in dieser Form wird auch als **Abwärme** bezeichnet.

Da diese Abgabe von Wärmeenergie nicht verhindert werden kann, wird immer wieder nach neuen Wegen gesucht, so wenig wie möglich unerwünschte Energie zu erhalten, bzw. diese Energie so effektiv wie möglich zu nutzen bevor sie in die Umgebung abgegeben wird. Der heiße Abdampf beim Kartoffelkochen kann zum Beispiel zum Dünsten von Gemüse genutzt werden.

Wärmeenergie, die zum Ablauf eines Vorgangs erforderlich ist, heißt Prozesswärme.
Wärmeenergie, die bei einem Vorgang nur an die Umgebung abgegeben wird, heißt Abwärme.

Energie geht nicht verloren

Energie geht nicht verloren, sondern ändert nur ihre Form. Das heißt, Energie nimmt bei Wandlungsprozessen die unterschiedlichsten Formen an. Oft geschieht das durch Wandlung in Wärmeenergie, die in die Umgebung abgegeben wird. Dadurch erhöht sich die thermische Energie der Umgebung. Die Energie ist also nicht verschwunden, sondern sie ist immer noch vorhanden. Allerdings ist sie entwertete Energie, denn sie ist nicht mehr zu gebrauchen. Dass Energie nicht verloren gehen kann, sondern nur in andere Energieformen gewandelt wird, wird als **Prinzip von der Erhaltung der Energie** bezeichnet.
Im Diagramm wird dieses Prinzip dadurch deutlich, dass die Summe aller Pfeildicken immer gleich bleibt.

Energie geht nicht verloren, sie ändert nur ihre Form.

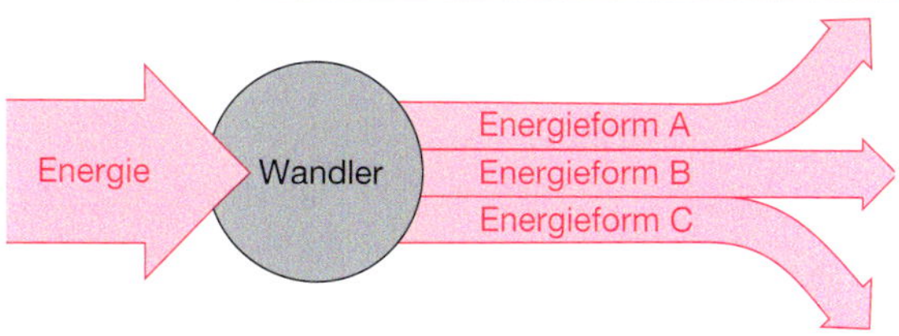

Ein hüpfender Ball, der immer kleinere Höhen erreicht und allmählich zur Ruhe kommt, oder eine Schaukel, bei der Ähnliches passiert, scheinen diesem Prinzip zu widersprechen. Es ist doch offenkundig, dass die Bewegungsenergie weniger wird, aber von Wärmeenergie ist weit und breit nichts zu spüren. Aber auch hier wird Energie nicht verbraucht, sondern nur gewandelt und das letztlich in Wärmeenergie. Die beteiligten Wärmeenergieportionen sind allerdings so gering, dass sie nur mit extrem empfindlichen Messmethoden (Wärmebildkamera) nachgewiesen werden können.

Aufgaben

1 Das Foto rechts wurde bei einem Bremsscheibentest gemacht. Erläutere den Versuchsablauf und zeichne ein Energieflussschema.

2 So ein Pech! Erst ist im zweiten Bild die Glühlampe kaputt gegangen und nun verbrennt sich der Junge beim Auswechseln auch noch die Finger! Erkläre, was er nicht bedacht hat, und beschreibe ein sinnvolleres Vorgehen.

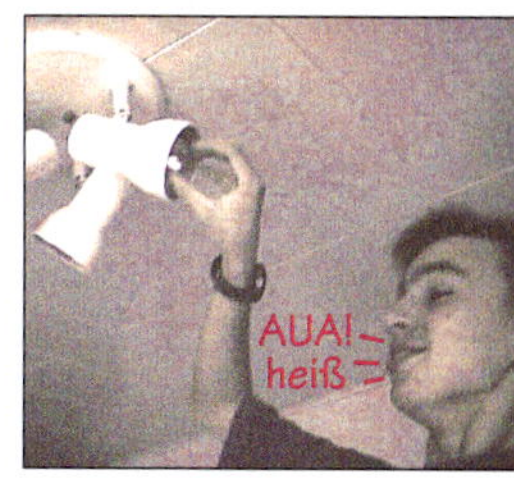

3 Erkläre was passiert, wenn eine Person nach dem Hinaufklettern an einem Seil zu schnell hinunterrutscht.

4 Im unteren Foto ist etwas gründlich schief gegangen. Erkläre, was mit dem Bohrer geschehen ist.

5 Erkläre, was an „Energieverbrauch" physikalisch falsch ist. Was soll damit in der Umgangssprache ausgedrückt werden?

Energieentwertung — Versuche und Aufträge

V1 Bringe dein Fahrrad aus zügiger Fahrt mit der Hinterrad-Bremse zum Stehen. Berühre danach sofort Felge und Bremsbeläge. Beschreibe und erkläre.

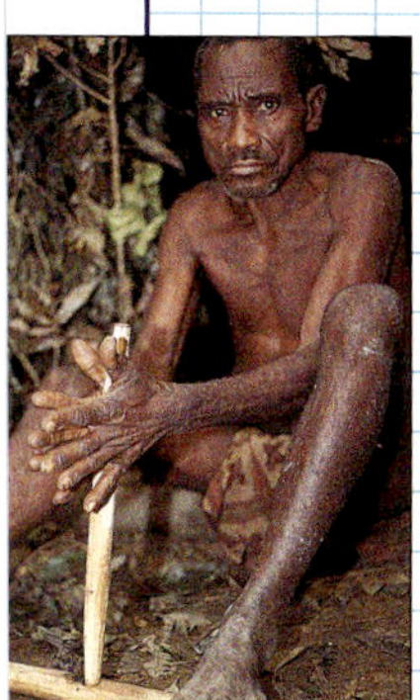

V2 Wie wird Feuer ohne Streichhölzer, Feuerzeug o. Ä. entzündet?
a) Nimm die Abbildung als Anregung und versuche es selbst.
b) Woran könnte es liegen, wenn das Feuermachen nicht gelingt?

V3 Fülle einen Schuhkarton mit kleingeschnittenem Gras. Presse das Gras fest zusammen und verschließe den Karton. Stecke durch den Deckel ein Thermometer und stelle den Karton an einen schattigen Platz.
a) Beobachte über mehrere Tage die Temperatur. Notiere die Temperatur möglichst alle paar Stunden.
b) Beschreibe und erkläre den Temperaturverlauf.

A4 a) Beobachte den Vorgang des Eierkochens genau.
b) Beschreibe und erkläre ihn aus der Sicht der Physik.

V5 a) Drehe das Thermometer gleichmäßig um seine Achse und notiere alle 10, 20 usw. Umdrehungen die Temperatur.
Vorsicht: Bruchgefahr!
b) Erkläre deine Beobachtung.

Streifzug | **Was Strahlung bewirken kann**

Sonnenlicht kann Körper verändern

Sonnenlicht kann beim Auftreffen auf Körper die unterschiedlichsten Wirkungen erzielen. Während einige dieser Wirkungen nur vorübergehend sind (Erwärmung), können aber auch Wirkungen auftreten, die den Körper auf Dauer verändern.

Am deutlichsten wird dies beim Schmelzen von Eis: Hier verändert sich nicht nur der Körper in seiner Form, sondern auch der Zustand des Stoffes, aus dem der Körper besteht.

Sonnenlicht kann Oberflächen ausbleichen. Dadurch verblassen zum Beispiel die Farben von Bildern, die an der Wand aufgehängt sind. Je stärker diese Bilder dem Sonnenlicht ausgesetzt sind, desto nachteiliger wirkt sich das auf die Farben aus. Das kann so weit gehen, dass nach einiger Zeit auf dem ausgebleichten Bild nichts mehr zu erkennen ist. Ein einfacher Versuch mit einer Zeitungsseite beweist dies eindrucksvoll. Der Gegenstand hat nur wenige Stunden auf der Seite gelegen, die dem prallen Sonnenlicht ausgesetzt war.

Sonnenlicht kann Wasser erwärmen

Das Kollektorprinzip steht inzwischen für die unterschiedlichsten Anwendungen zur Verfügung. In Form einer Solarmatte reicht die aufgenommene thermische Energie aus, um das Wasser in einem kleinen Swimmingpool auf angenehme Badetemperaturen zu bringen.

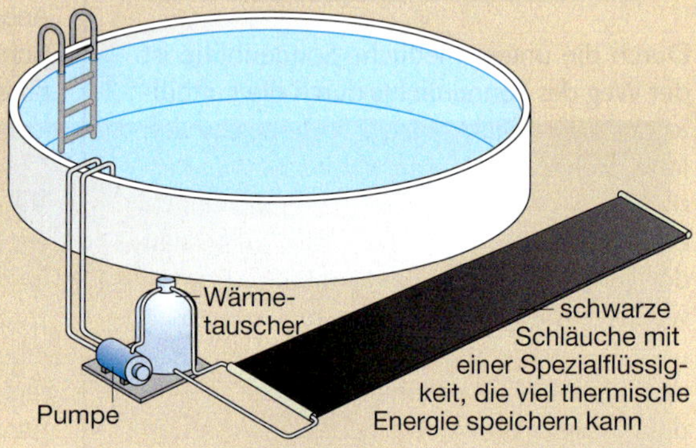

Warmwasserspeicher

Da das erwärmte Wasser nicht immer sofort genutzt werden kann, muss es gespeichert werden. Dies geschieht mit einem Wassertank, der meistens im Keller steht und gut isoliert ist. Der Nachteil ist, dass die thermische Energie im Wassertank trotz ausgezeichneter Isolierung nicht auf Dauer bleibt. Wärmespeicher werden inzwischen immer ausgereifter und nutzen die eingebrachte Wärmeenergie weitgehend optimal aus.

Beim Prinzip des Schichtspeichers wird das kalte Wasser immer von unten zugeführt. Das heiße Wasser, das zum Beispiel von einem Sonnenkollektor kommen kann, wird oben eingelassen. Durch geeignet angebrachte Zu- und Ableitungen wird dafür gesorgt, dass für jeden Zweck das optimal temperierte Wasser zur Verfügung steht.

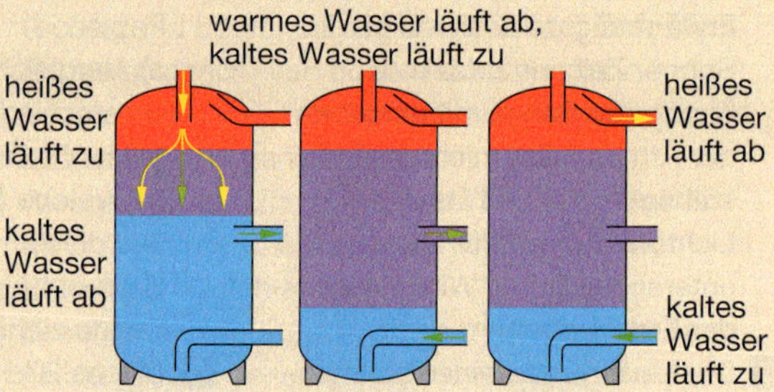

Aus Strahlung wird elektrische Energie

Mittlerweile sind Materialien entwickelt worden, die bei Bestrahlung mit Sonnenlicht bewirken, dass ein elektrischer Strom fließt.

Wird eine **Solarzelle** abgedunkelt, bleibt der Motor stehen; nach erneuter Beleuchtung der Zelle läuft er wieder an. Wird die Lampe näher an die Solarzelle gebracht, läuft der Motor schneller.
Die Lichtenergie wird also von der Solarzelle in elektrische Energie gewandelt. Dieser Effekt wird genutzt in den Fotochips von Digitalkameras und Camcordern, früher in Belichtungsmessern, die zum Filmen oder Fotografieren gebraucht wurden.

Es gibt mittlerweile die Möglichkeit, durch Zusammenschalten vieler Solarzellen so viel Strom zu „erzeugen", dass dieser zur Versorgung von Haushalten genutzt werden kann oder wie im Bild unten für ein „Solarboot".

Niedrig-Energie-Haus

Ein Niedrig-Energie-Haus besitzt nicht nur eine kompakte Bauform und eine hochwertige Wärmedämmung, sondern auch eine Wärmerückgewinnung. Sie entzieht der Raumluft Wärmeenergie, bevor die Luft das Haus verlässt.

Jedes Niedrig-Energie-Haus hat Sonnenkollektoren auf dem Dach. Aber die Sonnenenergie wird noch geschickter genutzt: Wie in Wintergärten oder Gewächshäusern sind die Gebäudefassaden, die nach Süden gerichtet sind, hauptsächlich aus Glas, um möglichst viel Sonnenenergie hereinzulassen. (Jalousien schützen im Sommer vor zu starker Sonneneinstrahlung.) Die Gebäudefronten, die nach Norden zeigen, haben dagegen keine oder nur sehr kleine Fenster und dick isolierte Wände. Auch die Zimmeraufteilung eines Niedrig-Energie-Hauses (Wohnzimmer nach Süden, Vorratsräume nach Norden) spielt eine wichtige Rolle beim Energieeinsparen.
Zurzeit werden **Null-Energie-Häuser** entwickelt. Durch eine extrem gute Dämmung sollen ohne Energie in Form von Brennstoffen sondern allein mit Sonnenenergie auskommen. Es hat auch schon Versuche mit einem drehbaren Haus gegeben, dass dem Sonnenstand nachgeführt werden kann. Ein solches Haus gibt es seit 1958 in der Nähe von Brüssel.

Grundwissen – Temperatur und Energie

ENERGIE

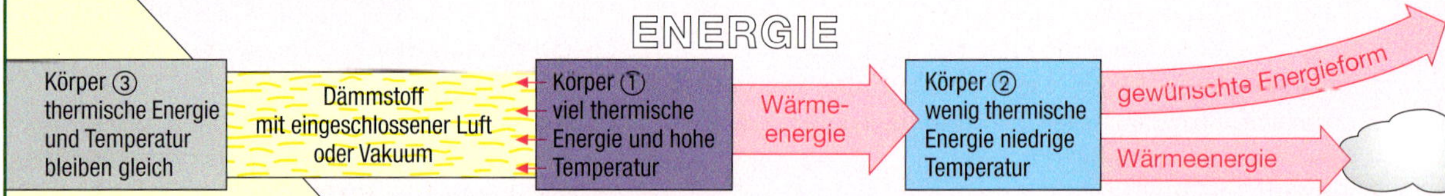

* **Wärmedämmung:** Manche Stoffe hemmen die Ausbreitung von Wärmeenergie.

Wärmeenergie geht von selbst nur von warm → kalt über. Sie braucht immer einen Träger.

Energie kann gespeichert werden als thermische oder chemische Energie.

Einheit der Energie:
1 J (Joule)
1 kJ = 1000 J

Bei fast allen Energiewandlungen entsteht immer auch Wärmeenergie, die nicht weiter genutzt werden kann: **entwertete Energie.** Aber Energie geht nie verloren, sie ändert nur ihre Form. **(Prinzip von der Erhaltung der Energie)**

Durch den Umlauf der Erde um die Sonne entstehen die **Jahreszeiten**, durch die Drehung der Erde um sich selbst **Tag** und **Nacht**.

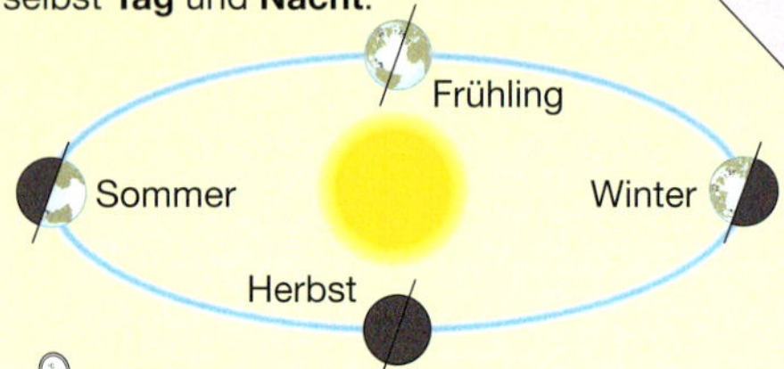

Temperatur und Energie

SYSTEM

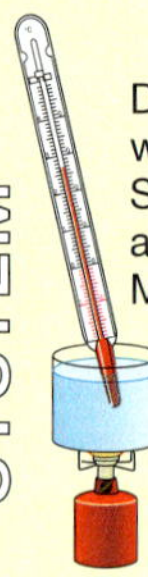

Die Temperatur gibt an, wie heiß oder kalt ein Körper ist. Sie wird in Grad Celsius (°C) angegeben. Messgeräte sind Thermometer.

Flüssigkeits- und Bimetallthermometer beruhen auf

Thermische Ausdehnung

Flüssigkeiten dehnen sich bei Temperaturerhöhung stärker aus als Festkörper. Die Ausdehnung hängt bei beiden vom jeweiligen Stoff ab.
Luft dehnt sich bei gleicher Temperaturerhöhung viel stärker aus als Flüssigkeiten.

WECHSELWIRKUNG

Energie-übertragung

Leitung
Dabei strömt nur Energie, kein Stoff.

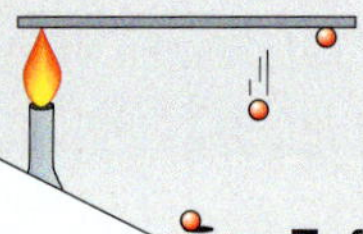

Mitführung
Energie wird von strömenden Flüssigkeiten oder Gasen mitgenommen

Strahlung
Dabei strömt Energie ohne einen übertragenden Körper.

Zufuhr oder Abgabe von Wärmeenergie

Zustandsänderungen

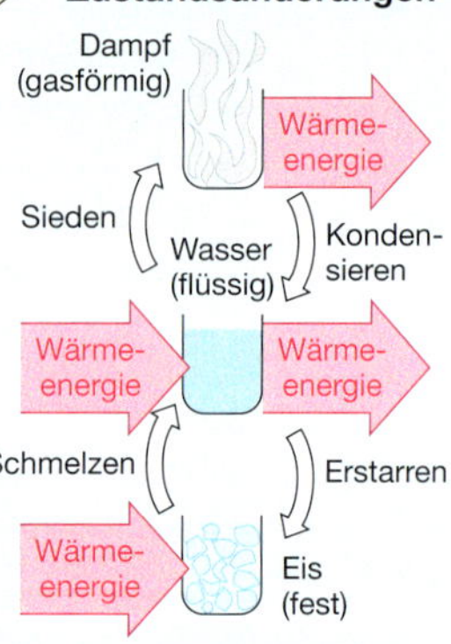

Temperaturänderung
Durch die Zufuhr von 4,2 kJ Energie steigt die Temperatur von 1 kg Wasser um 1 °C.

Zustandsformen

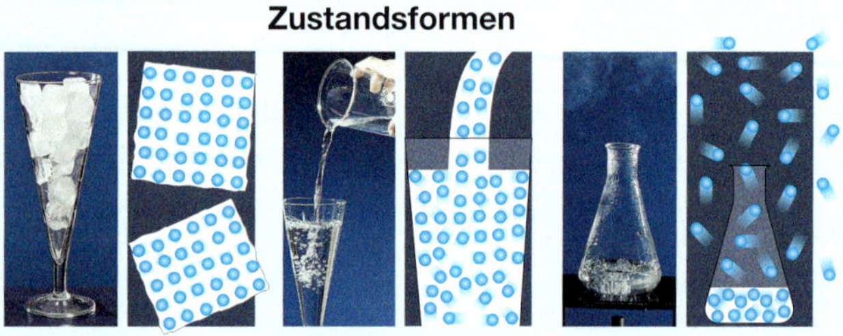

Festkörper:
Die Teilchen liegen dicht an dicht und halten sich gegenseitig auf ihren Plätzen fest; sie können nur ein wenig hin und her zittern.

Flüssigkeit:
Die Teilchen hängen nur locker aneinander und können ihre Plätze tauschen; sie liegen so dicht beieinander wie im Festkörper.

Luft/Gase:
Die Teilchen sind nicht miteinander verbunden, sondern völlig frei beweglich.

MATERIE

Grundbegriffe

- *Thermometer* — S. 56
- *Temperatur* — S. 56
- *Thermische Ausdehnung* — S. 60, 63
- *Celsius-Skala* — S. 61
- *Teilchenmodell* — S. 69
- *Zustandsformen* — S. 68/69, 70/71
- *Wärmenergie* — S. 72
- *Energieformen* — S. 74/75
- *Energieübergänge (Leitung, Mitführung, Strahlung)* — S. 76/77
- *Dämmung* — S. 80/81
- *Energietransport* — S. 84
- *Energiespeicherung* — S. 86
- *Energieentwertung* — S. 88/89
- *Energieerhaltung* — S. 89
- *Sonne, Jahreszeiten* — S. 90/91

A1 **a)** Fertige mit den Grundbegriffen Karteikarten an. Notiere den Begriff auf der Vorderseite und erläutere ihn auf der Rückseite. Anstelle der Dateikarten kannst du auch eine Datenbank anlegen.
b) Erstelle eine Mindmap für das ganze Kapitel. Die Grundbegriffe auf der Seite links helfen dir dabei.

A2 **a)** Beim Bau von Häusern kannst du beobachten, dass der Beton für die Zwischendecken in ein Stahlnetz gegossen wird. Erkläre, warum für dieses Netz nicht Aluminium oder Kupfer verwendet werden kann.
b) Für die Fenster werden meistens Aluminiumrahmen verwendet, in die Glasscheiben so eingepasst werden könnten, dass sie ganz dicht sitzen. In der Realität werden aber auch in Alu-Rahmen die Glasscheiben mit Gummidichtungen eingesetzt. Erläutere, warum das erforderlich ist.

A3 Im Kindergarten sind Luftballons um die Wette aufgeblasen worden. Die Siegerin nimmt ihren prall gefüllten Ballon voller Stolz mit nach Hause, um ihn der Familie zu zeigen. Als sie zu Hause ankommt, wird sie vom kleinen Bruder ausgelacht, weil der Ballon schlaff herunterhängt. Die Mutter tröstet sie und sagt: „Wir legen den Ballon erst mal in dein Zimmer und nach dem Essen zeigst du den Ballon noch einmal – dann vergeht deinem Bruder das Lachen.“
a) Erkläre physikalisch, warum die Mutter Recht hat.
b) Zu welcher Jahreszeit hat die Geschichte wohl stattgefunden? Begründe deine Antwort.

A4 Stoffe können in den Zustandsformen fest, flüssig und gasförmig vorkommen.
a) Benenne Gemeinsamkeiten und Unterschiede eines Körpers in seinen verschiedenen Zustandsformen.
b) Skizziere den Aufbau der Stoffe in den jeweiligen Zustandsformen.
c) Benenne die Übergänge von einer Zustandsform in die andere und erkläre sie mit dem Teilchenmodell.

A5 Die kleine Mauer am Rand des Schulhofs lädt geradezu zum Sitzen ein. Obwohl die Oberfläche glatt und meistens sauber ist, möchte die Schülervertretung auf der ganzen Länge der Mauer Holzbohlen anbringen lassen. Das Geld dafür wurde bei einem Schulfest eingenommen.
Schreibe einen Antrag an die SV-Versammlung und begründe darin diese Maßnahme.

A6 Elke und Heinz werden Zeugen eines Verkehrsunfalls. Sie leisten sofort „Erste Hilfe“ und werden von den Rettungssanitätern für ihren Einsatz sehr gelobt. Kritikpunkt des Einsatzleiters: „Ihr habt etwas vergessen, was euch im Winter sicher nicht passiert wäre.“

a) Nenne und begründe, was der Einsatzleiter gemeint haben könnte und warum er die Jahreszeit erwähnt hat.
b) Ein Mensch wurde gerade noch vor dem Ertrinken gerettet. Welche Maßnahme ist für den Geretteten und die Retter jetzt besonders wichtig? Begründe physikalisch.

A7 Im Automotor entsteht zwangsläufig sehr viel unerwünschte Wärmeenergie. Damit der Motor nicht zu heiß und dadurch zerstört wird, muss diese überschüssige Energie abtransportiert werden. Die Abbildung zeigt, wie dieses Problem gelöst wird.

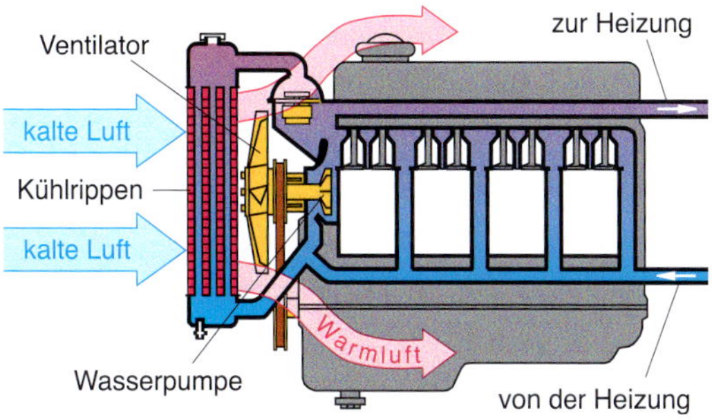

a) Beschreibe, wie die Kühlung funktioniert.
b) Zähle die Arten von Wärmetransport auf, die hier eine Rolle spielen.

A8 Ein Projekt zum Energiesparen soll an deiner Schule durchgeführt werden.
a) Stelle einen Maßnahmenkatalog auf. Die Maßnahmen sollten ohne größeren Aufwand durchführbar sein.
b) Begründe die Maßnahmen so, dass deine Mitschüler und -schülerinnen überzeugt sind und mitziehen.
c) Überlege, wie der Erfolg eurer Maßnahmen überprüft werden kann. Schreibe eine Checkliste und denke über Bewertungsmöglichkeiten nach.

Licht und Schall – Optik und Akustik

Ein Besuch auf dem Volksfest ist besonders bei Dunkelheit ein tolles Erlebnis. Denn mit Auge und Ohr nehmen wir Licht und Töne viel intensiver wahr als am Tage.

Warum werden manche Gegenstände besser als andere Gegenstände gesehen? Auf welche Weise kommt das Licht in unser Auge? Wie entsteht ein Geräusch? Wie kann das Ohr verschiedene Geräusche unterscheiden? Gibt es Gemeinsamkeiten zwischen dem Hören und dem Sehen? Helfen uns Erkenntnisse über das Sehen und das Hören in Alltagssituationen?

■ **Pantomime:** Durch den geschickten Einsatz von Licht und der passenden Kleidung schafft es der Pantomime, dass von ihm nur das Gesicht und die Hände sichtbar sind.

■ **Laser-Show:** Vor dem Beginn der Laser-Show wurde in der Diskothek künstlicher Nebel verteilt. Erst dadurch werden die Lichtbündel der Laser für die Zuschauer sichtbar.

■ **Sicherheitskleidung:** Für die sichere Teilnahme am Straßenverkehr ist die richtige Kleidung wichtig. Auf dem Foto ist das nur bei einem Kind der Fall!

■ **Musikinstrumente:** Das Xylophon ist ein Musikinstrument, bei dem mit einem Klöppel auf verschieden lange Holz- oder Metallstäbe geschlagen wird. Je nach Länge der Stäbe erklingen unterschiedliche Töne. Wie entstehen Töne bei anderen Instrumenten? Können Töne auch sichtbar gemacht werden?

■ **Lärm und Lärmschutz:** Sehr lauter Schall kann nicht nur lästiger Lärm, sondern auch eine Gefahr für die Ohren sein – deshalb müssen Bauarbeiter einen Gehörschutz tragen. Aber wie laut ist es in der Disco oder unter einem Kopfhörer?

Vorbereitung

1 Lies die Texte dieser beiden Seiten durch und betrachte die zugehörigen Bilder. Schreibe zu den einzelnen Themen Fragen auf, die du dazu hast.

2 Blättere das folgende Kapitel durch, lies die Überschriften und betrachte die Bilder. Notiere neben den Fragen aus **1** die Seitenzahlen, die deiner Meinung nach Antworten zu deinen Fragen liefern könnten.

3 Überlege und schreibe auf, was du in Experimenten untersuchen möchtest. Vielleicht hast du ja schon Ideen, wie die Versuche aussehen könnten.

Projekt — Zeitmessung durch Sonne und Mond

Lange vor der Zeitmessung mit heutigen, modernen Uhren haben Menschen die Zeit nach dem Stand der Sonne bestimmt oder nach den Mondphasen. Im Laufe der Zeit wurden so eine Vielzahl von verschiedenen Sonnenuhren entwickelt. Heute haben Sonnenuhren den Stellenwert eines Schmuckstücks an einem Haus oder in einem Park.

P1 Steckt einen Stab senkrecht in den Boden und markiert an mehreren Tagen hintereinander zur gleichen Tageszeit Lage und Länge des Stabschattens. Beurteilt aufgrund eurer Messungen die Genauigkeit dieser Sonnenuhr. Erkundet, weshalb der Stab von Sonnenuhren bei uns immer geneigt ist.

P2 Es gibt mehrere Arten von **Sonnenuhren**. Informiert euch über die verschiedenen Arten.

P3 Entscheidet, welche Art von Sonnenuhr verhältnismäßig einfach nachgebaut werden kann und nicht zu groß ist. Erstellt anschließend eine Materialliste und einen Bauplan. Baut eine eigene Sonnenuhr und probiert sie aus, indem ihr die Genauigkeit mit einer modernen Uhr vergleicht.

P4 Entwickelt eine Planung für eine Sonnenuhr auf dem Pausenhof eurer Schule.

P5 Erstellt ein Plakat zur geschichtlichen Entwicklung der **Zeitmessung** mithilfe des Mondes. Erläutert, welche Völker den Mond als Zeitmesser benutzt haben und welche besonderen Tage in unserem heutigen Kalender sich noch nach dem Mond richten.

Projekt — Verkehrssicherheit

Neben der eigentlichen Fahrradbeleuchtung gibt es reflektierende Kleidung und Reflektoren am Fahrrad, welche die Verkehrssicherheit im Straßenverkehr erhöhen. So geschehen weniger Unfälle, weil ihr von anderen Verkehrsteilnehmern besser gesehen werdet. Zur Verkehrssicherheit trägt ebenso eine funktionierende Fahrradklingel bei. Sie dient dazu, andere Verkehrsteilnehmer auf sich aufmerksam machen zu können. Genauso wichtig ist es aber, auch Geräusche und Warnsignale anderer Verkehrsteilnehmer wahrnehmen zu können.

P1 Untersucht mit einer Taschenlampe, wie gut unterschiedlichen Materialien **Licht reflektieren**.

P2 Untersucht, wie gut eure Oberbekleidung Licht reflektiert. Beurteilt so die **Verkehrssicherheit** eurer Kleidung.

P3 Erstellt einen Kurzvortrag zu **Gesetzen** für die Verkehrssicherheit eines Fahrrades, die mit **Reflektoren** zu tun haben.

P4 Schraubt alle Reflektoren an einem Fahrrad ab und vergleicht die Verkehrssicherheit eines Fahrrades mit und ohne Reflektoren.

P5 Untersucht, wie sich die Wahrnehmung von Geräuschen verändert, wenn die Ohren sich nicht auf das Verkehrsgeschehen konzentrieren können.

P6 Die Klingel am Fahrrad soll weit und hell zu hören sein. Testet, wie weit eine Klingel gut zu hören ist. Lässt sie sich auch „um die Ecke“ hören? Vergleiche die Reichweite der Klingel, wenn der direkte Weg zu deinem Ohr durch Gebäude versperrt ist.

P7 Erstellt einen Vortrag/ein Plakat zur Verkehrssicherheit, auf dem ihr eure Ergebnisse zusammenfasst.

Physiker machen Musik

Projekt

Es gibt eine große Vielzahl an unterschiedlichen Musikinstrumenten. Jeder Kulturkreis, jede Zeitepoche hat eigene hervorgebracht, die ihre Besonderheiten aufweisen. Sie werden geblasen, gezupft, geschlagen oder gestrichen, sie sind leise oder ohrenbetäubend, sie sind aus einfachen Mitteln oder mit teuren Materialien und hohem technischen Aufwand gebaut.

P1 Notiert alle **Instrumente**, die euch einfallen, in euer Protokollheft. Sortiert sie dann nach geeigneten Gruppen. Nennt die Kriterien, nach denen ihr sie eingeteilt habt.

P2 Einfache Instrumente lassen sich leicht selbst bauen – Beispiele findet ihr auf den Fotos. Überlegt euch, welches Orchester ihr gründen wollt. Soll es Blasmusik werden oder lieber ein Streichorchester? Oder ist doch die Big Band die erste Wahl? Auch alternative Musikformen haben hier ihre große Chance. Überlegt euch deshalb, wer welches Instrument bauen will, und haltet es in eurem Protokoll fest.

P3 Recherchiert in der Literatur und im Internet nach **Bauplänen für Instrumente**. Besprecht diese dann untereinander und entscheidet, wie ihr eure Instrumente am besten baut.
Schreibt ebenfalls nieder, wer die benötigten Materialien zum nächsten Treffen mitbringen kann, damit es keinen Streit gibt.

P4 Baut eure Instrumente nach euren Anleitungen und testet ihre Funktion. Achtet auf eine gute „Alltagstauglichkeit", damit sie euch das ganze Konzert über begleiten.

P5 An den selbst zu bauenden Instrumenten gibt es eine Menge zu untersuchen. Zunächst ist zu klären, wie die **Töne** oder **Geräusche** eurer Instrumente erzeugt werden. Fertigt dazu kleine Skizzen an und schreibt eure Beobachtungen und Vermutungen möglichst ausführlich nieder.

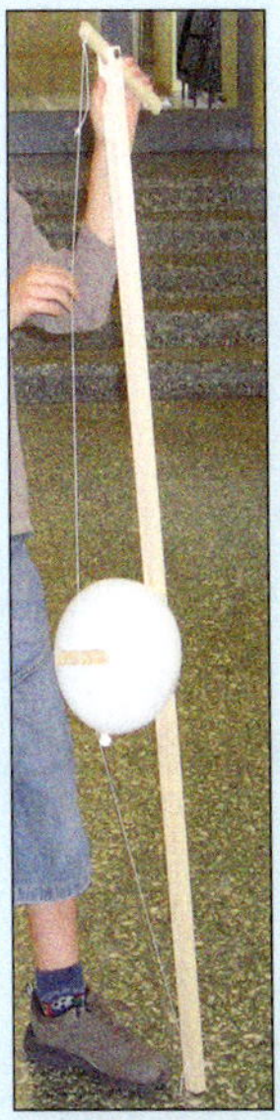

P6 Besprecht in der Gruppe, wie sich die Töne oder Geräusche der einzelnen Instrumente beeinflussen lassen. Klärt, ob und wie sich die **Tonhöhe** und die **Lautstärke** verändern lassen.
Verbessert dann eure Instrumente und haltet die Umbauten im Protokoll fest.

P7 Vergleicht die Töne eures Instruments z.B. mit denen eines Klaviers oder einer Gitarre. Wie viele unterschiedliche Töne könnt ihr erzeugen? Wie lückenlos reihen sich die Töne eures Instruments aneinander? Könnt ihr vielleicht sogar eure Töne in einer **Notation (Notenschrift)** angeben?

P8 Recherchiert nach weiteren Methoden, wie ihr die Töne eures Instruments charakterisieren könnt. Sucht nach Möglichkeiten, die gefundenen Methoden auf eure Instrumente anzuwenden. Fragt bei benötigten Geräten in der Physiksammlung eurer Lehrer nach.

P9 Setzt euch zusammen und überlegt euch ein musikalisches Thema für die ganze Gruppe. Bildet Untergruppen mit ähnlichen Instrumenten und stimmt eure Instrumente aufeinander in Tonlage und Lautstärke ab. Versucht das vorgenommene Thema in eurer Gruppe umzusetzen, probiert Variationen aus, baut Wiederholungen ein. Übt fleißig miteinander und gebt dann ein großes Konzert.

Licht und Sehen

Licht ist wichtig! Kapitäne hielten früher auf See Ausschau nach den Leuchtfeuern der Leuchttürme. Mit der Helligkeit von einigen tausend Kerzen waren sie nachts so weit zu sehen, dass die Schiffe sicher entlang der Küsten gesteuert werden konnten. Wie kommt es dazu, dass ein Gegenstand gesehen werden kann?

Lichtquellen und Sehvorgang

Das Kind sieht nur etwas, weil die linke Glühlampe als **Lichtquelle** Licht erzeugt und aussendet. Ein Teil davon gelangt direkt in sein Auge. Deshalb sieht es die Lichtquelle.
Doch auch die rechte Glühlampe ist zu sehen, obwohl sie selbst kein Licht erzeugt. Sie wird von der linken Lampe **beleuchtet** und wirft das Licht in alle Richtungen zurück. Ein Teil hiervon gelangt ebenfalls in das Auge des Kindes.

Das Auge ist ein **Lichtempfänger.** Es nimmt Licht auf und wandelt es in elektrische Impulse um, die von den Nerven an das Gehirn weitergeleitet werden. Dort erst entsteht der Seheindruck *Lampe*.

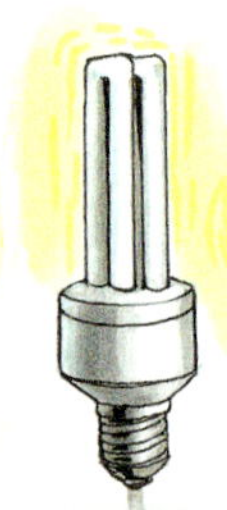

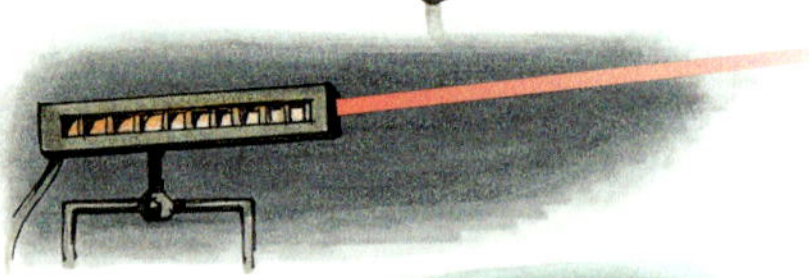

- Unter den vielfältigen *natürlichen Lichtquellen* ist für uns die Sonne die wichtigste. Wie alle anderen Sterne ist sie heiß. Das Glühwürmchen dagegen bleibt bei der Lichterzeugung kalt. Auch manche Tiefseefische und tropische Pilze können kaltes Licht erzeugen.
  Zu den gefährlichen natürlichen Lichtquellen zählen der Blitz und das Feuer.

- Die Erfindung des Dochtes war ein wichtiger Schritt, um *künstliche Lichtquellen* zu erschaffen. Heutzutage haben die elektrischen Lichtquellen die größte Bedeutung. Weitverbreitet ist immer noch die vor etwa 150 Jahren erfundene Glühlampe, die aber zunehmend durch Leuchtstoffröhren und Energiesparlampen ersetzt wird.
  Laser als neuartige Lichtquellen werden für besondere Zwecke in Technik und Alltag bereits vielfach eingesetzt.

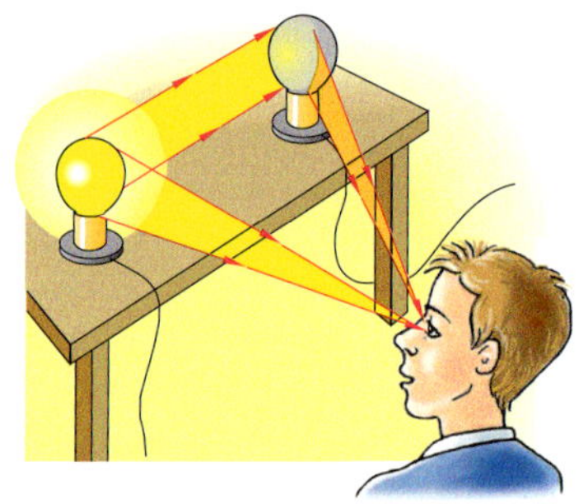

Wir sehen einen Gegenstand, wenn Licht von ihm in unser Auge fällt.
Wir unterscheiden bei Körpern, die Licht aussenden:
- Lichtquellen, die Licht selbst erzeugen;
- beleuchtete Körper, die auftreffendes Licht nur zurückwerfen.

Aufgaben

1 **a)** Nenne weitere Lichtquellen und beleuchtete Körper. Unterscheide dabei zwischen kalten und heißen Lichtquellen.
b) Zu welcher Gruppe gehören der Fernsehschirm, der Mond, eine Sternschnuppe?

2 **a)** Beschreibe den Lichtweg, wenn du sagst: „Ich sehe Oma“.
b) Begründe, weshalb die Redeweise „Jemandem feurige Blicke zuwerfen“ physikalisch falsch ist.
c) Nenne weitere Redeweisen, die physikalisch falsch sind.

Licht ist unsichtbar

Fällt Licht von einer Taschenlampe auf eine Wand, dann entsteht dort ein heller Fleck. Steckt der Taschenlampenkopf in einer Pappröhre und steht vor einer Wand eine innen geschwärzte Tonne, dann ist – selbst wenn der Raum abgedunkelt ist – kein Licht mehr zu sehen! Dass aber nach wie vor Licht von der Taschenlampe zur Tonne unterwegs ist, wird sofort erkennbar, wenn ein Buch in den Zwischenraum gehalten oder Kreidestaub bzw. Rauch hineingeblasen wird. Licht selbst ist also unsichtbar; lediglich die Gegenstände, von denen es ausgeht, sind sichtbar.

Zentraler Versuch

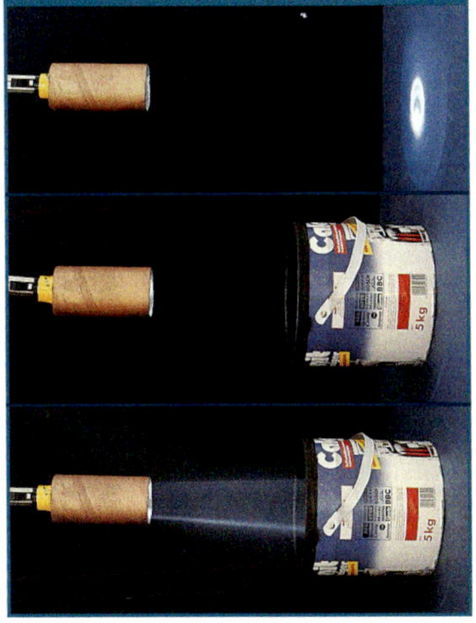

Auch der Weg, den das Licht von der Quelle „Taschenlampe" zum hellen Fleck auf der Wand nimmt, lässt sich nicht verfolgen, denn es ist ja nur zu sehen, dass es an einer bestimmten Stelle angekommen ist. Wie es dorthin und von dort in unser Auge gekommen ist, verrät uns das Licht nicht.

Licht selbst ist unsichtbar.
Es macht aber Gegenstände sichtbar, auf die es fällt.

Aufgaben

1 Interpretiere die Aussage: „Der Mond muss eine Lichtquelle sein, denn ich habe nachts noch nie Licht auf ihn treffen sehen!" Was sagst du dazu?

2 Begründe, weshalb man in sehr staubigen Räumen glaubt, das Sonnenlicht direkt sehen zu können.

3 Von manchen Wohnräumen sagt man, dass sie lichtdurchflutet sind. Erkläre, was mit der Aussage gemeint ist.

4 Bewerte die Kämpfe mit Laser-Schwertern in Filmen.

Sehen – physikalisch und umgangssprachlich

Durchblick

So wie bei Supermanns „Hitzeblick" wird auch sprachlich oft ein falsches Bild der physikalischen Wirklichkeit vermittelt. Redewendungen wie „Ein Auge darauf werfen", „Er hat einen durchdringenden Blick" oder „Wenn Blicke töten könnten" lassen vermuten, dass das Sehen eines Gegenstands so verläuft, als würden wir aktiv Licht/Blicke dorthin aussenden, aus denen wir dann Informationen über den Gegenstand beziehen können.

In Wirklichkeit verläuft der Sehvorgang so, dass vom Sender, z. B. einer Glühlampe, Licht ausgesendet wird und zu einem Empfänger, z. B. dem Auge gelangt. Das kann entweder auf direktem Weg oder auf indirektem Weg durch Streuung oder Reflexion an einem Gegenstand geschehen. Im Auge entsteht dann ein elektrisches Signal, das über Nerven zum Gehirn geleitet wird, wo dann eine Vorstellung von dem entsteht, was man sieht.

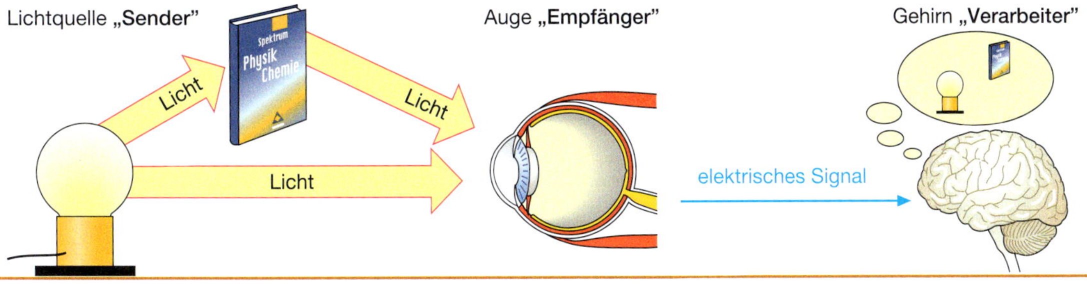

Lichtausbreitung

Im Wald ist es überall neblig. Das Sonnenlicht schneidet an gewissen Stellen scharf umrissene Nebelstreifen fächerartig aus.

Verrät uns die Natur damit etwas darüber, auf welchem Weg sich Licht bewegt? Läuft es auf ganz bestimmten Bahnen? Sind sie gerade, wie kleine Kinder Lichtstrahlen immer malen, oder krumm?

Wie breitet sich Licht aus?

Wird das Naturschauspiel mit einer Lampe und mehreren Blenden in einem staubigen Raum nachgebaut, so ist zu erkennen:

- Der Lichtraum wird von den Blenden immer weiter eingeengt.
- Die einzelnen Ränder des Lichtraums sind immer geradlinig.
- Alle Ränder können geradlinig bis zur Lichtquelle zurück verlängert werden, so dass ineinander liegende Lichtkegel entstehen.

Zentraler Versuch

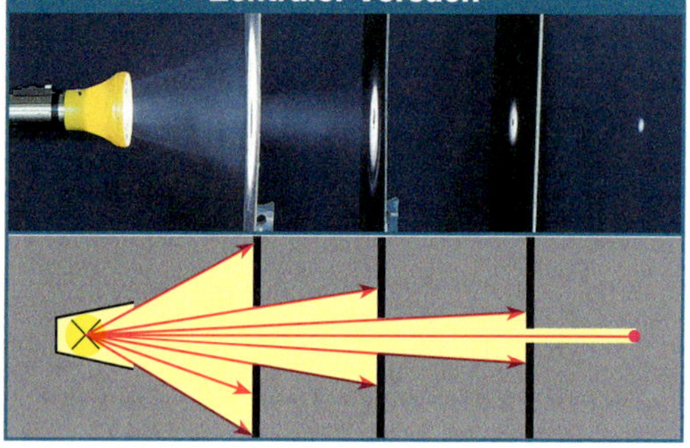

Durch weitere Blenden lassen sich immer engere Lichtbündel erzeugen, deren Ränder immer weniger auseinander laufen. Sie unterscheiden sich schließlich nicht mehr von dem, was aus der Mathematik als „Strahl" bekannt ist. Die Ausbreitung des Lichts kann also mithilfe von Strahlen gezeichnet werden. Lichtbündel werden dann durch ihre beiden Randstrahlen dargestellt.

Von Schall ist bekannt, dass er zu seiner Ausbreitung Zeit braucht. Denn bei einem Gewitter ist der Donner deutlich später zu hören als der Blitz zu sehen ist. Bei Licht entsteht der Eindruck, dass es zu seiner Ausbreitung keine Zeit braucht, denn wenn der Lichtschalter betätigt wird, ist es sofort überall im Zimmer hell. Aber auch das Licht braucht Zeit – vom Mond zur Erde etwa 1 Sekunde, von der Sonne zur Erde etwa 8 Minuten.

Streifzug — Blick in die Vergangenheit

Bei der ungeheuren Geschwindigkeit des Lichts wird klar, dass bei den alltäglichen, kleinen Entfernungen nichts von einer Zeitdauer für die Lichtausbreitung zu merken ist. Anders ist dies jedoch bei den großen Entfernungen im Weltall. So benötigt das Licht für seinen Weg bis zur Erde

- vom Mond 1,28 s
- von der Sonne 8,3 min
- vom nächsten Fixstern (α Centauri) 4,3 Jahre
- vom Polarstern 470 Jahre
- vom Andromeda-Nebel 2 000 000 Jahre.

Ein Blick in den Sternenhimmel ist also ein Blick in die Vergangenheit! Wie z. B. der α Centauri heute aussieht, weiß niemand, da von ihm keine schnellere Botschaft als das Licht zu uns gelangen kann. Erst im Jahr 2014 klärt sich die Frage, wie dieser Stern im Jahr 2010 ausgesehen hat.

Licht breitet sich geradlinig aus. In Zeichnungen können deshalb Strahlen verwendet werden. Lichtbündel werden durch ihre beiden Randstrahlen dargestellt.

Aufgaben

1 Landvermesser peilen mit Laserstrahlen entfernte Objekte an, um ihre Entfernungen und Höhen zu bestimmen. Gib an, welche Eigenschaft von Licht sie dabei nutzen.

2 Beschreibe Beispiele aus der Natur oder dem Alltag, bei denen du die geradlinige Ausbreitung des Lichts beobachten konntest.

3 Beim Autofahren verwendet man Abblendlicht und Fernlicht.
a) Beschreibe die Unterschiede zwischen diesen beiden Beleuchtungsarten.
b) Bei den meisten Autos sitzt in jedem Scheinwerfer nur eine Glühlampe, mit der sowohl Abblend- als auch Fernlicht erzeugt werden kann (siehe S. 18). Ermittle, wie diese Aufgabe technisch gelöst wird.

4 **a)** Nenne Beispiele für Vorgänge ähnlich dem Start beim 100 m-Lauf im Stadion, bei denen zunächst etwas gesehen und dann erst gehört wird.
b) Untersucht, wie viel Zeit zwischen Sehen und Hören bei einer Starterklappe im Abstand von 100 m vergeht. Beschreibe vorher eine geeignete Vorgehensweise.

5 Der italienische Naturwissenschaftler GALILEI wollte vor ca. 400 Jahren mit zwei Lampen die Lichtgeschwindigkeit bestimmen. Er blitzte einem 4 km entfernten Helfer zu und wollte die Zeit messen, bis dessen Lampenlicht als Antwort wieder bei ihm eintraf. Begründe, weshalb GALILEI erfolglos bleiben musste.

Lichtausbreitung — Versuche und Aufträge

V1 **a)** Stelle verschiedene Lochblenden (2 cm, 3 cm, 5 cm) zwischen eine Pappe und eine kleine Glühlampe. Miss die Durchmesser der Lichtkreise auf der Pappe.
b) Übertrage den Aufbau in der Seitenansicht in dein Heft. Halbiere dazu alle Maße. Zeichne den jeweiligen Lichtkegel mit ein.
c) Bestätige die Größe deiner gemessenen Lichtkreise durch die Zeichnung.

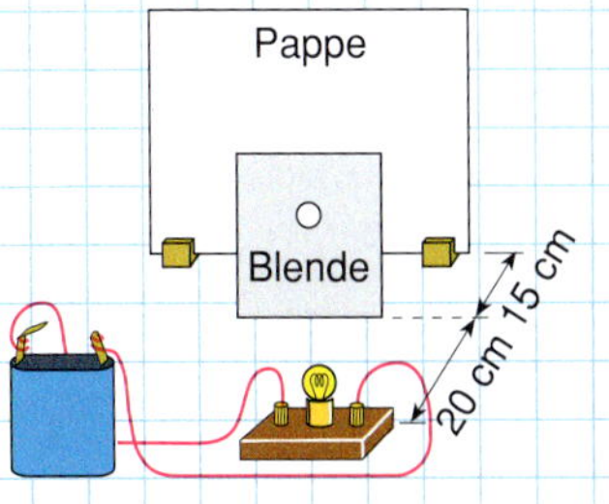

V2 **a)** Schneide aus Pappe drei quadratische Stücke mit einer Kantenlänge von 15 cm aus. Bohre mit einem spitzen Gegenstand jeweils genau in der Mitte der Pappstücke ein Loch mit etwa 0,5 cm Durchmesser. Befestige an den so entstandenen Lochblenden unten zwei Wäscheklammern so, dass du sie senkrecht aufstellen kannst.
b) Untersuche, wie du die Lochblenden aufstellen musst, damit du einen hellen Gegenstand, z. B. eine Kerze, durch die Blenden hindurch beobachten kannst. Schreibe dein Ergebnis als einen Merksatz auf.
c) Fertige eine Skizze des Versuchsaufbaus an.

V3 Nimm von einer Stabtaschenlampe den „Kopf" ab. Stelle sie mit dem Glühlämpchen nach oben auf den Tisch und schalte sie ein.
a) Stelle fest, wohin im verdunkelten Raum das Lampenlicht gelangt. Vergleiche mit der Sonne.
b) Umhülle das Glühlämpchen mit Alufolie. Stich rundum ein paar Löcher vorsichtig mit einer Stecknadel in die Folie und schalte die Lampe im verdunkelten Raum ein. Von wo aus ist sie jetzt zu sehen?

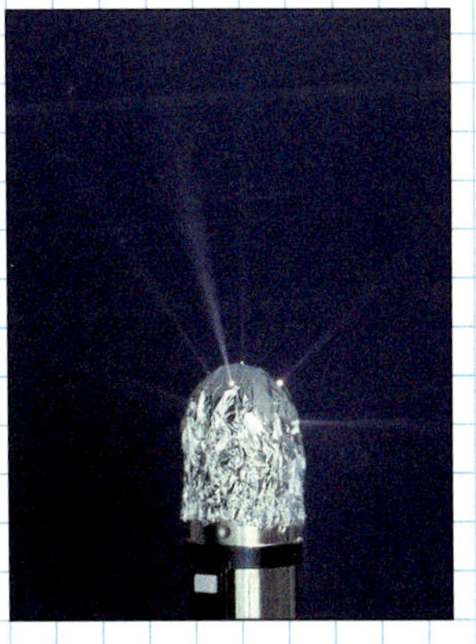

A4 Zeichne die Lichtkegel der Lichtquelle L. Welche Bereiche auf den Schirmen (S) werden beleuchtet sein? Übertrage dazu die Anordnung in dein Heft; 1 Kästchen ≙ 5 mm.

Licht trifft auf Körper

Damit wir einen Gegenstand sehen, muss Licht von ihm in unser Auge gelangen. Wie sich Licht verhält, wenn es auf einen Körper trifft, hängt entscheidend von dessen Oberfläche ab. Bei einem Motorrad zum Beispiel trifft das Sonnenlicht auf unterschiedliche Materialien. Je nach Beschaffenheit dieser Materialien wird das Licht von dort mehr oder weniger gut in das Auge zurückgeworfen. Welche Möglichkeiten gibt es?

① Ist die Oberfläche besonders glatt („spiegelglatt"), wie z. B. der Spiegel links im Versuchsfoto, so wird das auftreffende Licht in eine ganz bestimmte Richtung umgelenkt und erzeugt auf dem Papier der Rückwand den Lichtfleck. Dieser Vorgang heißt **Reflexion.**

∗ ② Fällt Licht auf eine raue und helle Oberfläche, so wird die Rückwand überall ein wenig erhellt. Also muss das Licht von dem Material in alle Richtungen umgelenkt worden sein. Dieser Vorgang heißt **Streuung.**
Selbst winzige Staubteilchen können das auftreffende Licht streuen. Überall da, wo Lichtwege sichtbar werden, ist das Licht von Staub-, Kreide- oder Nebelteilchen gestreut worden.

Zentraler Versuch

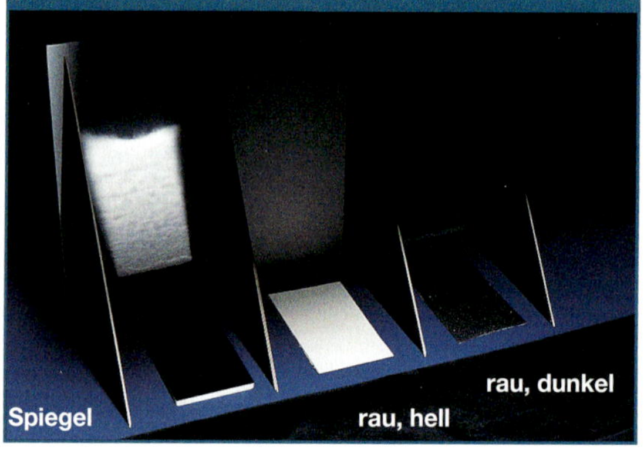

∗ ③ Ein Körper mit einer rauen und dunklen Oberfläche erscheint schwarz, obwohl auch dort Licht auftrifft. Offenbar verlässt das Licht die Oberfläche nicht mehr, sondern verschwindet in ihr. Dieser Vorgang heißt **Absorption.**

Manche Materialien besitzen Oberflächen, an denen nur ganz bestimmte Sorten von Licht reflektiert oder gestreut werden. Dies geschieht z. B. an dem Tank des Motorrades. Hier werden alle Farben außer blau absorbiert. Der Tank erscheint deshalb blau.

Neben diesen Vorgängen, die sich auf der Oberfläche von Gegenständen abspielen, kann Licht aber auch durch bestimmte Körper hindurchdringen.

∗ ④ Geht das Licht wie bei der Windschutzscheibe unabgelenkt und vollständig hindurch, so wird der Körper **durchsichtig** genannt. Derartige Körper sind fast gar nicht zu erkennen, da das Licht nur hindurchgeht. Nur lichtaussendende Gegenstände hinter oder Verunreinigungen auf dem durchsichtigen Körper sind zu sehen.

∗ ⑤ Milchglas streut das Licht bereits beim Durchdringen in alle Richtungen. Dadurch wird es selbst sichtbar, während der lichtaussendende Körper dahinter nicht mehr scharf gesehen werden kann. Gegenstände wie Milchglas heißen **durchscheinend (transparent).**

In Wirklichkeit treten die beschriebenen Vorgänge nie alleine auf: Bei einer dicken Glasscheibe geht zwar der größte Teil des auftreffenden Lichts hindurch, aber ein kleiner Teil wird reflektiert und ein weiterer kleiner Teil absorbiert. Kratzer oder Staub auf der Scheibe führen zusätzlich zu Streuung, wodurch dieser Effekt verstärkt wird

> Trifft Licht auf einen undurchsichtigen Körper, so kann es reflektiert, gestreut oder absorbiert werden.
> Bei lichtdurchlässigen Körpern wird zwischen durchsichtig und durchscheinend unterschieden.

Reflexion

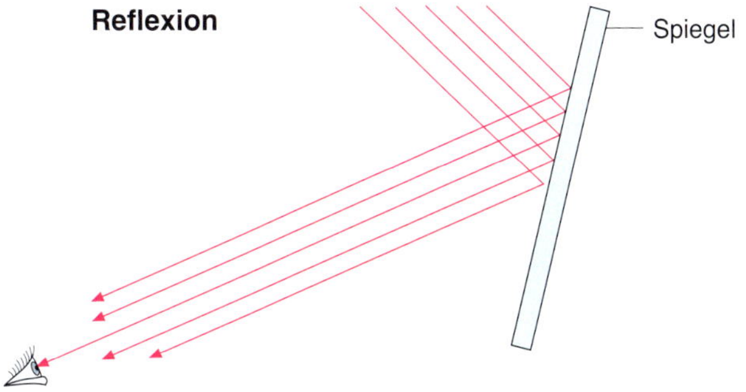

Streuung

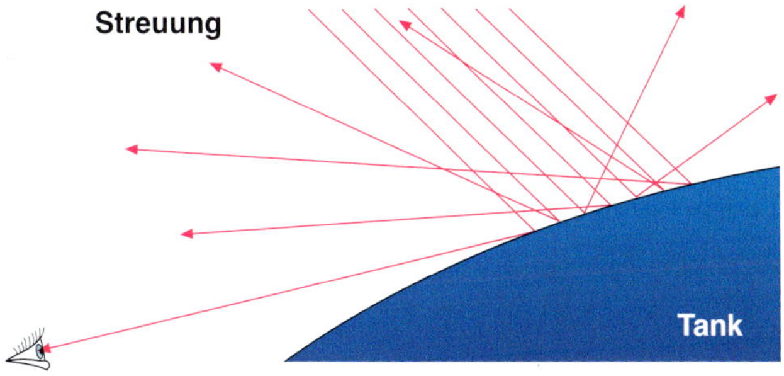

Absorption

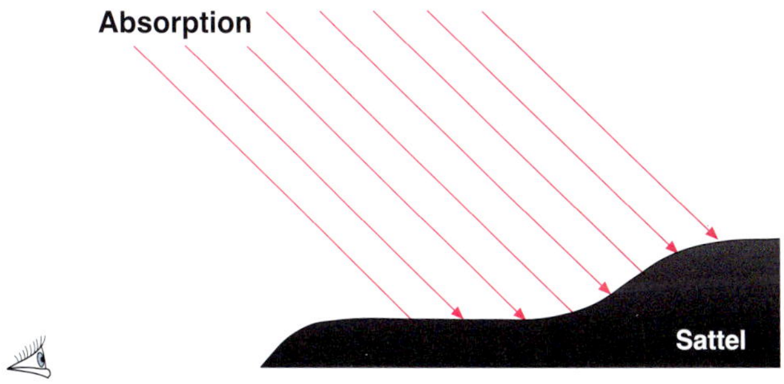

Durchgang ungestört (durchsichtig)

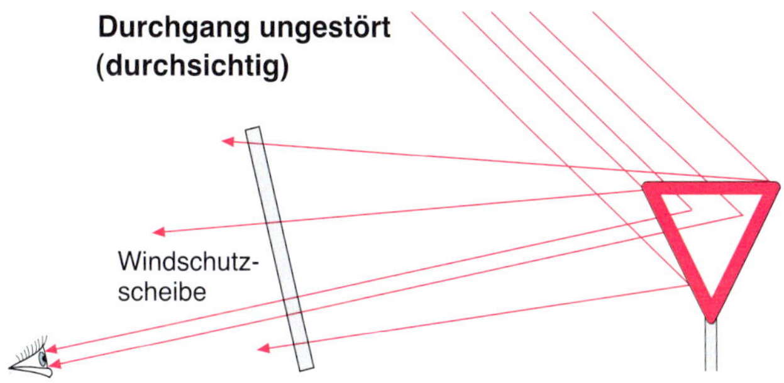

Durchgang mit Streuung (durchscheinend)

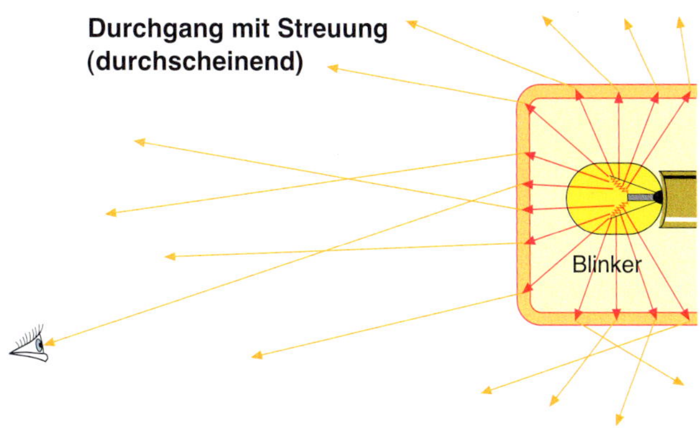

Aufgaben

1 Beschreibe die Vorgänge, die stattfinden können, wenn Licht auf einen Gegenstand trifft. Nenne zu jedem Vorgang auch ein Beispiel.

2 Beschreibe, wie sich Licht an folgenden Oberflächen verhält:
a) ruhender, ungestörter Gebirgssee;
b) heller Sandstrand;
c) diese Buchseite (Unterschiede beachten!).

3 **a)** Begründe, weshalb rahmenlose Glastüren eine Verletzungsgefahr darstellen.
b) Nenne Maßnahmen, um diese Gefährdung zu verringern.

4 Vitamine in Fruchtsäften werden leicht durch Lichteinwirkung zerstört.
a) Erkläre, warum bei der Abfüllung dunkle Flaschen verwendet werden.
b) Gibt es auch Nachteile durch die dunklen Flaschen?

Versuche und Aufträge

V1 **a)** Beleuchte mit einer Taschenlampe verschiedene Gegenstände, z. B. Alufolie (beide Seiten!), Pergamentpapier, Buchseite. Verfolge mit dem Finger den Lichtweg bis zu deinem Auge.
b) Fertige eine Skizze zum Lichtverlauf.
c) Erkläre die unterschiedliche Helligkeit der Körper.
d) Erkläre, was mit dem Licht an der Körperoberfläche passiert.

V2 **a)** Fülle Wasser in ein klares Glasgefäß und lasse das Licht einer Taschenlampe senkrecht darauf fallen. Beschreibe, wie sich das Licht verhält, wenn die Oberfläche nach einiger Zeit zur Ruhe gekommen ist.
b) Gib nacheinander tropfenweise Milch in das Wasser und verrühre sie. Was beobachtest du?
c) Beschreibe, wie sich die Ausbreitung des Lichts durch die Zugabe der Milch geändert hat.

V3 Stecke auf eine Taschenlampe anstelle des Reflektors eine Pappröhre und drücke sie vorne zu einem schmalen Schlitz zusammen.

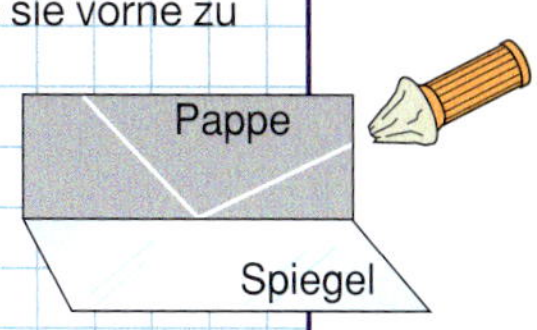

a) Lasse das Licht streifend entlang der Pappe von schräg oben auf einen Spiegel fallen und zeichne den gesamten Lichtweg nach.
b) Ersetze den Spiegel durch ein Stück weiße Pappe und führe den Versuch erneut durch. Vergleiche die Beobachtung mit der aus Teilaufgabe a).

Licht und Schatten

Mit Licht lässt sich spielen, indem die Finger und Handflächen so geschickt geformt werden, dass ein Freund das dargestellte Tier an der Wand erraten kann. Schade nur, wenn der Schatten bei aller Fingerfertigkeit so verwaschen und unscharf wird wie im Bild rechts.

Wann wird ein Schatten scharf, wann wird er unscharf? Wie entstehen Schatten überhaupt? Wovon hängt es ab, wie groß die Schatten sind? Gibt es immer einen Schatten?

Schatten einer Lichtquelle

Werden unterschiedliche Gegenstände mit einer sehr kleinen, hellen Lichtquelle einer *Punktlichtquelle,* beleuchtet, so sind an einer entfernten Wand Schattenbilder zu erkennen.

Je nachdem, wie weit Lichtquelle, Gegenstand und Wand oder Schirm voneinander entfernt sind, ergeben sich unterschiedlich große Schattenbilder auf dem Schirm. Die Schattenbilder sind umso größer,

- je weiter entfernt der Schirm hinter dem Gegenstand steht;
- je näher der Gegenstand an die Lichtquelle rückt.

In allen Fällen sind die Schattenbilder scharf umrissen.

Zentraler Versuch

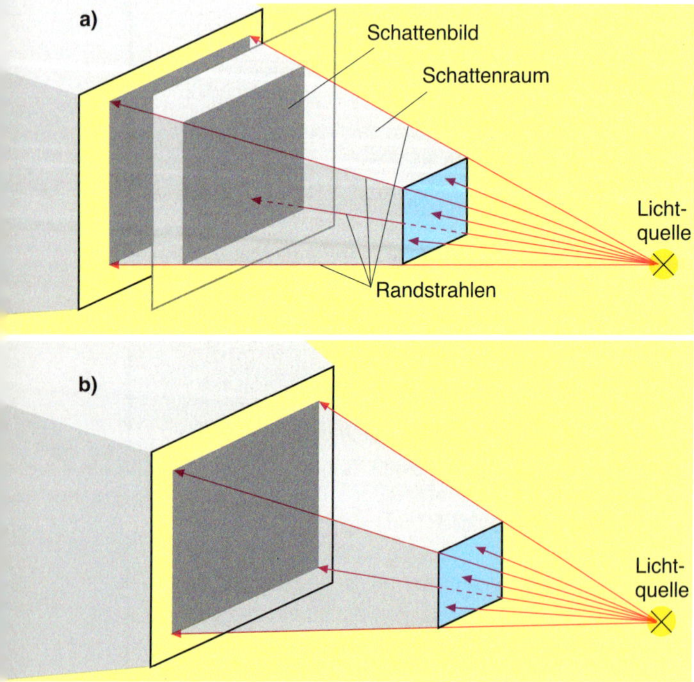

Mit der geradlinigen Ausbreitung des Lichts lassen sich die Eigenschaften der Schattenbilder leicht erklären: Von der Punktlichtquelle wird Licht ausgesendet, das auf die undurchdringliche Körperoberfläche trifft. In den dahinter befindlichen Raum gelangt also kein Licht. Dieser Raum wird **Schattenraum** genannt. Er wird seitlich von solchen Gebieten begrenzt, in die noch Licht gelangen kann. Steht ein Schirm hinter dem beleuchteten Körper, so ist die Schirmfläche, die im Schattenraum liegt, dunkel. Dies ist das **Schattenbild.**

- Da die Randstrahlen von der Punktlichtquelle aus immer weiter auseinanderlaufen, ist ein Schattenbild auf einem entfernteren Schirm größer (Grafik a)
- Wird der Gegenstand näher an die Lichtquelle herangerückt, so vergrößert sich der Schattenraum, da die Randstrahlen jetzt stärker auseinanderlaufen. Auch dadurch vergrößert sich das Schattenbild (Grafik b).

Punktlichtquellen erzeugen scharf umrissene Schattenbilder, deren Größe zunimmt, wenn
- der Körper an die Lichtquelle heranrückt
- der Schirm vom Körper wegrückt.

Schatten von zwei Lichtquellen

Das Schattenbild des Holzklotzes wird im Bild rechts von den beiden Lampen erzeugt. Die Grafik darunter zeigt, warum zwei unterschiedliche Schatten entstehen:

- Die beiden Lichtquellen L1 und L2 erzeugen jede für sich einen eigenen Schattenraum. In den Bereich KS kann von keiner Lichtquelle Licht eindringen. Dieser nahezu schwarze Bereich heißt **Kernschatten.**
- Daneben gibt es aber noch die Bereiche HS, die von Licht aus einer Lichtquelle durchquert werden. Diese Bereiche HS, in denen der Schirm deshalb halbhell leuchtet, werden **Halbschatten** genannt.
- Außerhalb der Halbschatten ist es hell. Dort kommt Licht beider Lichtquellen an.

Bei zwei Punktlichtquellen entstehen ein Kernschatten und zwei Halbschatten.

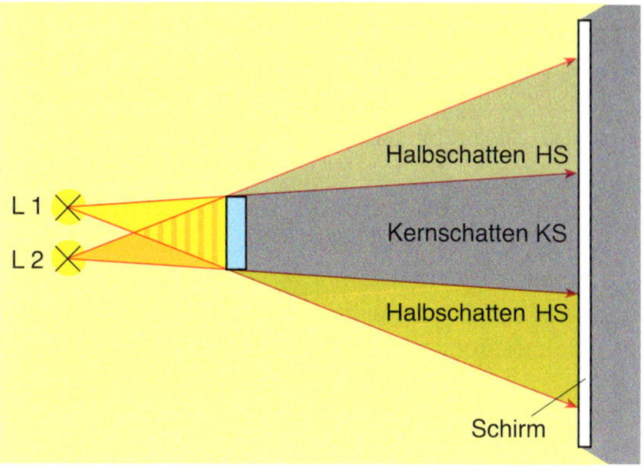

* Schatten von ausgedehnten Lichtquellen

Die Leuchtstoffröhre ist eine ausgedehnte Lichtquelle. Das stark verwaschene Schattenbild wird verständlich, wenn wir uns die Lichtquelle aus vielen einzelnen, aufgereihten Punktlichtquellen zusammengesetzt denken. Die Grafik unten zeigt dies für fünf Lichtquellen: Jetzt überlagern sich die Schattenräume von mehreren Lichtquellen. Die Helligkeit nimmt beidseitig neben dem Kernschatten gleichmäßig zu. Der Kernschatten zerfließt also nach außen; er wird **Übergangsschatten** genannt. Eine solche ausgedehnte Lichtquelle ist offenbar auch für die Schattenspiele im Bild links oben benutzt worden. Um scharfe Bilder zu erhalten, hätte eine Punktlichtquelle verwendet werden müssen.

Bei ausgedehnten Lichtquellen entsteht neben dem Kernschatten ein weicher Übergangsschatten.

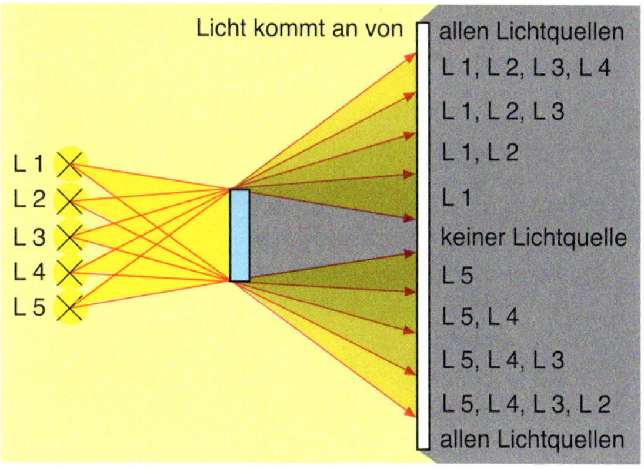

Aufgaben

1 **a)** Beschreibe die Begriffe „Schattenraum" und „Schattenbild". Fertige dazu auch eine Skizze an.
b) Entscheide, welcher Begriff gemeint ist, wenn gesagt wird:
① Im Schatten eines Baumes ist es angenehm kühl.
② Abends ist der Schatten länger.

2 Ein Buchstabe aus Papier wird vor einen Schirm gestellt und mit einer Fahrrad-Glühlampe beleuchtet. Beschreibe zwei Möglichkeiten, die Größe des Schattenbildes zu verändern.

3 **a)** Erkläre, was unter „Kernschatten", „Halbschatten", „Übergangsschatten" zu verstehen ist.
b) Ermittle mithilfe der Bilder auf dieser Seite, unter welchen Umständen welcher Schatten entsteht.

Streifzug — Unser Sonnensystem

Betrachten wir in einer wolkenlosen Nacht den Himmel, so können wir eine Vielzahl leuchtender Punkte erkennen. Fast jeder dieser Punkte ist ein Stern. Aber wir sehen auch die Planeten unseres Sonnensystems, den die Erde umkreisenden Mond und manchmal Sternschnuppen und Kometen. Mit starken Fernrohren reicht der Blick auch über unser Sonnensystem hinaus zu anderen Galaxien.

Wie sieht es auf den Nachbarplaneten aus? Woraus bestehen sie? Wie weit sind sie von uns bzw. von der Sonne entfernt? Auf welchen Bahnen laufen die verschiedenen Gebilde um die Sonne?

Unser Sonnensystem

Unser Sonnensystem ist ein kleiner Teil der Milchstraße, unserer Galaxis. Wo sich unser Sonnensystem in der Milchstraße befindet und welche Form und Größe die Milchstraße hat, zeigt das folgende Bild.

Da die Entfernungen im Weltall sehr groß sind, greifen die Astronomen zu einer anderen Längeneinheit, dem Lichtjahr. Ein Lichtjahr ist der Weg, den das Licht in einem Jahr zurücklegt. Das sind
9460800000000 km = 9,46 Billionen km.

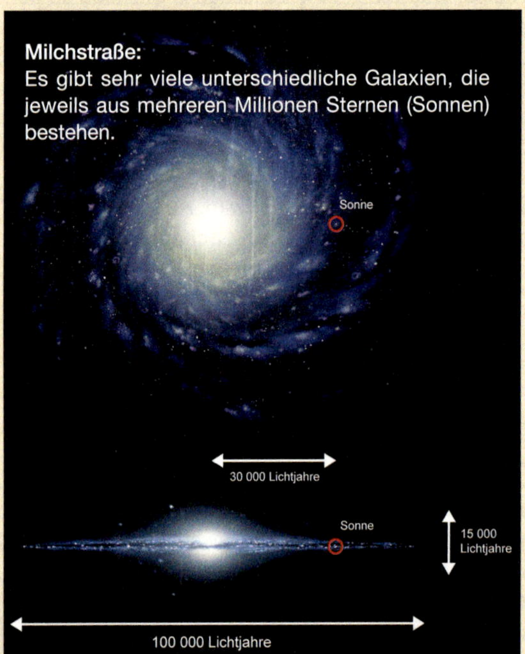

Sonne:
Unsere Sonne ist ein selbstleuchtender Körper wie alle anderen Sterne auch. Die Prozesse, die bei der Lichterzeugung ablaufen, sind kernphysikalischer Art.
Aus der Farbe des Lichts der Sterne können Rückschlüsse auf Alter, Temperatur und Stoff des Sterns gezogen werden.

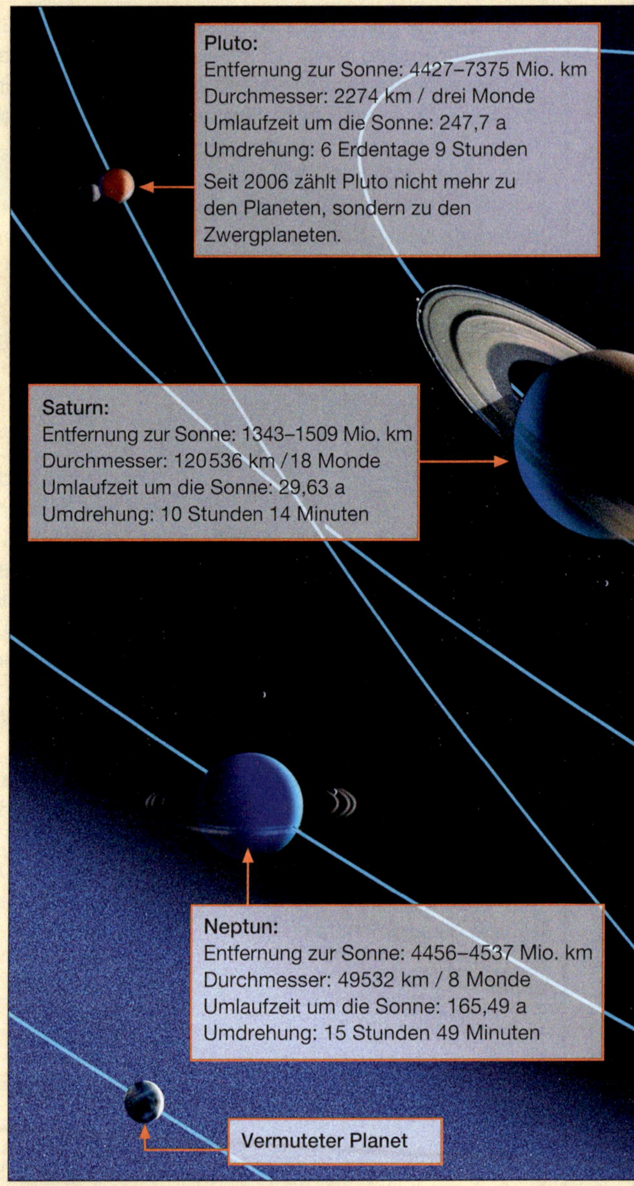

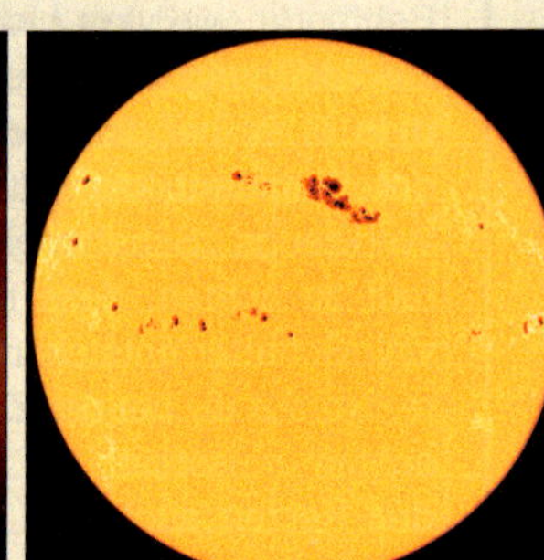

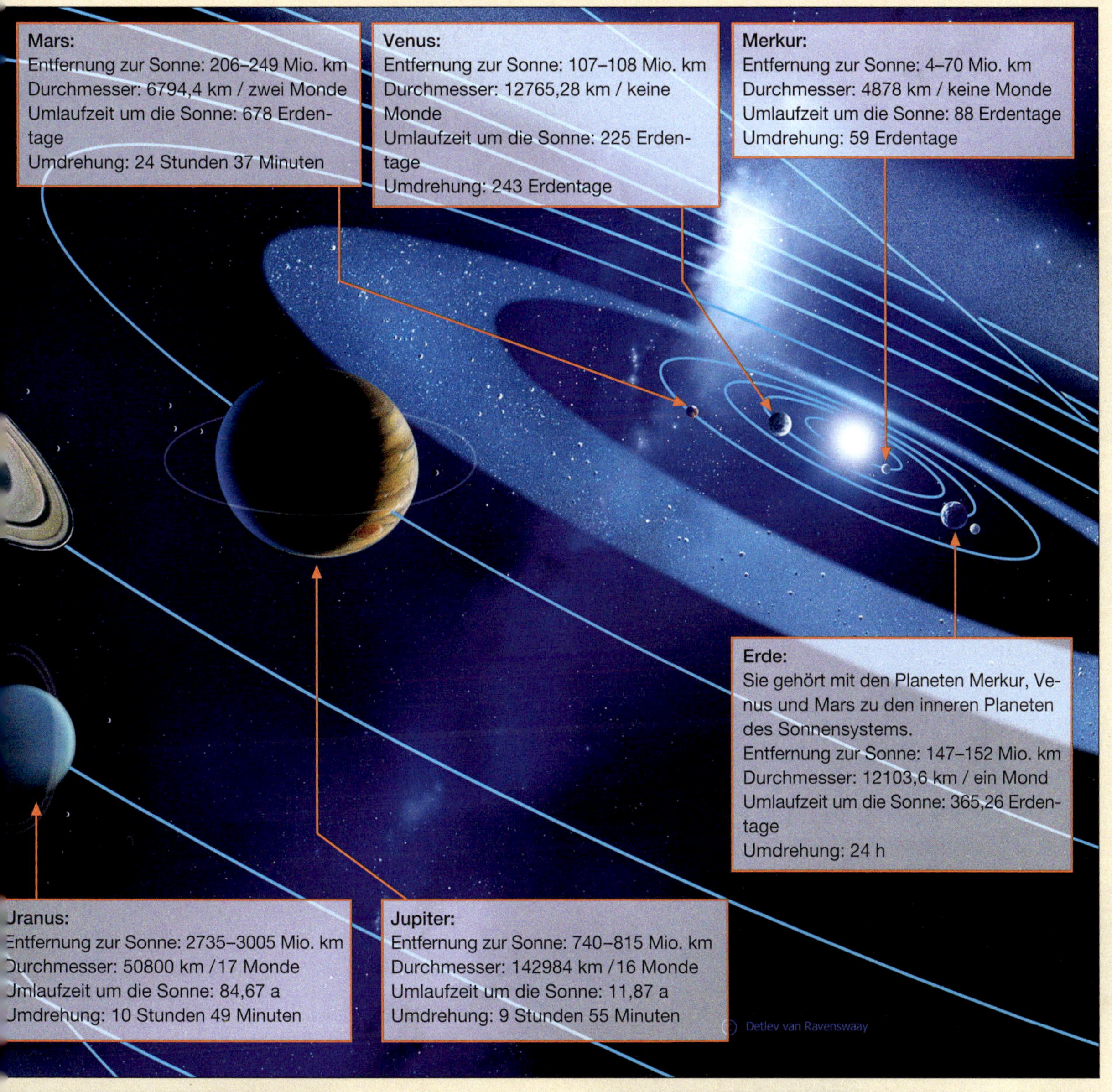

Sternschnuppen:
Im August und September gibt es häufig Sternschnuppen. Das sind Gesteinsbrocken, die bei ihrem Umlauf um die Sonne in die Lufthülle der Erde geraten und dort verglühen.

Kometen:
Kometen sind einige Kilometer große Brocken aus Stein, Eis, Staub oder anderen Stoffen, die auf sehr weit entfernten Bahnen um die Sonne kreisen. Nähern sie sich der Sonne, so schmilzt das Eis und der Komet bildet den auf der Erde sichtbaren Schweif.

Schatten von Erde und Mond

Durch die Bewegungen von Erde und Mond sind am Himmel Beobachtungen zu machen, die mithilfe von Schatten zu erklären sind. Die Sonne ist dabei die natürliche Lichtquelle. In den (nicht maßstabsgetreuen) Zeichnungen ist dargestellt, wie Mond und Erde von ihr beschienen werden.

Tag und Nacht

Jeweils die sonnenzugewandte Seite wird erhellt, während die abgewandte (rechte) Kugelhälfte im eigenen Kernschatten liegt. Für jemand, der sich auf der Erde gerade dort befindet, ist es dann **Nacht,** während gleichzeitig auf der anderen Erdseite **Tag** ist. Da die Erde aber ein Karussell ist, das sich unmerklich einmal am Tag im Kreis dreht, ist der ständige Wechsel von Tag und Nacht zu erleben.

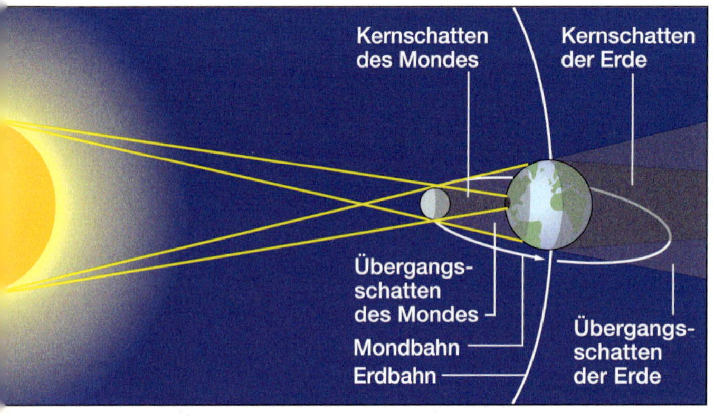

Sonnenfinsternis

In knapp 30 Tagen umrundet der Mond die Erde. Zieht er dabei genau zwischen Erde und Sonne hindurch, so erleben etliche Menschen auf der Tagseite ein seltenes Naturschauspiel: Das Sonnenlicht erzeugt hinter dem wandernden Mond einen Kernschatten. Er hat einen Durchmesser von etwa 250 km und streicht über die Erdoberfläche. Jeder, über den der Kernschatten hinweggleitet, erlebt eine **totale Sonnenfinsternis.** Dann verfinstert sich die Sonne und es wird am hellen Tag so dunkel, dass sich Menschen und Tiere seit Urzeiten davor gefürchtet haben. Im Bereich des Übergangsschattens, in den noch teilweise Sonnenlicht dringt, wird eine **partielle Sonnenfinsternis** beobachtet.

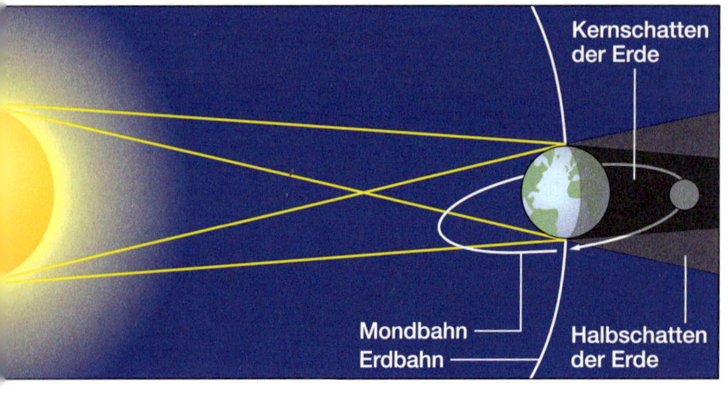

Mondfinsternis

Knapp zwei Wochen befindet sich der Mond hinter der Erde. Durchläuft er hier den Kernschatten der Erde, so wird er in dieser Zeit vom Sonnenlicht nicht beleuchtet. Von der Nachtseite der Erde aus ist also zu sehen, wie er sich bis zur völligen Dunkelheit ständig weiter verfinstert. Danach tritt er wieder aus dem Schattenraum aus. Dieses Ereignis heißt **Mondfinsternis.**

Mondphasen

Während eines Monats läuft der Mond einmal um die Erde. Dabei ändert er – von der Erde aus gesehen – ständig sein Aussehen: In Stellung ① ist von der Erde aus lediglich der äußere Rand des Mondes als Sichel zu sehen, während der Rest in seinem eigenen Schattenraum liegt. In Position ② und ⑥ wird die Hälfte der Mondoberfläche angestrahlt **(Halbmond)** und in Stellung ④ sogar die gesamte, von der Erde aus sichtbare Mondoberfläche **(Vollmond)**. In Stellung ⑧ hingegen ist von der Tagseite der Erde aus nur die unbeleuchtete Mondoberfläche zu sehen **(Neumond)**. Die Erscheinungsformen Halbmond, Vollmond und Neumond heißen **Mondphasen**.

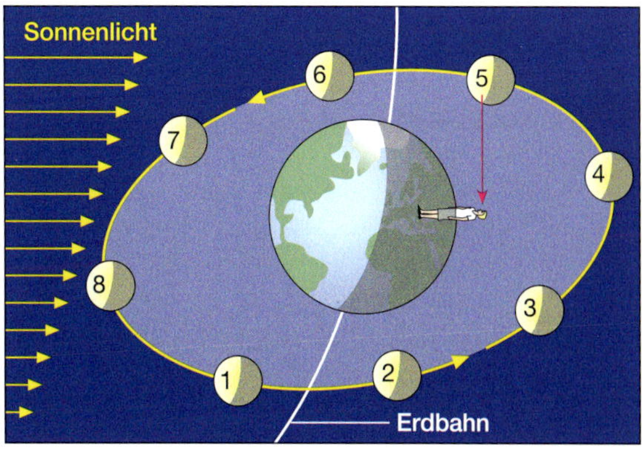

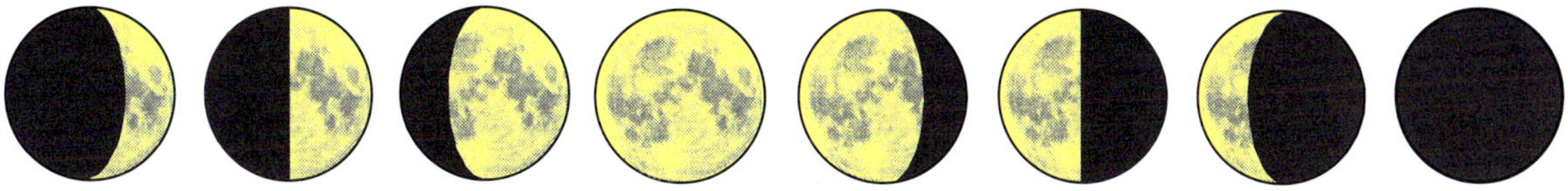

Aufgaben

1 Beschreibe, wie Tag und Nacht entstehen.

2 **a)** Begründe, weshalb die Uhrzeit nicht überall auf der Welt gleich ist.
b) Beschreibe, wie sich die Uhrzeit bei einer Reise nach Osten ändert.
(Tipp: Schaue dir in einem Lexikon eine Tabelle mit sogenannten Zeitzonen an.)

3 **a)** Skizziere die Lage von Sonne, Erde und Mond für den Fall, dass wir auf der Erde einen Halbmond sehen.
b) Erläutere mithilfe einer Skizze, wie ein Neumond zustandekommt.

4 **a)** Nenne die Bedingungen, unter denen eine totale Sonnenfinsternis zustande kommt.
b) Begründe, weshalb sie nur von einem kleinen Teil der Menschheit miterlebt werden kann.
c) Finde heraus, wann es in Deutschland zuletzt eine totale Sonnenfisternis gegeben hat.

Finsternisse — Versuche und Aufträge

V1 Die Mondphasen können gut in einer Gruppe nachgestellt werden. Benötigt werden dazu ein Projektor und ein Ball. Einige Schüler setzen sich mit dem Rücken zueinander in einen Kreis – sie bilden die Erde. Einer hält den Ball so hoch, dass dieser von dem weit entfernten Projektor, der Sonne, angestrahlt wird – das ist der Mond, der sich um die Erde bewegt.
Beschreibt, wie der „Mond" von der Erde aus jeweils an den im Bild angekreuzten Stellen erscheint.

V2 Setze dich auf einen (Dreh-)Stuhl als „Erde". Stelle einen (Tennis-)Ball als „Mond" z. B. auf einem Stativ 1 m vor dich in Augenhöhe und beleuchte ihn von hinten. Führe nun den Mond in sechs gleichen Einzelschritten im Kreis um die Erde und beobachte den sichtbaren Mondteil. Zeichne ihn zusammen mit einem Positionsbild wie in der obigen Grafik „Mondbahn".
Welche Mondphasen fehlen bei den sechs Positionen jeweils?

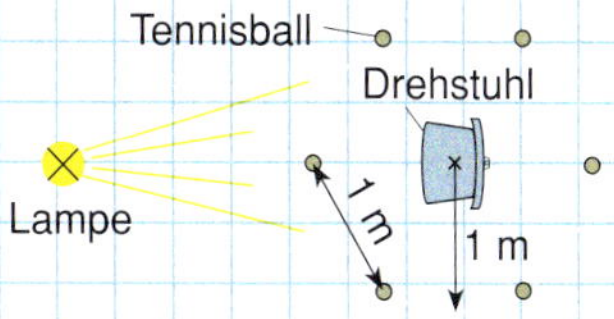

Wie Bilder entstehen

Während die Kerzenflamme den linken Schirm nur beleuchtet, ist auf dem rechten Schirm ein Bild der Kerze zu erkennen.
Wie ist es möglich, mithilfe eines Lochs ein Bild zu erzeugen? Warum steht es auf dem Kopf und ist seitenverkehrt? Wird damit verständlich, wie im Auge Bilder entstehen?

Die Lochblende

Auf jeden Punkt des Schirms gelangt Licht von jedem Punkt der Kerzenflamme. Der Schirm ist gleichmäßig beleuchtet, ohne dass ein Bild erkennbar ist.
Durch die Lochblende wird erreicht, dass das Licht eines bestimmten Punktes der Flamme nur auf eine bestimmte Stelle des Schirms trifft und dort einen Lichtfleck erzeugt. Aus all diesen Lichtflecken auf dem Schirm setzt sich das Bild der Kerzenflamme zusammen.

Zentraler Versuch

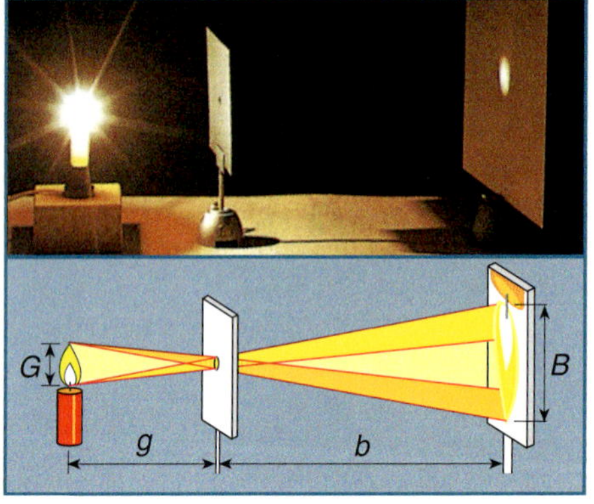

Weil sich die Lichtbündel im Loch kreuzen, steht das Bild auf dem Kopf und ist seitenverkehrt. Durch Vergrößern der Blendenöffnung wird es zwar heller, gleichzeitig aber auch weniger scharf.

Die Größe des Bildes ist abhängig vom Abstand der Blende zur Kerze und zum Schirm.
Es lassen sich folgende Aussagen formulieren:

- Je kleiner die Blendöffnung, desto deutlicher (schärfer), aber auch dunkler wird das Bild.
- Die Bildgröße *B* hängt bei einer bestimmten Gegenstandsgröße *G* von der Gegenstandsweite *g* und von der Bildweite *b* ab.

Die letzte Aussage lässt sich experimentell überprüfen. Es zeigt sich:

- Je größer die Bildweite b ist, desto größer wird die Bildgröße *B* (sofern die Gegenstandsweite *g* und die Gegenstandsgröße *G* nicht verändert werden).
- Je größer die Gegenstandsweite g ist, desto kleiner wird die Bildgröße *B* (die Gegenstandsgröße *G* und die Bildweite *b* werden nicht verändert).

Eine **Lochkamera** besteht aus einem lichtdichten Gehäuse, einer kleinen Öffnung und einem der Öffnung gegenüberliegenden, durchsichtigen Schirm. Mithilfe einer Lochkamera war es erstmals möglich, Bilder nicht durch Malerei zu erzeugen: Die Technik des Fotografierens wurde aus dieser Idee entwickelt.

Das Auge

Das menschliche Auge erzeugt die Bilder von Gegenständen im Prinzip wie eine Lochblende:
Durch die *Pupille* (= Loch) kann Licht in das Auge einfallen. Auf der gegenüberliegenden Seite entsteht auf der *Netzhaut* ein Bild. Über den *Sehnerv* ist das Auge mit dem Gehirn verbunden, sodass wir ein Bild wahrnehmen können.

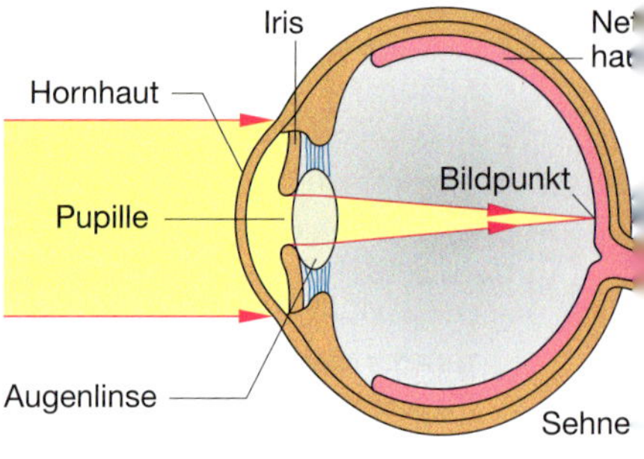

Wie bei einer Lochblende steht das Bild auch beim Auge auf dem Kopf. Vom Gehirn wird es so „umgedreht“, dass es als aufrecht empfunden wird.

Im Gegensatz zur Lochblende kann das Auge gleichzeitig sowohl scharfe als auch helle Bilder erzeugen. Das ermöglicht die *Augenlinse*, die sich den unterschiedlichen Entfernungen anpassen kann.

Lochblende und Auge erzeugen Bilder, die auf dem Kopf stehen und seitenverkehrt sind.
Bei der Lochblende ist die Größe des Bildes veränderbar.

Lochkamera

Versuche und Aufträge

V1 Baue entsprechend der folgenden Abbildung eine einfache Lochkamera:

① Fertige aus Karton zwei genau ineinander passende Röhren, indem du zwei Bögen Kartonpapier um eine Flasche wickelst und einzeln verklebst.

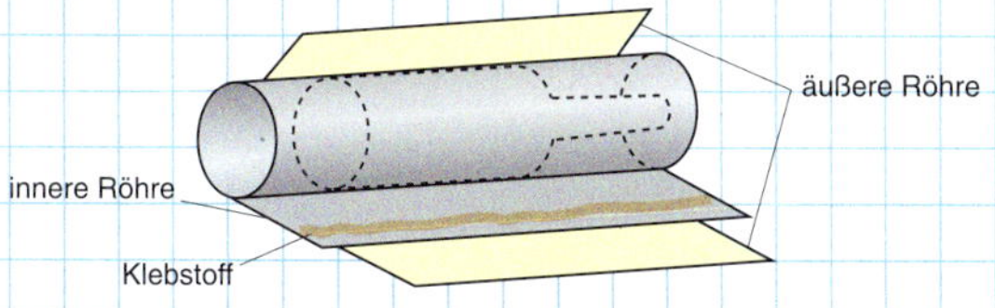

② Beklebe nun die engere Röhre vorne mit Pergamentpapier und bastele für die größere Röhre gut passende Deckel mit Löchern unterschiedlicher Größe.

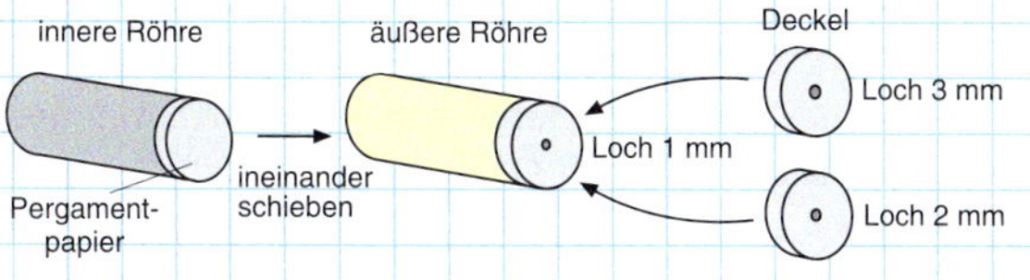

③ Schiebe die Röhren ineinander und schaue von hinten in die enge Röhre.

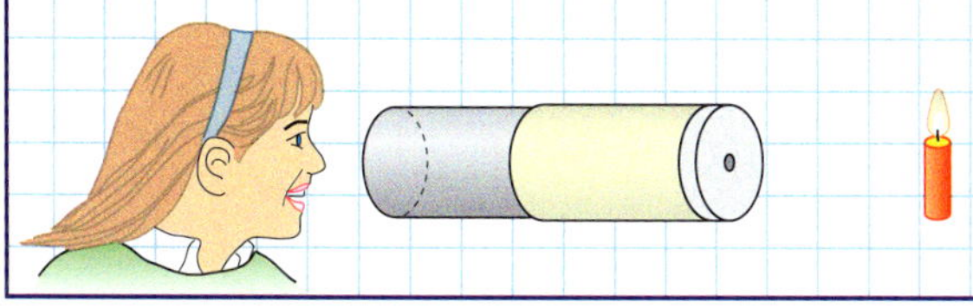

V2 Betrachte einen hellen Gegenstand durch eine Lochkamera.

a) Vergleiche das gesehen Bild mit dem Gegenstand selbst X.

b) Erkläre Unterschiede zwischen dem Aussehen des Gegenstandes und seinem Bild.

c) Nenne Eigenschaften des Bildes, die sich ändern bei folgenden Veränderungen:

① die Größe des Lochs;

② den Abstand Mattscheibe – Loch;

③ den Abstand Gegenstand – Loch.

Formuliere deine Ergebnisse als „Je-Desto-Beziehungen".

V3 Verwende bei deiner Lochkamera andere Lochformen (z. B. quadratisch, strichförmig, dreieckig etc.). Beschreibe, wie sich dadurch jeweils das Bild verändert.

A4 Mit einer Lochkamera lassen sich wirkliche Bilder machen. Anders als bei Digitalkameras werden Fotopapier und Chemikalien benötigt.

a) Erkunde notwendige Voraussetzungen und Materialien, um mit einer Lochkamera ein Foto machen zu können.

b) Entwickle einen Plan zur Durchführung, um mit deiner Klasse auf diese Weise zu „fotografieren".

Aufgaben

1 **a)** Erkläre, warum das Bild, das eine Lochblende erzeugt, seitenverkehrt ist.
b) Erkläre, warum das Bild, das eine Lochblende erzeugt, auf dem Kopf steht.

2 **a)** Zeichne eine Lochblende mit einem frei gewählten Lochdurchmesser. Zeichne dann die von drei übereinander liegenden Gegenstandspunkten ausgehenden Lichtbündel und die auf einem Schirm entstehenden Bildflecke.
b) Finde heraus, wie sich das Bild ändert, wenn die Punkte näher zur bzw. weiter weg von der Lochblende rücken. Kannst du eine Gesetzmäßigkeit erkennen?
c) Überlege, wie sich das Bild ändert, wenn du größere bzw. kleinere Lochdurchmesser verwendest. Überprüfe deine Aussagen durch Zeichnungen.
d) Erkläre anhand deiner Zeichnungen, warum bei einer Lochblende nur unscharfe Bilder entstehen.

3 **a)** Erläutere, welche Buchstaben auf dem Schirm hinter einer Lochblende genauso (eventuell verkleinert) aussehen wie der Buchstabe selbst.
b) Finde Gegenstände, bei denen der gleiche Effekt auftritt.
c) Erläutere, welche Form Gegenstände generell haben müssen, damit das Lochblenden-Bild auf dem Schirm und das Original gleich aussehen.

4 **a)** Erkundige Dich, was eine „Camera obscura" ist und wie sie früher von Malern eingesetzt worden ist.
b) Begründe, weshalb eine „Camera obscura" nachts nicht funktionieren konnte.

5 Ein Mitschüler hält sich für zehn Sekunden die Augen zu. Beschreibe deine Beobachtung, wenn er die Hände von den Augen nimmt.

6 **a)** Erläutere die Aussage „Eine Sonnenbrille täuscht das Auge."
b) Erkundige dich bei einem Augenoptiker, weshalb Sonnenbrillen unbedingt einen UV-Filter haben sollten.

Schall

Auf uns stürmen pausenlos irgendwelche Geräusche ein. Schon in aller Frühe klingelt der Wecker, vom Radio hören wir die neuesten Nachrichten, die Nachbarn streiten sich und auf der Straße vor dem Haus lärmt der morgendliche Berufsverkehr. Im Bus zur Schule begleitet uns der MP3-Player, in der Schule heißt es zuhören – und so geht es den ganzen Tag weiter: Es brummt, knallt, summt, klappert, hupt und pfeift um uns herum. Wir hören Geräusche, Musik, Sprache und Lärm den ganzen Tag.

Aber was ist Schall? Wie entsteht er und was kann er bewirken?

Wodurch unterscheiden sich angenehme Töne von quälenden Geräuschen?

Von der Quelle zum Empfänger

Schall kommt vom Mund, von Lautsprechern, von Musikinstrumenten, von Maschinen oder von plätscherndem Wasser. Sie alle senden Schall aus. Aber erst wenn Schall auf unser Ohr trifft, können wir ihn wahrnehmen. Körper, von denen Schall ausgeht, nennen wir **Schallquellen** oder Schallsender, Körper, die Schall aufnehmen, **Schallempfänger.**
Besondere Schallempfänger sind Mikrofone. Mit ihnen lässt sich der Schall empfangen, in elektrische Signale umwandeln und dann weiter verarbeiten.

Alles Hörbare ist Schall. Bei Schall läuft alles genauso ab wie bei Licht.

Schallquelle → Schall → Schallempfänger

Aufgaben

1 Nenne mindestens zehn Verben, die Schall beschreiben. Gib jeweils die dazugehörige Schallquelle an.

2 „Auf den Ohren sitzen", „bis über beide Ohren verliebt" …
Es gibt viele solche Redensarten über Schall. Sammle einige von ihnen und erkläre ihre Bedeutung.

3 Nenne Schallquellen und unterteile sie in Musik, Sprache, Lärm.

Schallentstehung

- Wenn wir beim Sprechen die Hand an den Kehlkopf legen, so sind nicht nur die Worte zu hören, sondern auch ein Vibrieren ist in der Kehle zu fühlen.
- Eine Stimmgabel, die angeschlagen wird, sendet ebenfalls Schall aus. Beim Berühren ist zu spüren, dass die Zinken hin und her schwingen.
- Reiskörner tanzen wie wild auf der Membran eines tönenden Lautsprechers. Die Bewegung der Membran lässt sich fühlen.

Zentraler Versuch

Die Entstehung von Schall ist offensichtlich mit der Hin- und Herbewegung eines Körpers verknüpft. Andere Körper (z. B. Geigensaite, Trommel, Glocke) lassen sich ganz ähnlich zu solchen Hin- und Herbewegungen anregen.
Was aber bewegt sich bei einer Blockflöte? In die Öffnung geblasener Rauch zeigt, dass es die Luftteilchen sind, die sich hin und her bewegen.

Diese Bewegungen heißen **Schwingungen.** Offenkundig ist bei der Schallentstehung immer auch ein schwingender Körper oder ein schwingender Teil eines Körpers beteiligt.

Schwingende Körper können Schall aussenden.

Schwingungen

Zur genaueren Beschreibung einer Schwingung soll eine langsam schwingende Blattfeder betrachtet werden: Nach dem Auslenken aus der **Ruhelage** schwingt die Blattfeder hin und her; dabei geht sie immer wieder durch die Ruhelage. Ein kompletter Durchgang wird als **Periode** der Schwingung bezeichnet. Die maximale Auslenkung von der Ruhelage bis zum jeweiligen Umkehrpunkt wird **Schwingungsweite** oder **Amplitude** genannt.

Die Zeitdauer für eine Periode lässt sich durch Abstoppen mit einer Uhr messen. Dabei stellt sich heraus, dass die schwingende Blattfeder für einen vollen Durchgang (Ruhelage → ganz nach links → Ruhelage → ganz nach rechts → Ruhelage) jeweils dieselbe Zeitdauer benötigt. Diese Zeit für eine volle Periode wird **Schwingungsdauer *T*** genannt.

Gleichgültig, wie weit die Blattfeder aus der Ruhelage ausgelenkt wird, ist die Zeit für eine Schwingung immer gleich. Es spielt für die Schwingungsdauer keine Rolle, ob die Blattfeder mehr oder weniger weit ausgelenkt wird. Die Schwingungsdauer lässt sich genauer bestimmen, indem nicht die Zeit für eine einzelne Periode gestoppt, sondern für mehrere (z. B. zehn, hundert oder tausend) und durch die Anzahl der Perioden geteilt wird. Werden für 20 Perioden z. B. 100 s gemessen, so beträgt die Schwingungsdauer $T = \frac{100\ \text{s}}{20} = 5$ s.

Schwingungsdauer

Die Einheit ist s (Sekunde)
Das Formelzeichen ist *T*.

Frequenz

Die Einheit ist 1 Hz (Hertz) = $1 \frac{1}{\text{s}}$
Das Formelzeichen ist *f*.

Weitere Einheiten:
Kilohertz: 1 kH = 1000 Hz

Zentraler Versuch

Bei schnell schwingenden Körpern ist die Schwingungsdauer sehr klein, die Anzahl der Schwingungen groß. Deshalb lässt sich eine Schwingung auch beschreiben durch die Zahl der Perioden in *einer* Sekunde. Diese Zahl der Schwingungen pro Sekunde wird **Frequenz *f*** genannt. Ihre Einheit ist das Hertz: 1 Hz = $\frac{1}{\text{s}}$.
Eine Frequenz von 1000 Hz bedeutet für eine Lautsprechermembran, dass sie 1000 komplette Perioden in einer Sekunde vollführt. Die Schwingungsdauer beträgt in diesem Fall
$T = \frac{1\ \text{s}}{1000} = 0{,}001\ \text{s} = 1\ \text{ms}$.
Aus der Frequenz *f* lässt sich somit die Schwingungsdauer *T* leicht berechnen und umgekehrt:
$T = \frac{1}{f}$ und $f = \frac{1}{T}$.

Schwingungen sind gekennzeichnet durch Amplitude bzw. Schwingungsweite und Schwingungsdauer bzw. Frequenz.

Rechenbeispiel

Eine große, eingespannte Blattfeder schwingt in 15 Sekunden 30-mal hin und her. Bestimme die Frequenz und die Schwingungsdauer.

Geg.: 30 Schwingungen in 15 s

Ges..: Frequenz *f*, Schwingungsdauer *T*

Lösung:
$$f = \frac{\text{Anzahl der Perioden}}{\text{dafür benötigte Zeit}}$$
$$= \frac{30}{15\ \text{s}} = 2\,\frac{1}{\text{s}} = 2\ \text{Hz}$$
$$T = \frac{\text{Zeit für alle Perioden}}{\text{Anzahl der Perioden}}$$
$$= \frac{15\ \text{s}}{30} = 0{,}5\ \text{s} = 500\ \text{ms}$$

Die Blattfeder schwingt mit einer Frequenz von 2 Hz. Die Schwingungsdauer beträgt 0,5 s.

Aufgaben

1 Beschreibe Gegenstände aus deiner Umgebung, die schwingen, und bestimme Ruhelage, Amplitude und Frequenz. Beschreibe dein Vorgehen.

2 Suche schwingende Gegenstände (z. B. das Pendel einer Wanduhr oder eine Schaukel im Garten).
a) Beschreibe, wie du die Schwingungsdauer oder Frequenz messen kannst.
b) Nenne Schwierigkeiten, die beim Messen auftreten können, und wie sie sich vermeiden lassen.
c) Führe die Messung durch und bestimme Schwingungsdauer und Frequenz. Schätze zusätzlich die Größe der Amplitude ab.

3 **a)** Recherchiere, wie oft ein Kolibri, eine Fliege, eine Biene, eine Hummel, eine Wespe oder ein Vogel im Flug die Flügel schlägt.
b) Gib jeweils Frequenz und Schwingungsdauer an.

4 Berechne die Schwingungsdauer und Frequenz einer Blattfeder, die für 18 Perioden 24 s braucht.

5 Berechne für die folgenden Schwingungsdauern die zugehörigen Frequenzen: 5 s; 2 s; 0,2 s; 0,004 s.

Töne sichtbar gemacht

Damit Schwingungen besser untersucht werden können, wäre es gut, wenn sie „festgehalten" werden könnten. Dies lässt sich erreichen, indem die Stimmgabel mit ihrer schwingenden Zinke gleichmäßig über eine rußgeschwärzte Platte gezogen wird. Sie hinterlässt dann im Ruß eine deutliche Spur, aus der sich der Weg der schwingenden Zinke ablesen lässt.
Aus der Rußspur lässt sich die Zahl der kompletten Perioden abzählen.

Zentraler Versuch

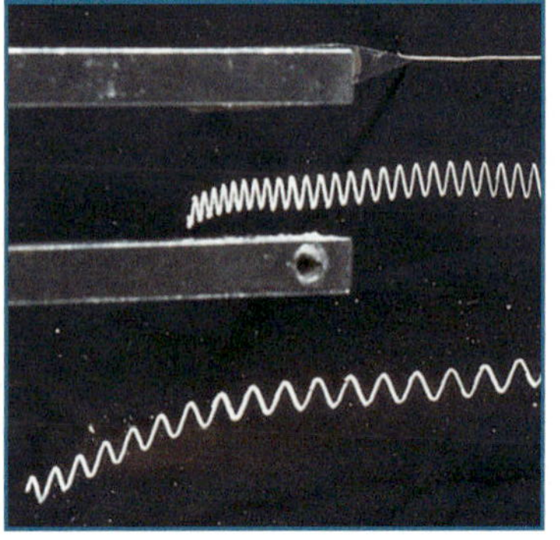

Durch das Messen der Zeit zwischen Anfang und Ende der Spur lassen sich die Frequenz *f* und die Schwingungsdauer *T* bestimmen.

Es zeigt sich, dass die Ausschläge nach oben und unten mit der Zeit geringer werden, die Amplitude der Schwingung nimmt mit der Zeit ab. Werden jeweils die Maxima und die Minima untereinander verbunden, so lässt sich das „Abklingen" der Amplitude besonders deutlich erkennen.

Schallsender	Schwingungsbilder	
lange Stimmgabel	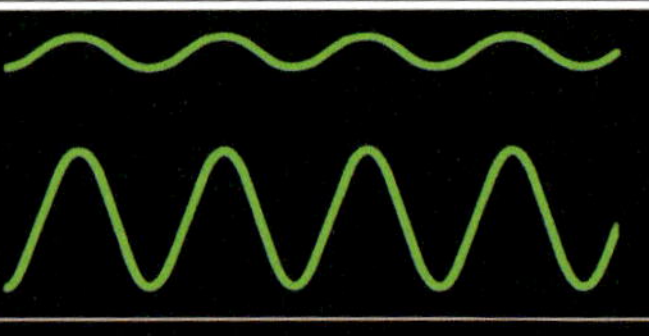	leiser tiefer Ton lauter tiefer Ton
kurze Stimmgabel	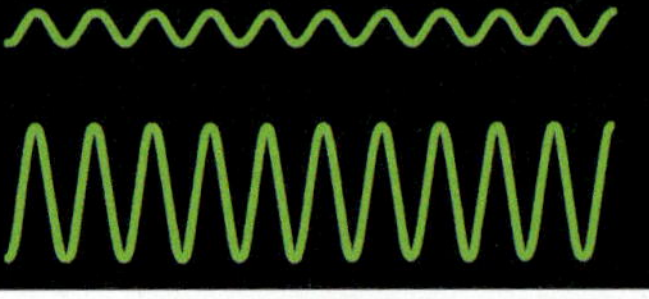	leiser hoher Ton lauter hoher Ton
Rasseln mit Schlüsselbund	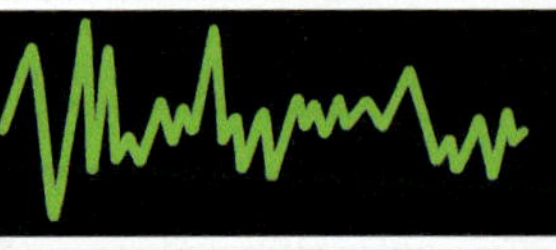	Geräusch
Schuss; platzender Ballon; Zerschlagen einer aufgeblasenen Papiertüte	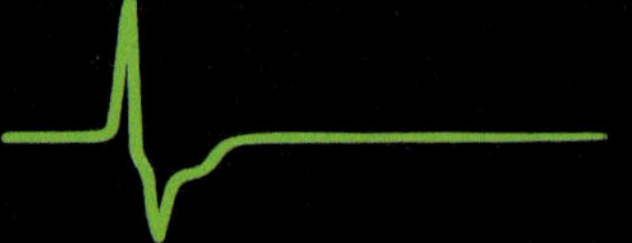	Knall
Geige	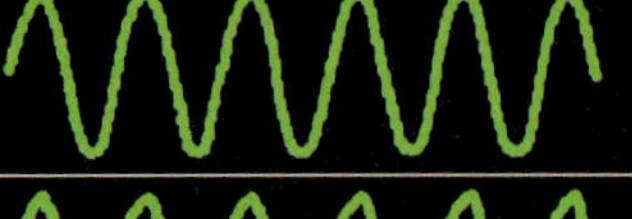	Klang
menschliche Stimme	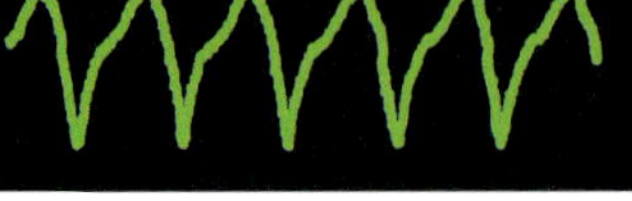	

Die Stimmgabel hat auf der berußten Glasplatte Schwingungen sichtbar gemacht. Besser geht es mithilfe eines Computers, eines angeschlossenen Mikrofons und passender Software. Damit lässt sich der vom Mikrofon aufgenommene Schall in Schwingungsbilder verwandeln und entweder direkt auf dem Bildschirm darstellen oder für spätere Verwendungen speichern. Dadurch können verschiedene Schwingungsbilder miteinander verglichen und Frequenz und Amplitude bestimmt werden.

Je größer die Frequenz eines Tons ist, desto höher klingt er. Je größer die Amplitude ist, desto lauter klingt der Ton.

Aufgaben

1 Vergleiche die folgenden Schwingungsbilder ①–⑤. Formuliere Sätze wie „① ist lauter als …", „② ist höher als …"

①
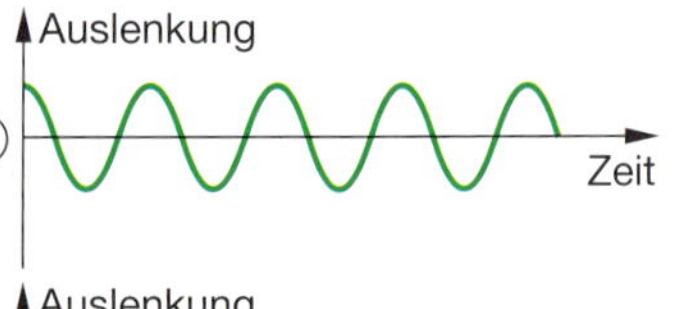

②
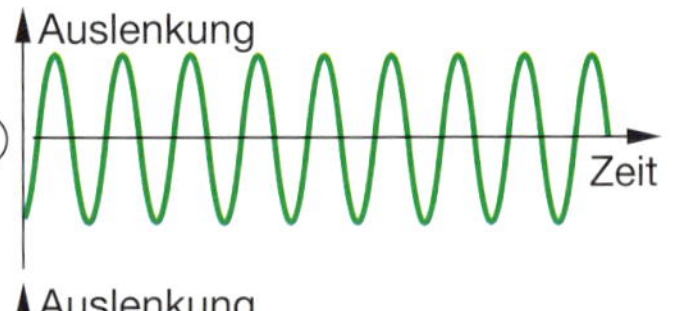

③
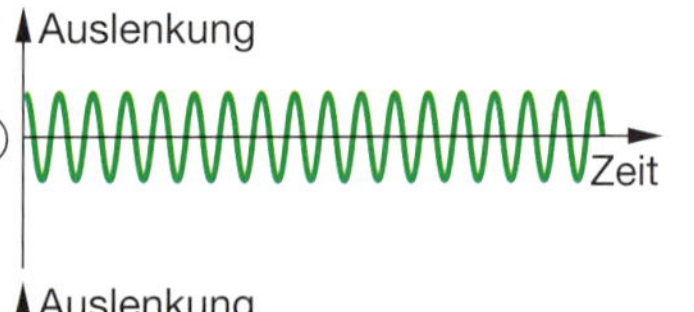

④
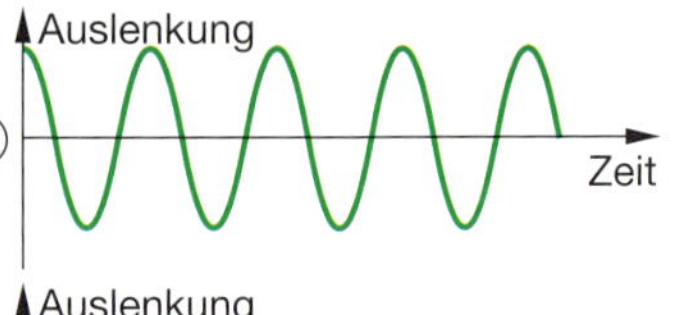

⑤
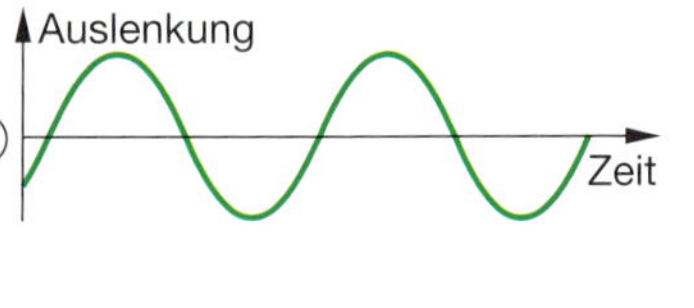

Schall und Schwingungen — Versuche und Aufträge

V1 a) Fülle Wasser in einen Becher. Schlage die Zinken einer großen Gabel (z. B. Tranchiergabel aus dem Bratenbesteck) an und halte sie ins Wasser.
b) Beschreibe deine Beobachtung und erkläre.

V2 a) Zähle deine Pulsschläge pro Minute. Bestimme daraus die Frequenz deines Herzschlags.
b) Wiederhole a) nach 20 Kniebeugen.

V3 Nimm ein biegsames Lineal und halte es so auf einem Tisch fest, dass es noch über die Tischkante ragt. Lenke das überstehende Ende aus. Experimentiere und schildere deine Beobachtungen.

V4 Hänge einen Gegenstand an einen Faden und lass ihn schwingen (Pendel).
a) Bestimme Schwingungsdauer, Frequenz und Amplitude des Pendels.
b) Ändere Fadenlänge und Amplitude und bestimme wieder alle Größen. Trage deine Messergebnisse in einer Tabelle zusammen und stelle sie grafisch dar.
c) Formuliere Zusammenhänge.
d) Ersetze deinen Gegenstand durch einen schwereren bzw. leichteren.

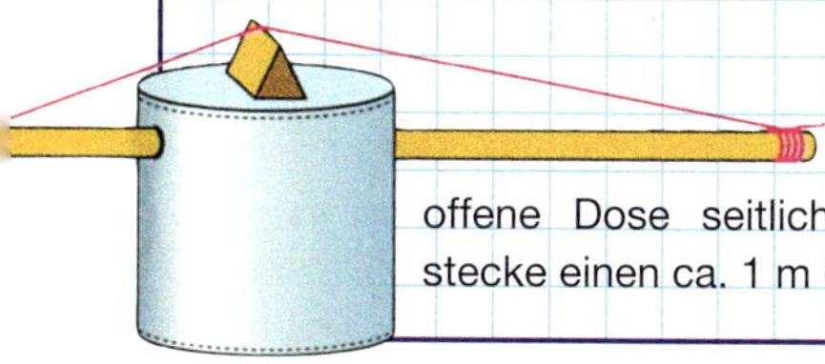

V5 Dosenlaute
Bohre in eine unten offene Dose seitlich je ein Loch und stecke einen ca. 1 m langen Holzstab hindurch. Verknote an beiden Enden eine Saite und spanne sie mit einem dreieckigen Holzkeil.
a) Bestimme die Größen deines Instruments, welche die Tonhöhe beeinflussen.
b) Verändere während des Spielens die Tonhöhe und spiele ein „Lied“.

V6 Glasorgel
Besorge dir möglichst ein Dutzend gleicher Gläser aus dünnem Glas. Fülle sie der Reihe nach mit immer mehr Wasser. Fahre mit dem angefeuchteten Finger langsam am Rand des Glases entlang.
a) Beschreibe den Zusammenhang Tonhöhe ↔ Wasserstand.
b) Erkläre das Zustandekommen der Töne und warum dünne Gläser besser klingen als dicke.
c) Stimme die Gläser durch Verändern des Wasserstands und spiele ein „Lied“.

V7 Experimente mit einer Computer-Soundkarte
a) Nimm unterschiedliche Töne von verschiedenen Musikinstrumenten mit einem Mikrofon auf. Bestimme jeweils die Frequenzen der Töne.
b) Vergleiche Klangbilder unterschiedlicher Instrumente bei gleicher Frequenz.
c) Nimm denselben gesprochenen Satz von verschieden Personen auf. Erstelle ein Ratespiel, in dem Personen anhand ihres Stimmmusters erkannt werden müssen.

Die menschliche Stimme — Streifzug

Die menschliche Stimme ist ein unglaublich vielseitiges „Instrument“. Sie kann zwischen Schreien und Flüstern, zwischen tiefem Brummen und hohem Kreischen variiert werden. Durch verschiedene Klangfarben können viele Geräusche nachgeahmt werden.

Die Stimmbäder liegen im Kehlkopf. Strömt Luft aus der Lunge durch die Stimmritze zwischen den Stimmbändern, so werden sie auseinander gedrückt und schlagen wieder zusammen. Dieses Hin und Her erzeugt ein schnarrendes Geräusch. Die Länge der Stimmbänder ist verantwortlich dafür, dass sich bei den Sängerinnen und Sängern Sopran, Alt, Tenor und Bass unterscheiden lassen. Je länger die Stimmbänder, desto tiefer die Stimmlage. Aber erst durch den Raum in Brust, Rachen, Nase und Mund sowie durch die Stellung der Zunge, des Gaumens, der Zähne und der Lippen entstehen die vielfältigen Laute, zu denen der Mensch fähig ist. Die darauf beruhende Sprache war ein wesentlicher Schritt in der Entwicklungsgeschichte des Menschen.

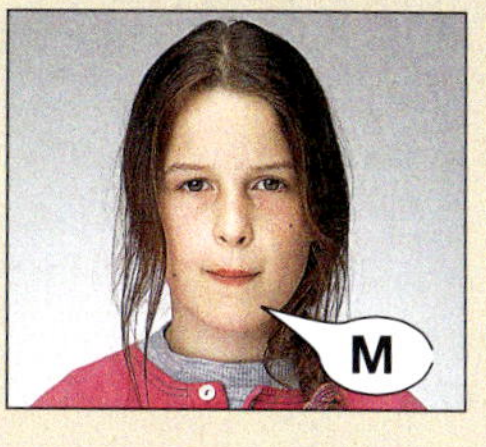

Schallausbreitung

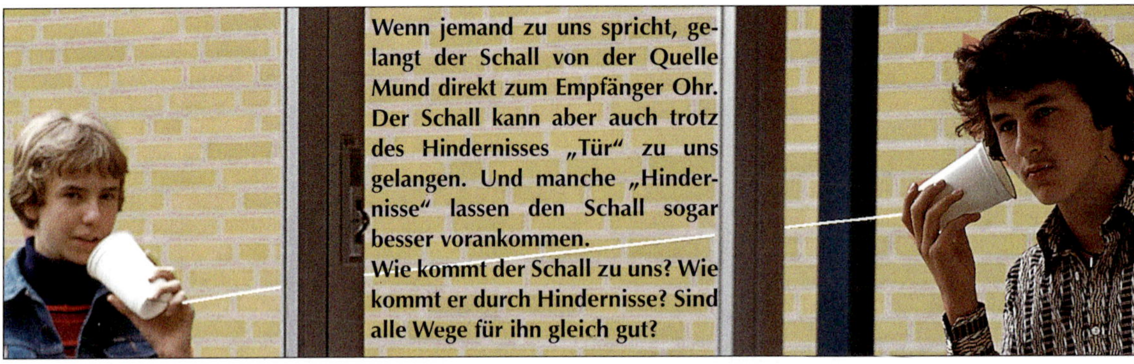

**Wenn jemand zu uns spricht, gelangt der Schall von der Quelle Mund direkt zum Empfänger Ohr. Der Schall kann aber auch trotz des Hindernisses „Tür" zu uns gelangen. Und manche „Hindernisse" lassen den Schall sogar besser vorankommen.
Wie kommt der Schall zu uns? Wie kommt er durch Hindernisse? Sind alle Wege für ihn gleich gut?**

Schallträger

Wird eine laut bimmelnde Klingel auf einen Schwamm unter eine Glasglocke gelegt und die Luft herausgepumpt, so verstummt das Klingeln nach und nach. Wird die Glocke langsam belüftet, so wird das Klingeln wieder hörbar und immer lauter.

Zentraler Versuch

Damit der Schall von der Klingel zum Ohr übertragen werden kann, muss etwas da sein, das ihn von der Schallquelle zum Schallempfänger gelangen lässt. Die Luft ist also zur Schallübertragung notwendig. Ohne diesen **Überträger** gibt es offenbar keinen Schall. Wird der Versuch wiederholt, wobei die Klingel auf eine Metallunterlage gelegt wird, so reduziert sich die Lautstärke kaum. Der Schall kann jetzt über den festen Metallkörper zum Ohr gelangen.
Es ist meist die Luft, die den Schall überträgt. Aber auch jeder feste, flüssige oder gasförmige Körper kann ihn – mehr oder weniger gut – übertragen. Aus Vergleichsmessungen mit dem Träger Luft lassen sich die verschiedenen Stoffe in eine Reihenfolge sortieren. Der Grafik lässt sich entnehmen, wievielmal besser bestimmte Stoffe Schall übertragen im Vergleich zu Luft.

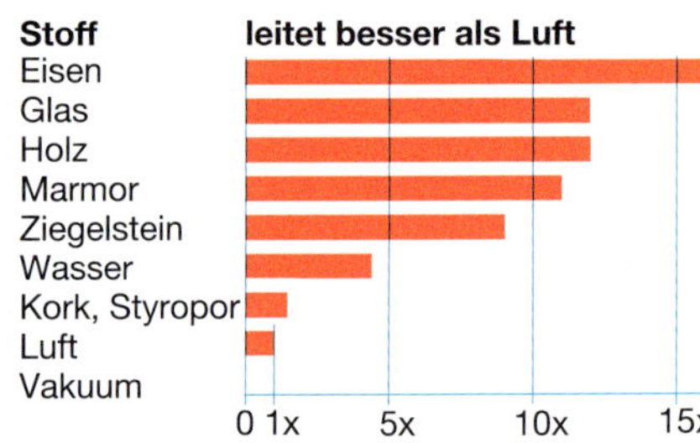

> Schall braucht einen Träger, um von der Schallquelle zum Schallempfänger zu gelangen.

Versuche und Aufträge — Schallausbreitung

V1 a) Lausche einer Radiosendung im Nachbarzimmer ohne Hilfsmittel.
b) Halte dann ein Trinkglas mit der Öffnung an die Wand und drücke dein Ohr an den Glasboden. Erkläre deine Beobachtung.

V2 a) Befestige eine Suppenkelle aus Metall in der Mitte eines ca. 2 m langen Fadens. Wickle die beiden Enden des Fadens um die Spitzen deiner Zeigefinger und lasse die Kelle frei hängen. Schlage sie jetzt gegen einen Tisch. Wie hört sich der Ton an?
b) Stecke dann deine beiden Zeigefinger in die Ohren und wiederhole. Erkläre.

V3 Fadentelefon: Bohre je ein Loch in die Böden von zwei leeren Plastikbechern oder Blechdosen und verbinde sie durch eine Schnur wie im Bild oben.
a) Sprich in den einen Becher hinein. Kann jemand in dem anderen Becher deine Worte gut hören?
b) Miss die Entfernung, über die ihr eine vernünftige Telefonverbindung herstellen könnt.
c) Erkläre, warum die Schnur gespannt sein muss.

Schall unterwegs

Zentraler Versuch

- **Reflexion**
  Schall wird an festen Materialien (z. B. an einer Glasplatte) wie Licht an einem Spiegel reflektiert. Das Ticken des Weckers ist mit Spiegel viel lauter zu hören als ohne. Schall lässt sich also gezielt um die Ecke lenken.

* **Absorption**
Der Schall kann in der Ausbreitung behindert werden, indem weiche Stoffe wie z. B. ein Schwamm oder ein Tuch auf den Wecker gelegt werden.

* **Beugung**
Wird der Spiegel entfernt, so ist das Ticken nach wie vor zu hören, obwohl keine geradlinige Verbindung zwischen Wecker und Ohr besteht – die Glaswand steht im Weg, der Schall muss also auch „um die Ecke" gehen können.

Schall kann reflektiert, absorbiert und gebeugt werden.

Unter der Lupe: Schallausbreitung

Stößt in einer wartenden Schülerschlange ein hinten Stehender gegen einen vor ihm Stehenden, so kann der Gestoßene nach vorn fallen und den vor ihm Stehenden umstoßen – was sich nach vorn so weiter fortsetzen kann. Die **Störung** hat sich nach vorn ausgebreitet, ohne dass die Schüler sich in der Schlange von ihrem Platz weg bewegt hätten.

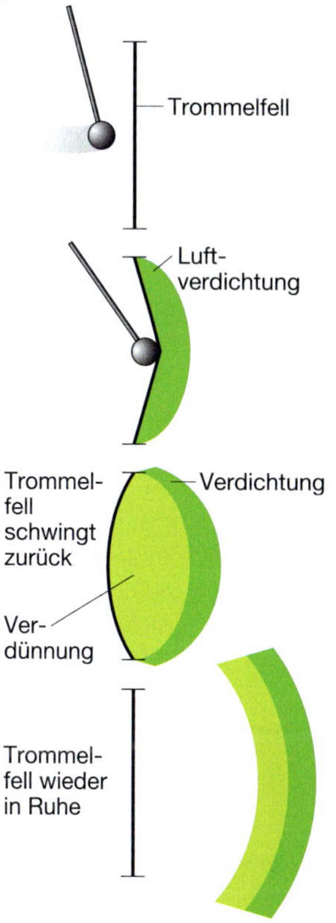

Schiebt man die Luft langsam mit der Hand vor sich her, so kann sie ausweichen. Schlägt man dagegen auf eine Pauke, so werden die Luftteilchen sehr schnell angestoßen und können deshalb nicht ausweichen. Hinter der Pauke wird die Luft zusammengedrückt. In diesem Bereich ist die Luft dichter als in ihrer Umgebung. Diese Luftteilchen drücken nun ihrerseits auf vor ihnen liegende Luftteilchen, die dadurch verdichtet werden. Das „verdichtete Luftpaket" wandert also immer weiter von der Pauke weg, ohne dass die einzelnen Luftteilchen ihren Platz verlassen.
Schwingt das Fell der Pauke zurück, so entsteht eine Stelle, in welcher die Luft mehr Platz zur Verfügung hat, eine Luftverdünnung. In diese strömt Luft aus der nächsten Luftschicht wieder hinein. Wie die Luftverdichtung pflanzt sich auch die Luftverdünnung fort. Sie läuft hinter der Verdichtung her – wir hören den Paukenschlag.
Luftverdichtungen und -verdünnungen laufen von einer Schallquelle nicht nur in eine Richtung weg, sondern breiten sich auch seitlich aus. Deshalb werden die Amplituden der Schwingungen mit der Entfernung immer geringer, der Ton wird leiser.

Die Ausbreitung in anderen Materialien verläuft ganz ähnlich. Nur sind es dort nicht die Luftteilchen, die hin und her schwingen und die Störung weitergeben, sondern die Teilchen des betreffenden Stoffes. Da in flüssigen oder festen Stoffen die Teilchen viel dichter gepackt sind und fester zusammenhängen als in Luft, leiten diese den Schall auch besser.

Mit jedem Hin und Her eines schwingenden Körpers entstehen abwechselnd Verdichtungen und Verdünnungen in der Luft, die sich ausbreiten.

Aufgaben

1. Eine lange Schraubenfeder wird ausgestreckt hingelegt, an den Enden festgehalten und an einer Stelle angestoßen. Beschreibe, wie sich diese Störung längs der Feder ausbreitet.
2. Beschreibe die Schallausbreitung eines sich nähernden Zuges in einer Eisenbahnschiene mit dem Teilchenmodell.
3. An manchen großen Bergwänden können wir unsere Rufe nach der Reflexion an der Wand als Echo wieder hören. In großen, leeren Räumen hören wir dagegen einen unangenehmen Nachhall. Erkläre den Unterschied.
4. Nenne für den Versuch mit der tickenden Uhr andere Materialien als Glas und sortiere sie nach der Güte der Reflexion.
5. Stelle Schall und Licht in einer Tabelle gegenüber. Arbeite Gemeinsamkeiten und Unterschiede heraus und belege jeweils mit Beispielen.

Schall braucht Zeit

Wie können die Eltern sich so sicher sein? Vermutlich haben sie eine alte Bauernregel angewandt: „Zähle nach dem Blitz die Sekunden bis zum Eintreffen des Donners, teile die Zahl durch drei und du erhältst in etwa die Entfernung des Gewitters in Kilometern."
Ein Blitz und in seinem Gefolge der Donner sind spektakuläre Naturerscheinungen. Der Blitz ist dabei das optische Ereignis, der Donner das akustische. Weil sich Licht irrsinnig schnell bewegt, ist der Blitz praktisch in dem gleichen Augenblick zu sehen, in dem er von Wolke zu Wolke zuckt oder zur Erde fährt.

Schall dagegen braucht Zeit, um von einem Ort zu einem anderen zu gelangen. Das ist verständlich, denn eine Schallquelle erzeugt in Luft ja abwechselnd Verdichtungen und Verdünnungen, die sich in alle Richtungen ausbreiten. Dazu ist Zeit nötig, wie der einfache Versuch im folgenden Foto zeigt: Wird das linke Tamburin angeschlagen, so springt der Tischtennisball am rechten Tamburin kurze, aber merkliche Zeit später weg.

Zentraler Versuch

Das Bild rechts zeigt zwei Möglichkeiten, die **Schallgeschwindigkeit** in Luft zu bestimmen.

- Im ersten Fall stoppt die Person am Ort B (mindestens 150 m von A entfernt) die Zeit zwischen dem Sehen und dem Hören des Zusammenklappens der Startklappe. Diese Zeit braucht der Schall für den Weg von A nach B. Einfache Dreisatz-Rechnungen ergeben für die Schallgeschwindigkeit ziemlich ungenaue Werte zwischen 250–370 m pro Sekunde.
- Im zweiten Fall, der wesentlich genaueren Methode, wird das elektronische Kurzzeitmessgerät gestartet, wenn der vom Lautsprecher ausgesandte Ton auf das linke Mikro trifft. Trifft der Ton auf das rechte Mikro, wird die Messung gestoppt. Die Auswertung ist nicht so einfach wie im ersten Fall, weil die Laufzeiten sehr klein sind und dadurch die Rechnung schwieriger wird. Die Schallgeschwindigkeit ergibt sich jetzt zu 340 m pro Sekunde.

Messungen in anderen Materialien haben ergeben, dass sich der Schall in anderen Stoffen viel schneller ausbreitet als in Luft.

Schall braucht in Luft für 1000 m etwa drei Sekunden.
In Festkörpern und in Flüssigkeiten ist die Schallgeschwindigkeit deutlich größer.

Stoff	Weg, den Schall in 1 s zurücklegt
Luft	340 m
Wasser	1485 m
Holz	1300–5500 m
Beton	3000–4500 m
Glas	4200–5900 m
Eisen	5950 m
Marmor	5300 m

Aufgaben

1 Du beobachtest in der Ferne einen Blitz. Seinen Donner hörst du etwa 12 s später. Nach zwei Minuten hörst du den Donner eines weiteren Blitzes schon nach 3 s.
a) Bestimme die Entfernung des Gewitters beim ersten Donner.
b) Bestimme seine Entfernung beim zweiten Donner.
c) Was lässt sich über die Bewegung des Gewitters sagen?

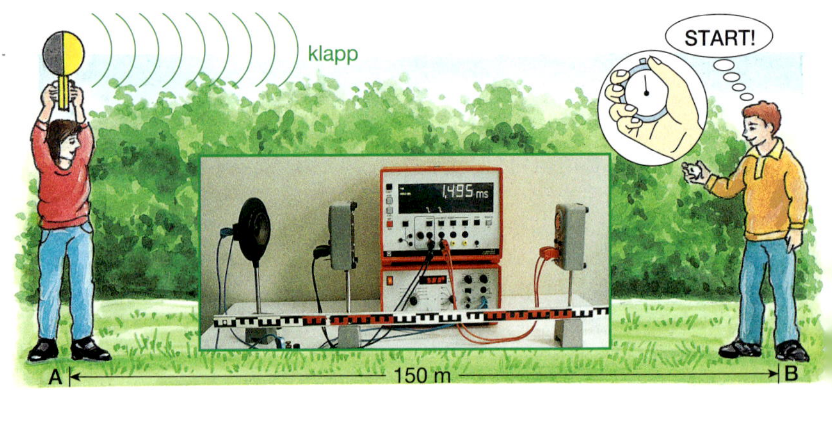

Schallgeschwindigkeit

Streifzug

Wie entsteht der Donner?

Eigentlich ist Luft ja ein Isolator, das heißt sie leitet elektrischen Strom nicht. Bei Gewittern ist das anders. Da fließen gewaltige elektrische Ströme von einer Wolke zu einer anderen oder von einer Wolke zum Erdboden. Dadurch wird die Luft in Bruchteilen von Sekunden auf etwa 30 000 °C erhitzt – sie leuchtet hell auf, wir sehen einen grellen Blitz.

Durch diese Temperaturerhöhung dehnt sich die Luft im Blitzkanal explosionsartig aus. Es entsteht ein kurzer, scharfer Knall, wenn die umgebende Luft in diesen nahezu luftleeren Kanal zurückfließt.
Ist der Blitz sehr nah, dann hören wir auch nur diesen Knall und keinen Donner. Ist der Blitz weit von uns entfernt, dann kommt der Knall aus unterschiedlichen Entfernungen mit entsprechender Verzögerung zu uns. Wir hören mehrere sich überlagernde Knalle, den Donner.

Das Echolot

Stoff	Weg, den Schall in 1 s zurücklegt
Luft	340 m
Wasser	1485 m
Meerwasser	1530 m
Stahl	5100 m
Glas	5300 m

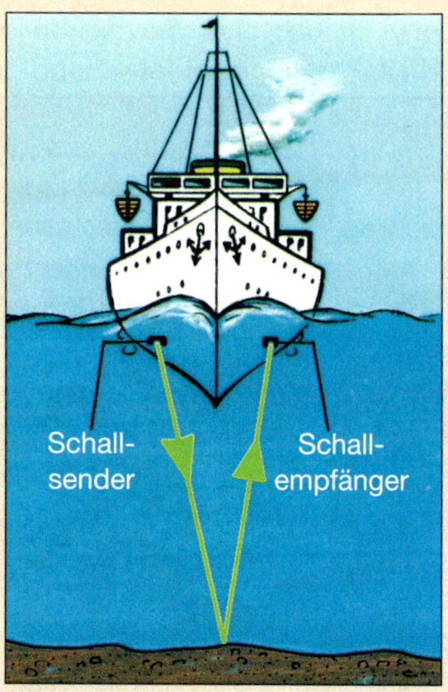

Schall breitet sich nicht nur in Luft aus, sondern auch in jedem anderen Stoff. Für jeden gibt es eine charakteristische Schallgeschwindigkeit. Die Tabelle links zeigt, dass Schall in Luft relativ langsam läuft.

Wie bei einem Gewitter oder einem Echo lässt sich bei jeder Schallausbreitung aus der Laufzeit des Schalls auf die Entfernung der Schallquelle schließen. Dies wird unter anderem von Fischern genutzt. Mithilfe eines Echolots können sie feststellen, wie tief das Meer unter ihnen ist oder wo und in welcher Tiefe sich große Fischschwärme befinden.

Dabei wird ausgenutzt, dass Schall an Hindernissen reflektiert wird. Ein Sender sendet Schall aus. Dieser läuft bis zum Meeresboden, wird dort reflektiert und kehrt zum Schiff zurück, wo er von einem Empfänger registriert wird. Die Zeit zwischen Senden und Empfangen des Schalls wird gemessen. Daraus lässt sich dann die Wassertiefe bestimmen. Wird der Schall von einem Fischschwarm reflektiert, so kann seine Entfernung genauso ermittelt werden. Mithilfe eines besonderen Gerätes (Echogramms) kann unterschieden werden, ob der Schall vom Meeresboden oder von einem Fischschwarm reflektiert wird.

Rechenbeispiel

Das von einem Schiff ausgesendete Signal kommt nach drei Sekunden wieder beim Empfänger an. Wie tief ist das Meer?

In Meerwasser legt Schall in 1 s eine Strecke von 1530 m, in 3 s eine Strecke von 3 · 1530 m = 4590 m zurück. Da der Schall die Strecke Schiff-Boden zweimal durchläuft, beträgt die Wassertiefe 4590 m : 2 = 2295 m.

Streifzug | **Lärm und Lärmschutz**

Lärm kann krank machen

„Stelle doch bitte das Radio leiser!“

Diese oder ähnliche Aussprüche sind Gang und Gäbe. Aber meist stören eigentlich ganz andere Dinge: Da ist der Straßenlärm, das Baby des Nachbarn, das Bellen des Hundes und vieles mehr. Aber Lärm ist nicht nur lästig und störend, sondern er birgt **ernste Gefahren für unsere Gesundheit.** Werden Menschen längere Zeit auch nur geringem Lärm ausgesetzt, können sie Kopfschmerzen, Unwohlsein, Bluthochdruck und Nervosität bekommen. Ebenso leidet die Fähigkeit, sich zu konzentrieren und zu lernen.
Besonders in Mitleidenschaft gezogen werden die Ohren. Selbst geringer Lärm führt zu Verständigungsschwierigkeiten, die sich besonders bei Unterhaltungen und am Telefon zeigen.

„Wie kannst du diesen Krach in der Disko nur aushalten?“

Bei starken und lang anhaltenden Lärmbelästigungen treten Schäden auf, die nie wieder geheilt werden können. Deshalb steht auf Eintrittskarten zu Rockkonzerten häufig ***„Keine Haftung für Gehörschäden“.*** Untersuchungen bei Jugendlichen zeigen, dass unter dem Einfluss von zu lauter Musik und intensivem Gebrauch eines MP3-Players das Gehör vorzeitig gealtert ist. Die Lautstärke, die durch den Kopfhörer eines MP3-Players in das Ohr dringt, ist vergleichbar mit der eines Presslufthammers! So sind bereits 15 % der Jugendlichen – was das Hörvermögen angeht – 50 Jahre alt!!

Lärmschutz

„Schlage die Tür nicht so laut zu!“

Bester Schutz vor Lärm ist, ihn gar nicht erst entstehen zu lassen. Deshalb ist es besonders wichtig, im täglichen Umfeld den Lärmpegel zu reduzieren. Zum Beispiel sollten schon beim Kauf von elektrischen Geräten leise Modelle bevorzugt werden. Radio leiser drehen, langsamer mit dem Auto fahren oder Rasen mähen nicht gerade am Sonntagnachmittag. **Rücksicht schützt!**

Was aber tun, wenn sich Lärm nicht vermeiden lässt? Eine Maschine in der Fabrik soll ja produzieren, die LKW müssen ihre Fracht liefern und viele brauchen das Auto für den Weg zur Arbeit. Wenn schon die Schallquellen nicht ausgeschaltet werden können, so kann doch versucht werden, den Schall auf seinem Weg von der Quelle zum Empfänger so weit wie möglich zu behindern. Eine Möglichkeit besteht in einer schalldichten Verpackung der Schallquelle mit Wänden aus weichem Material. Z. B. sind die Motoren leiser Autos rundherum gekapselt, d. h. nahezu schalldicht eingeschlossen.

Eine verkehrsreiche Straße lässt sich natürlich nicht einpacken. Aber dem Schall Hindernisse in den Weg zu stellen ist möglich. Diese Hindernisse werden so konstruiert, dass sie Teile des Schalls zurückwerfen und andere, möglichst große Anteile „schlucken“. Solche *Lärmschutzwände* sind vielerorts zu sehen.

In Wohnhäusern wird versucht, die Ausbreitung von Schall zu vermindern, indem der Schall gedämmt wird. Die äußeren Wände sind mit Materialien belegt, die den Schall reflektieren. An der Innenseite der Wände werden schalldämpfende Stoffe wie Kork und Hartschaummatten angebracht, um die Übertragung von Schall zu erschweren. Auch Teppiche können den „Trittschall“ stark mindern.

Schalldämmung

Wie klingt die Tür des neuen Autos? Geht sie mit einem metallenen Klang ins Schloss oder mit einem satten „Plopp“? Wie laut ist der Motor bei bestimmten Drehzahlen? Diese und ähnliche Fragen stellen sich bei der Entwicklung von neuen Autos.
Zur Lösung der Probleme dient ein **Lärmtunnel**. Er schirmt alle störenden Geräusche von außen ab. Seine Wände sind so geformt, dass sie den gesamten auftreffenden Schall absorbieren.

Formel 1

Die Formel 1 ist laut. Im Cockpit eines Formel-1-Boliden erreicht die Lautstärke locker 130 dB. Das liegt über der Schmerzgrenze. Selbst kurze Zeit bei diesem Lärm führt zu irreparablen Gehörschäden. Deshalb sind Ohrstöpsel unabdingbare Pflicht bei den Fahrern und für das Publikum!

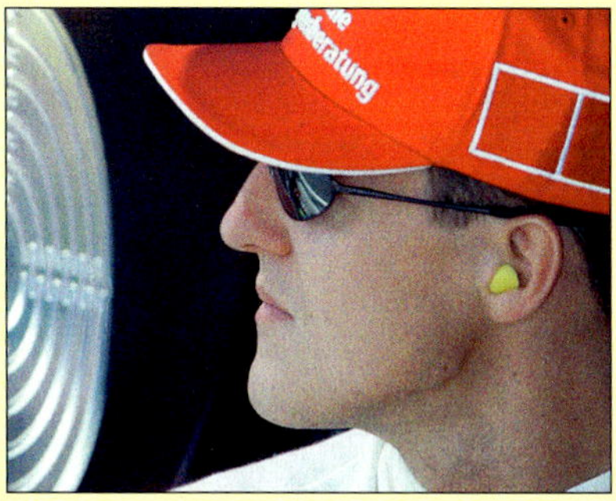

Die Musik, die in Kinos und Diskotheken gespielt wird, hat auch so tiefe Töne, dass wir sie mit unseren Ohren nicht mehr hören können. Diese Schwingungen können wir aber mit dem Körper fühlen. Auch bei Kirchenorgeln mit besonders langen Orgelpfeifen kann uns die Musik im wahrsten Sinne des Wortes „ergreifen“.

Lärmampel in der Schule

ANTILÄRM!

Lärm lässt sich mit Mehrfachverglasung aussperren, durch Lärmschutzwände abschirmen – oder aber aktiv durch Lärm bekämpfen! Lärm wird mit dem passenden Gegenlärm zum Verstummen gebracht. Dies funktioniert im Labor schon heute, allerdings fehlt es noch an Marktreife für den Alltag.

Es soll Sängerinnen geben, die durch hohe und laute Töne Gläser so stark zu Schwingungen anregen, dass diese zerspringen.

007 ist zuhause

Wer kennt sie nicht, die 007-Agenten aus den einschlägigen Kinofilmen? Aber auch in der Realität versuchen die Agenten, wichtige Gespräche mitzuhören. Eine Möglichkeit, Leute auch in Häusern hinter geschlossenen Fenstern zu belauschen, besteht darin, Laserstrahlen auf das betreffende Fenster zu richten. Sprechen die Leute hinter dem Fenster, regt der von ihnen erzeugte Schall auch die Fensterscheibe ein klein wenig zum Mitschwingen an. Dieses Mitschwingen macht sich in Helligkeitsschwankungen beim reflektierten Laserlicht bemerkbar. Umgeformt in elektrische und dann in akustische Signale lässt sich das Gespräch mithören.

Wanzen im Ozean

Ein Unterwasser-Messsystem wird eingesetzt, um die Einhaltung des Kernwaffen-Teststopp-Vertrags zu überwachen.
Auf der Genfer Abrüstungskonferenz beschlossen mehr als 140 Staaten, auf sämtliche Kernwaffen-Tests zu verzichten. Damit dies auch überwacht werden kann, wurde ein weltweites Netz von Infraschallstationen an Land und unter Wasser installiert.
Obwohl bei Tests auf hoher See nur ein kleiner Teil des Schalls durch den Ozean wandert, kann er sich mit Frequenzen bis 100 Hertz darin ozeanweit ausbreiten, weil sich Schall im Meerwasser in einer Stunde bis zu 5500 km weit ausbreitet und er nur wenig gedämpft wird. Dies reicht aus, um nukleare Explosionen eindeutig zu erkennen und sie z. B. von Vulkanausbrüchen zu unterscheiden.

Durch den Einsatz von Signalfarben lässt sich unser Sehsinn unterstützen. Das grüne Licht der Ampel lässt uns gehen, das rote stehen. Weiße Markierungen auf der Straße leiten den Verkehr.

Das blaue Blinklicht und das laut tönende Martinshorn warnen alle Verkehrsteilnehmer vor den herannahenden Einsatzkräften der Feuerwehr oder Polizei. Aber auch die hell tönende Klingel eines Fahrrades kann uns warnen.

Komplexer Verkehr

Die Verkehrssituationen in unseren Städten sind komplex und ändern sich sehr schnell. Eine Teilnahme am Straßenverkehr stellt daher hohe Anforderung an unserer Sinne.

Wenn Fahrzeuge und Fußgänger an einer Kreuzung in einer größeren Anzahl aufeinander treffen, werden unsere Sinne besonders gefordert.

Bahnübergänge

Bahnschranken geben während des Schließens ein lautes Bimmeln von sich, um auf das Schließen des Bahnübergangs aufmerksam zu machen – zusätzlich zu ihrer Signalfarbe oder einer roten Ampel.

Ampel für Sehbehinderte

Ein Pilotton in Form eines Knackgeräusches dient dazu, den Blinden zum Ampelübergang zu führen. Er ist auch während der Rot-Phase zu hören.

Ein zweiter Ton, ein höherer Mehrklang, signalisiert dem Sehbehinderten das Grünsignal der Ampel. Dieser zweite Ton muss sich deutlich von üblichen Verkehrsgeräuschen abheben, um eine Verwechslung auszuschließen.

WAHRNEHMEN UND WAHRGENOMMEN WERDEN

Schlechte Sicht

Der Fahrer eines rückwärts fahrenden Busses oder LKW kann oft nicht in den Spiegeln sehen, was sich hinter dem Fahrzeug abspielt.

Deshalb piept der Bus oder LKW laut, damit Passanten eine Chance haben, ihm aus dem Weg zu gehen.

Fußgängerüberwege

Blaue Schilder oder blinkende, gelbe Warnlichter an Kreuzungen zeigen den Autofahren zusätzlich zu den weißen Streifen auf der Fahrbahn, wo sie besonders auf Fußgänger achten müssen.

Besser gesehen werden

Ein Motorrad zeigt sich von vorne nur mit einer schmalen Front. Deshalb ist es wichtig, auch am Tage mit eingeschaltetem Scheinwerfer den anderen Verkehrsteilnehmern seine Teilnahme am Straßenverkehr zu verdeutlichen.

Um die Ecke sehen

Es gibt häufig unübersichtliche Stellen wie verwinkelte Einmündungen oder Garagenausfahrten, bei denen es schwer fällt, den übrigen Verkehr zu sehen.

Abhilfe schafft in solchen Situationen häufig ein gewölbter Spiegel, der zu einem großen Überblick verhilft. Solche gewölbte Spiegel finden sich auch an den Rückspiegeln von Autos und LKW, um den „toten Winkel" zu überwinden.

Hupen als letzter Ausweg

In dichtem Verkehrsgetümmel scheint manchmal nur eine laute Hupe einen Unfall vermeiden zu können.

Versuche und Aufträge — Sehen und Hören

Hier kommen Experimente zu Licht und Schall. Überlege dir bei allen Experimenten, ob es einen entsprechenden Versuch aus dem jeweils anderen Gebiet gibt. Schreibe deine Idee auf und versuche, sie umzusetzen.

V1 Halte deinen Daumen aufrecht mit ausgestreckten Arm vor dich. Schließe abwechselnd jeweils ein Auge und beobachte deinen Daumen. Schreibe deine Beobachtung auf und erkläre.

V2 Besorge dir einen ca. 1,5 m langen Gummischlauch und markiere exakt die Mitte. Stecke dir beide Enden leicht jeweils in ein Ohr und lasse den Schlauch auf deinem Rücken herunterhängen.
a) Lasse jetzt eine Freundin mit dem Zeigefinger auf den Schlauch klopfen. Entscheide, ob näher am rechten Ohr oder am linken Ohr geklopft wurde. Tauscht die Plätze und untersucht, wie genau eure Ohren hören können, d.h. wie gering der Abstand von der Mitte war.
b) Fülle den Schlauch mit Wasser und wiederhole das Experiment.

V3 Besorge dir einen Gummischlauch und einen Trichter und stecke den Trichter auf den Schlauch.
a) Führe das eine Schlauchende in dein Ohr und den Trichter über Schallquellen (z. B. tickende Uhr). Beschreibe dein Hörerlebnis.
b) Vergleiche deinen Eigenbau mit dem Aufbau eines Stethoskops beim Arzt. Überprüfe, ob du mit deinem Stethoskop auch Lungen- und Herzgeräusche hören kannst.

V4 Stelle Freundinnen und Freunde in einem Kreis um dich herum und schließe die Augen.
a) Kannst du die Richtung bestimmen, wenn ein einzelner klatscht? Wie leise dürfen sie klatschen, damit du die Richtung noch erkennst?
b) Halte ein Ohr mit der Hand zu und wiederhole das Spiel.
c) Besorge dir zwei Gummischläuche und zwei Trichter und stecke die Schläuche jeweils auf einen Trichter. Befestige die Trichter auf einem Holzbrett. Stecke dir beide Schlauchenden in die Ohren und wiederhole das Spiel. Wie leise darf das Klatschen jetzt sein?
d) Vertausche die Schlauchenden. Was stellst du jetzt mit den „falschen“ Schlauchenden fest?

V5 Finde heraus, wie das Richtungshören im Tierreich ausgeprägt ist. Stelle Unterschiede bei verschiedenen Tieren dar und erkläre die Auswirkungen auf ihre Lebensweise.

V6 Nicht alle Tiere besitzen ein räumliches Sehvermögen. Suche nach solchen Tieren und erkläre diesen Mangel.

V7 Auf Trödelmärkten lässt sich manchmal das rechts abgebildete Gestell finden. In den quadratischen Rahmen kommen zwei fast identische Fotografien, die durch die Brille betrachtet werden können.

a) Beschreibe, wozu dieses Gerät gedient hat, und erkläre seine Funktionsweise.
b) Finde weitere Möglichkeiten, Bilder 3-dimensional darzustellen. Stelle dar, welche Hilfsmittel benötigt werden und auf welchen Effekten die 3D- Darstellung beruht.

V8 Ton ist nicht gleich Ton: Das Gehör kann nicht absolut einen bestimmten Ton erkennen. Die zuvor gehörten Töne beeinflussen die Wahrnehmung. Zum Versuch benötigst du ein Instrument.
a) Spiele nacheinander die ganzen Töne einer Tonleiter C1D1E1F1G1A1H1C2.
b) Spiele nacheinander alle Töne von C1 bis H1 an, dann aber statt des Tones C2 den Ton C1.
c) Spiele wie in b), füge aber noch den Ton A1 dazu.
d) Beschreibe deine Höreindrücke.

V9 Wetten … dass!?
In einer Wette konnte der Kandidat den Wert einer fallenden Münze an ihrem Klang erkennen.
a) Suche dir alle gängigen Münzen (1, 2, 5, 10, 20, 50 Cent; 1 €, 2 €). Lasse sie auf eine geeignete Unterlage fallen und untersuche sie hinsichtlich ihres Klanges.
b) Beschreibe, welche Münzen sich leicht, welche sich schwer von einander unterscheiden lassen.
c) Nimm von jeder Münze ein Klangbild mit deinem Computer und einem Mikrofon auf. Beschreibe die Unterschiede in den Klangbildern.
d) Lassen sich mehrere Münzen unterscheiden, die gleichzeitig fallen?
e) Untersuche auch Nicht-Euro- oder Cent-Münzen.

Warum zwei Augen und zwei Ohren?

Streifzug

Zwei Ohren – Richtungen hören

Durch die seitliche Anordnung der beiden Ohren sind wir rundum gut empfänglich für Geräusche. Das hilft uns, Gefahren frühzeitig wahrzunehmen. Es ist oft erst einmal nicht so wichtig, wo genau eine Störung herkommt, sondern dass sie überhaupt wahrgenommen wird. So kann uns ein kleines Rascheln bereits in Alarmbereitschaft versetzen, ohne dass wir schon wissen, woher es genau kommt. Zusätzlich kann die Position eines Geräusches sehr gut und schnell geortet werden, d.h. die Lage der Schallquelle relativ zum Kopf bestimmt werden.

Ein von der Seite kommender Schall erreicht immer ein Ohr früher als das andere. Befindet sich z.B. die Schallquelle links von uns, so nimmt das linke Ohr ein Geräusch ein kleines bisschen früher wahr als das rechte. Der Schall hat zum rechten Ohr ein längeres Stück Weg zurücklegen müssen als zum linken und dafür mehr Zeit benötigt. Aus der unterschiedlichen Laufzeit des Schalls errechnet das Gehirn die Richtung zur Schallquelle erstaunlich präzise. Sofort schwenkt der Kopf in die Richtung der Schallquelle. Dabei betragen diese Unterschiede in der Laufzeit weniger als eine Tausendstel Sekunde.

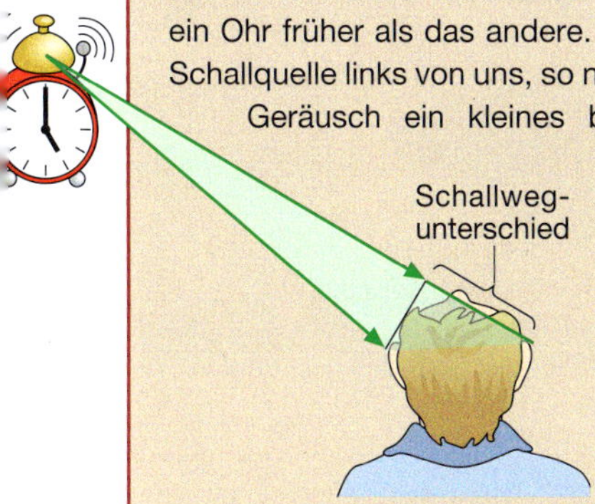

Zwei Augen – Entfernungen sehen

Beim Menschen sind die beiden Augen nach vorne ausgerichtet und bringen somit eine Überlappung des Sehbereichs. Eine seitliche Anordnung der Augen brächte eine bessere Rundumsicht, wie sie z.B. Vögel besitzen. Ein Richtungssehen analog dem Richtungshören funktioniert allerdings nicht, da wegen der extrem großen Lichtgeschwindigkeit die Laufzeitunterschiede zu gering ausfielen – das Licht kommt praktisch gleichzeitig in beiden Augen an.

Aber die Ausrichtung der Augen nach vorne hat einen anderen Vorteil: Die Augen sehen einen Gegenstand aus unterschiedlichen Blickwinkeln. Das linke Auge sieht einen Gegenstand ein kleines bisschen anderes als das rechte Auge; die Winkel, unter denen der Gegenstand gesehen wird, sind für jedes Auge unterschiedlich. Die beiden Fotos einer Schraube geben die beiden Bilder wieder, die das linke und das rechte Auge sehen – sie sind deutlich verschieden!

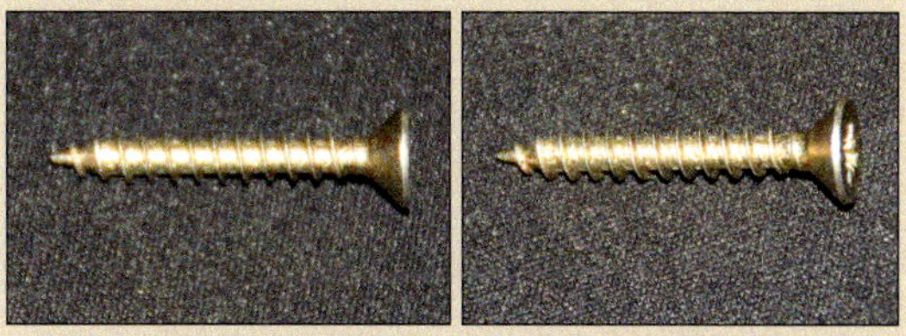

Diese 3-dimensionale Erfassung hilft dem Gehirn, die Entfernung des Gegenstands abzuschätzen. Im Tierreich ist dies besonders gut bei Jägern (z.B. Löwen und Tigern) ausgebildet.

Sehfeld des Chamäleons – Zwei Augen einmal anders

Ganz anders als beim Menschen oder den meisten Tieren sehen die Augen eines Chamäleons aus. Zwei große Augen liegen weit entfernt voneinander auf jeder Seite des Kopfes. Mit dem Lidloch und der Pupille lässt sich so ein Auge am besten mit einer Lochkamera vergleichen. Die Linse trägt dabei sehr wenig zur guten Sicht bei.

Eine Besonderheit liegt im unabhängigen Bewegen dieser beiden Augen. Damit hat das Chamäleon fast eine Panorama-Rundumsicht (342° statt der vollen 360°). Im normalen Gebrauch wird die gesamte Gegend nach eventueller Beute abgesucht. Erblickt das Chamäleon ein Beutetier mit einem Auge, so ist es in der Lage, nur dieses eine Auge scharf auf die Beute einzustellen, während das andere weiter wachsam die Gegend beobachtet.

Chamäleons können bis auf einen Kilometer scharf sehen. Das ermöglicht ihnen die rechtzeitige Flucht vor Feinden und genügt bei weitem, die Entfernung zu einer Beute genau abzuschätzen. Ist das Auge scharf eingestellt, so schnellt die lange, klebrige Zunge heraus und fasst die Beute.

Durchblick — Akustik und Optik – im Prinzip gleich

Licht und Schall haben viele Gemeinsamkeiten, von denen einige in der Tabelle auf der nächsten Seite gegenübergestellt sind. So etwas gibt es oft in der Physik, dass es nämlich in zwei ganz verschiedenen Sachgebieten wie hier in der Optik und der Akustik auffallende Ähnlichkeiten gibt. Wenn diese Ähnlichkeiten bekannt sind oder sie auch nur vermutet werden, kann Bekanntes aus dem einen Gebiet im anderen bewusst gesucht werden. So hilft das Wissen über die Ähnlichkeiten zweier Sachgebiete, Fragen zu stellen, Lücken zu finden oder Untersuchungsverfahren zu entwickeln. Bei der Betrachtung verschiedener, aber ähnlicher Gebiete unter einem bestimmten Blickwinkel ergeben sich dann häufig gemeinsame Gesichtspunkte, die beide Sachgebiete besser verstehen lassen.
Betrachten wir einige Beispiele:

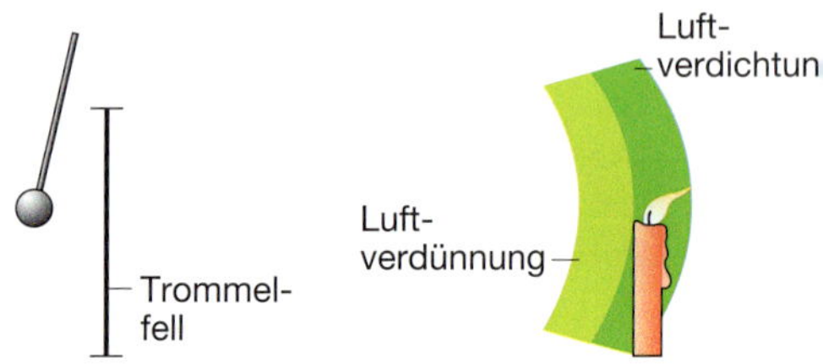

Akustik: Durch einen Paukenschlag kann eine Kerze ausgelöscht werden. Die Pauke ist die Schallquelle, der Schall***sender;*** die Luft ***überträgt*** den Schall; die Kerzenflamme ist der ***Empfänger.***

Schallquelle → Schall → Schallempfänger

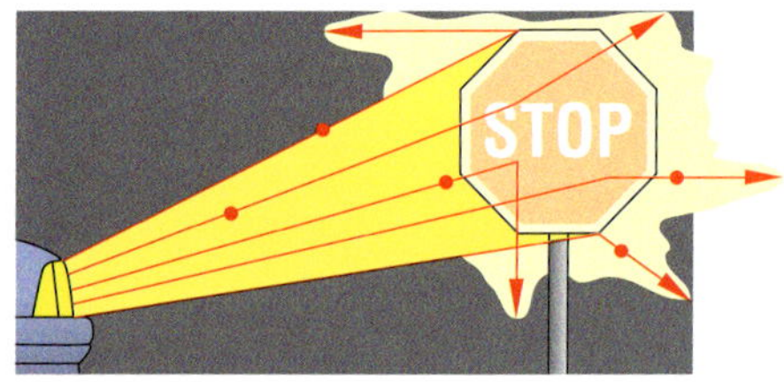

Optik: Damit nachts ein Verkehrsschild zu sehen ist, muss eine Lampe (Lichtquelle) Licht aus***senden.*** Das Licht wird im Raum zum Schild ***übertragen,*** von dem es in alle Richtungen gestreut und schließlich vom Auge des Betrachters ***empfangen*** wird.

Lichtquelle → Licht → Lichtempfänger

Für **Optik** und **Akustik** gilt das gleiche, allgemeine Schema:

Sender → Übertragung → Empfänger

Dieser gemeinsame Grundgedanke wird kurz **Sender–Empfänger–Prinzip** genannt. Er ist nicht nur in der Optik und in der Akustik anwendbar, sondern auch in der Elektrik und in der Wärmelehre.

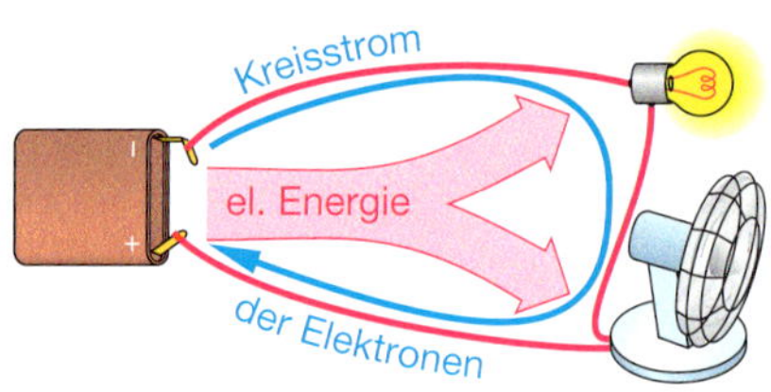

Elektrik: Von einer Batterie (elektrische Quelle, dem ***Sender***) wird nicht Licht oder Schall, sondern Energie in den Stromkreis eingespeist, von ihm ***übertragen*** und vom Motor ***(Empfänger)*** wird sie aufgenommen und in Bewegungsenergie gewandelt.

Quelle → Energie → Empfänger

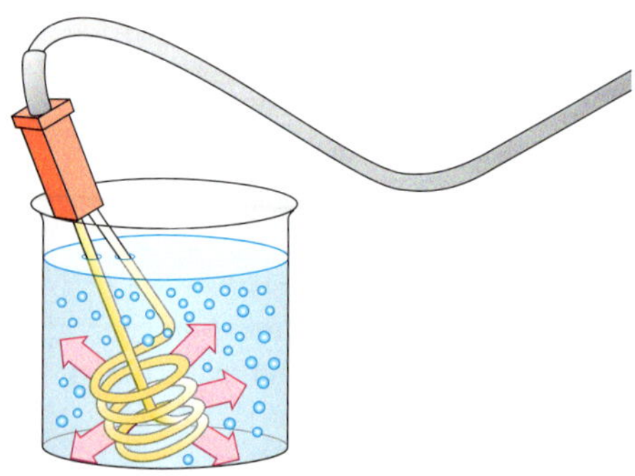

Wärmelehre: Beim Erhitzen von Wasser wird von einem Tauchsieder, der Quelle, als dem ***Sender*** Energie ***übertragen*** an einen ***Empfänger,*** das Wasser im Becherglas.

Wärmequelle → Wärmeenergie → (Wärme-)Empfänger

In der Physik wird versucht, Einzelbeobachtungen aus verschiedenen Teilgebieten unter bestimmten Gesichtspunkten zu vergleichen und auf einheitliche Art und Weise zu beschreiben. Im Beispiel war dies das Sender–Empfänger–Prinzip. Solche Ähnlichkeiten sind der Pfad zu einem gemeinsamen Grundprinzip, einem gemeinsamen Grundgedanken, der als Analogie bezeichnet wird. Mithilfe von Analogien können dann auch neue Erscheinungen beschrieben und verstanden werden, weil sie Brücken zu bereits Bekanntem sind.

Ähnlichkeiten bei Schall und Licht

	Licht	Schall
Träger	breitet sich auch ohne Materie im Raum (z. B. im Weltall) mit Lichtgeschwindigkeit aus.	benötigt einen Träger. Die Schallgeschwindigkeit ist in unterschiedlichen Stoffen verschieden.
Ausbreitung	breitet sich von einer punktförmigen Quelle geradlinig in alle Richtungen aus. Mit zunehmender Entfernung wird die Helligkeit/die Lautstärke immer schwächer.	
Reflexion	wird an glatten Flächen zurückgeworfen.	
Absorption	wird je nach Beschaffenheit der bestrahlten Fläche mehr oder weniger stark absorbiert.	
	Je dunkler die Fläche ist, desto mehr Licht wird absorbiert.	Je rauer und poröser die Fläche ist, desto mehr Schall wird absorbiert.
Schatten	wirft hinter lichtundurchlässigen Körpern Schatten. Bei zwei Lichtquellen bilden sich Kern- und Halbschatten, bei mehreren Lichtquellen kontinuierliche Übergangsschatten.	hat keinen scharfen Schattenraum hinter einem Hindernis (Mauer/Haus).
Streuung	Trifft es auf helle, raue Körper, wird es in alle Richtungen gestreut, ebenso bei durchscheinenden Körpern.	Im Nebel lässt sich die Richtung, aus der der Schall kommt, schwer einschätzen, da er in alle Richtungen gestreut wird.
Beugung	??	kann „um die Ecke gehen“, also in den optischen Schattenraum hinter einem Hindernis eindringen.

Ergebnis

Licht und Schall haben vieles gemeinsam: Viele Beobachtungen und Beschreibungen, aber auch manche Vorstellungen und Gesetzmäßigkeiten lassen sich von Licht auf Schall oder vom Schall auf Licht übertragen. Dabei fallen Unterschiede oder fehlende Teile auf. Hier lässt sich ganz gezielt weiter untersuchen, um die noch bestehenden Lücken zu schließen.

Es liegt zum Beispiel nahe,
- auch beim Licht nach „Beugung“ zu suchen.
- Oder wie steht es mit der Lichtgeschwindigkeit in verschiedenen durchsichtigen Materialien wie etwa Wasser, Glas oder Diamant? Ist Licht zum Beispiel schneller oder langsamer in einem Glasfaserkabel als in Luft oder im luftleeren Raum?
- Gibt es auch bei Schall einen Schatten wie bei Licht? Wie ließe er sich zeigen?

Durch gemeinsame Grundgedanken, durch Analogien können neue und noch nicht verstandene Beobachtungen aus unterschiedlichen Teilgebieten der Physik auf Bekanntes und Gemeinsames zurückgeführt und dadurch verstanden werden.
Diese einheitliche Beschreibung erleichtert das Verständnis.

Grundwissen Licht

Licht und Schatten

Hinter lichtundurchlässigen Körpern bilden sich bei Beleuchtung durch Licht Schatten.

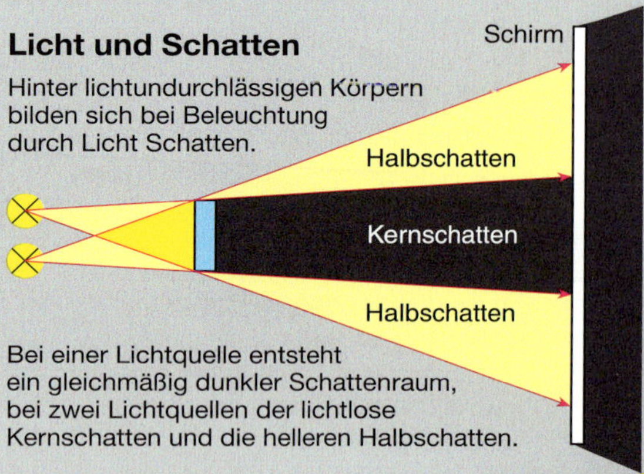

Bei einer Lichtquelle entsteht ein gleichmäßig dunkler Schattenraum, bei zwei Lichtquellen der lichtlose Kernschatten und die helleren Halbschatten.

Finsternisse

Tritt der Mond in den Kernschatten der Erde, so gibt es eine Mondfinsternis.

Der Kernschatten des Mondes erzeugt auf der Erde eine totale Sonnenfinsternis, der Übergangsschatten eine partielle.

Bei seinem monatlichen Umlauf ist von der Erde aus unterschiedlich viel von der beleuchteten Mondoberfläche zu sehen: Mondphasen

WECHSELWIRKUNG

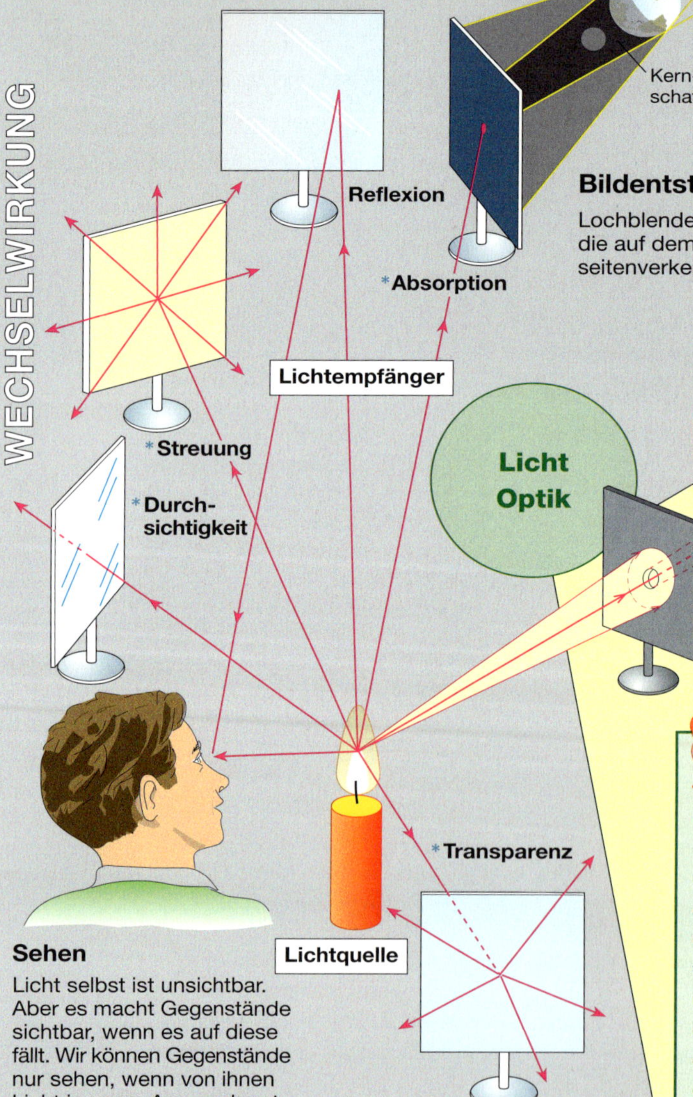

Bildentstehung

Lochblende (und Auge) erzeugen Bilder, die auf dem Kopf stehen und seitenverkehrt sind.

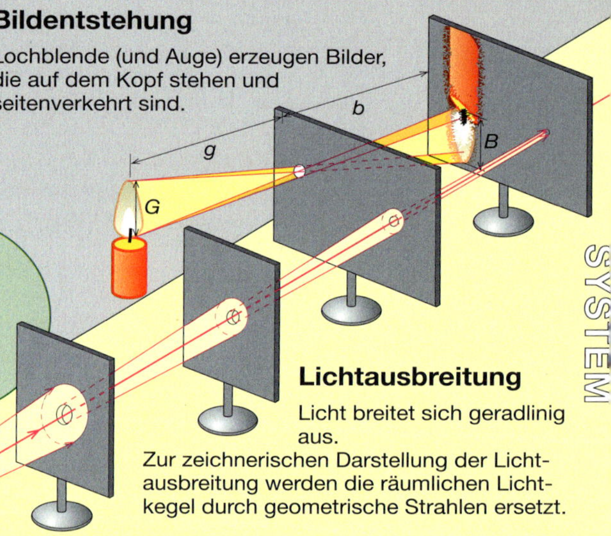

Lichtausbreitung

Licht breitet sich geradlinig aus.

Zur zeichnerischen Darstellung der Lichtausbreitung werden die räumlichen Lichtkegel durch geometrische Strahlen ersetzt.

SYSTEM

Sehen

Licht selbst ist unsichtbar. Aber es macht Gegenstände sichtbar, wenn es auf diese fällt. Wir können Gegenstände nur sehen, wenn von ihnen Licht in unser Auge gelangt.

Grundbegriffe

• Lichtquellen, Lichtempfänger	S. 100, 104/105
• Sehvorgang	S. 100
• Lichtausbreitung	S. 102, 104/105
• Reflexion	S. 104/105
* Absorption, Streuung	S. 104/105
• Schatten	S. 106/107
• Finsternisse	S. 112
• Tag und Nacht	S. 112
• Mondphasen	S. 113

Schall

Schwingungen

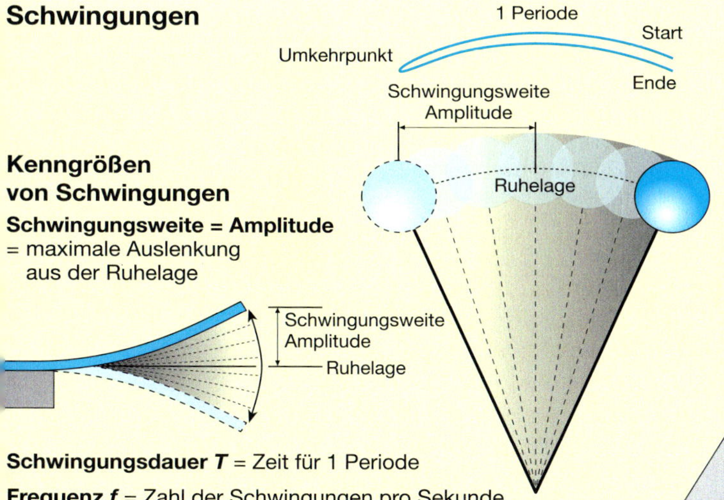

Kenngrößen von Schwingungen

Schwingungsweite = Amplitude
= maximale Auslenkung aus der Ruhelage

Schwingungsdauer *T* = Zeit für 1 Periode

Frequenz *f* = Zahl der Schwingungen pro Sekunde

Es gilt $f = \frac{1}{T}$ Einheit $1\,\text{Hz} = \frac{1}{\text{s}}$

$1\,\text{kHz} = 1000\,\text{Hz}$

Töne

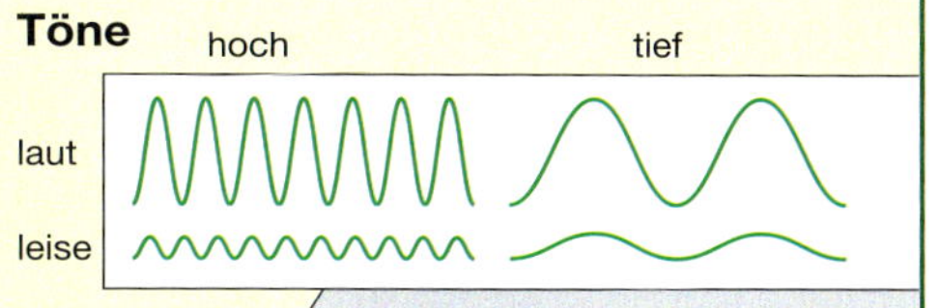

Lärm und Lärmschutz

Lautstärken werden in Dezibel (dB) gemessen.

Schutzmaßnahmen gegen Lärm

- Lärm in Ruhezeiten vermeiden.
- Die Lautstärke von Musik angemessen einstellen.
- Ohren zuhalten.
- Gehörschutz tragen.
- Abstand zur Schallquelle vergrößern.
- Das Ohr nur sehr selten lauten Ereignissen aussetzen.
- Ruhepausen für eine Gehörerholung nutzen.

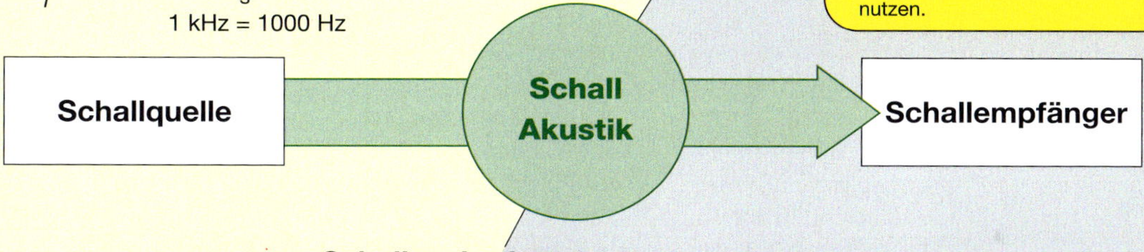

SYSTEM

WECHSELWIRKUNG

Schallausbreitung

Schall braucht einen Träger, um von der Schallquelle zum Empfänger zu kommen.

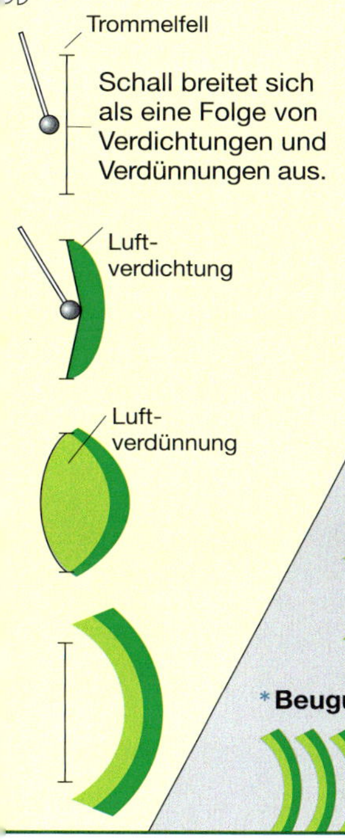

Schall breitet sich als eine Folge von Verdichtungen und Verdünnungen aus.

Es hängt vom Träger ab, wie schnell sich Schall ausbreitet: Für 1 km braucht Schall in Luft etwa 3 s, in Wasser 0,7 s, in Eisen/Stein etwa 0,2 s.

Bei Schall gibt es

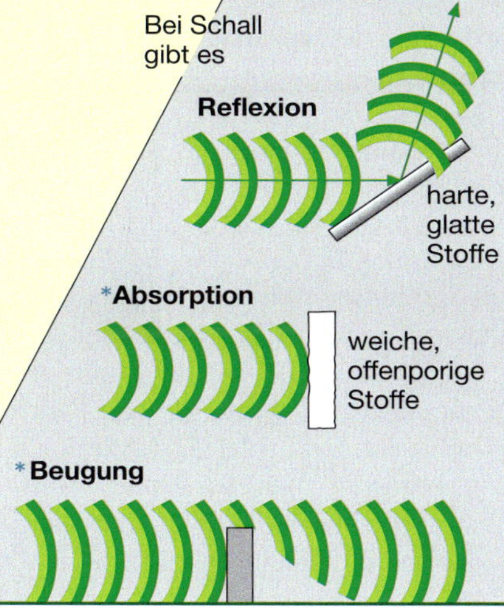

Hörbereich

16 Hz	Kind	21 kHz
16 Hz	Jugendlicher	18 kHz
16 Hz	Erwachsener	12 kHz

Gehörschäden treten ab 80 dB auf.
Die Schmerzgrenze liegt bei 130 dB.

Grundbegriffe

- *Schallquelle, Schallempfänger* S. 116/117
- *Schwingung* S. 116–118
- *Ruhelage, Amplitude, Periode, Schwingungsdauer, Frequenz* S. 117/118
- *Schallarten, Tonhöhe* S. 118
- *Schallträger* S. 120/121
- *Reflexion* S. 121
- * *Absorption, Beugung* S. 121
- *Schallausbreitung im Teilchenmodell* S. 121
- *Schallgeschwindigkeit* S. 122
- *Hörbereich, Lautstärke* S. 124/125
- *Lärm, Lärmschutz* S. 126/127

Grundwissen Licht

A1 **a)** Fertige mit den Grundbegriffen auf Seite 136 Karteikarten an. Notiere den Begriff auf der Vorderseite und erläutere ihn auf der Rückseite. Anstelle der Karteikarten kannst du auch eine elektronische Datenbank anlegen.
b) Erstelle eine Mindmap für das ganze Kapitel „Licht". Die Grundbegriffe der Seite 136 helfen dir dabei

A2 Ein Kind (1,5 m groß) wird von einer Doppel-Laterne beleuchtet. Zeichne die Anordnung in dein Heft ab (1 cm ≙ 1 m).

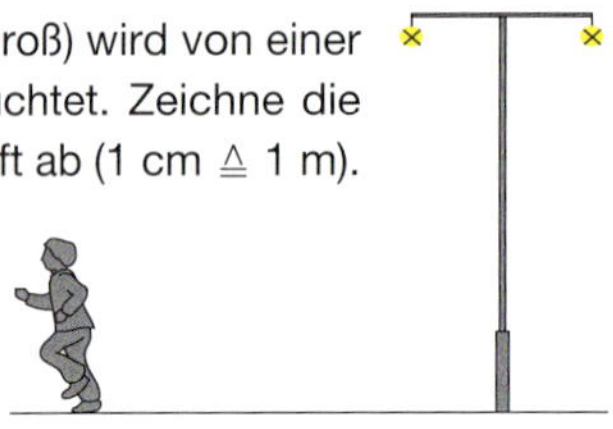

a) Wie breitet sich Licht aus und wie stellst du dies in einer Zeichnung dar?
b) Bestimme zeichnerisch die Bereiche auf dem Boden, die von beiden Lampen beleuchtet werden.
c) Bestimme den Kernschatten und den Halbschatten des Kindes auf dem Boden. Ermittle seine Länge.
d) Gib an, wie sich der Kernschatten ändert, wenn sich das Kind von der Laterne entfernt.

A3 Bei einem Fußballspiel unter Flutlicht haben die Spieler oft mehrere Schatten.
a) Erkläre, wie es zum Auftreten mehrerer Schatten kommt.
b) Manchmal sind die Schatten eines Spielers unterschiedlich lang. Erkläre diese Beobachtung.
c) Begründe, wo ein Spieler stehen müsste, damit alle Schatten gleich lang sind.

A4 Ein Schirm aus Pergamentpapier steht etwa 30 cm hinter einer Lochblende.
a) Ermittle zeichnerisch, in welcher Entfernung ein Mitschüler stehen muss, damit sein Kopf im Passbild-Format (32 mm x 45 mm) auf dem Pergamentschirm zu sehen ist.
b) Erkläre deine Vorgehensweise.
c) Beschreibe, wie du die Aufgabe im Versuch lösen könntest. Erstelle dazu einen Plan, sodass ein Mitschüler anhand dieses Plans den Versuch durchführen könnte.

A5 Auf dem Bild blickt der Fotograf vom Mond aus auf die Erde.
a) Erkläre diesen Sehvorgang, indem du den Lichtweg beschreibst.
b) Begründe, weshalb das Weltall um die Erde herum schwarz erscheint.
c) Erkläre, weshalb die Erde auf dem Bild so aussieht, als ob sie keine Kugel wäre.
d) Gib an, wo sich die Sonne bei der Aufnahme wohl befunden hat.

✱**A6** Beschreibe anhand von Beispielen aus dem Badezimmer, wie sich Licht verhalten kann, wenn es auf unterschiedliche Gegenstände trifft.

A7 **a)** Beschreibe den Sehvorgang, durch den die Eule die Maus sehen kann.
b) Eulen haben im Vergleich zu anderen Vögeln sehr große Augen. Begründe diesen Unterschied.

A8 **a)** Erkläre, wie Mond- und Sonnenfinsternisse zustandekommen. Fertige jeweils eine Skizze zur Stellung der Himmelskörper.
b) Begründe, warum eine Sonnenfinsternis im Vergleich zu einer Mondfinsternis immer nur von einem kleinen Teil der Erde aus gesehen werden kann.

A9 **a)** Nenne die Planeten unseres Sonnensystems.
b) Ordne sie nach ihrer Entfernung zur Erde, ihrem Durchmesser und der Tageslänge.
c) Gib eine Erklärung dafür an, dass die Planeten unterschiedliche Tageslängen haben.

Schall

A1 **a)** Fertige mit den Grundbegriffen auf Seite 137 Karteikarten an. Notiere den Begriff auf der Vorderseite und erläutere ihn auf der Rückseite. Anstelle der Karteikarten kannst du auch eine elektronische Datenbank anlegen.
b) Erstelle eine Mindmap für das ganze Kapitel „Schall“. Die Grundbegriffe auf Seite 137 helfen dir dabei.

A2 In den Tonaufnahmen mit einem Mikrofon und einem Computer können die folgenden Schwingungsbilder A–D

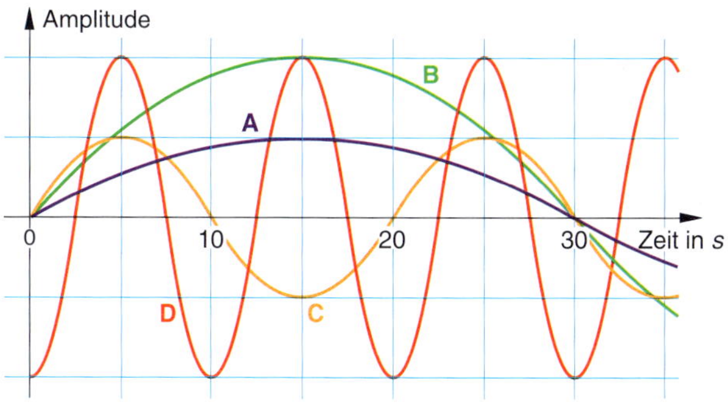

gesehen werden. Lies dazu noch einmal S. 118.
a) Ordne die dargestellten Töne nach ihrer Lautstärke und begründe kurz deine Reihenfolge.
b) Ordne die dargestellten Töne entsprechend ihrer Tonhöhe und begründe kurz deine Reihenfolge.
c) Bestimme aus dem Diagramm jeweils die Frequenz *f* und die Schwingungsdauer *T*. Nimm Stellung zu den Ergebnissen.
d) Zeichne in jeweils einem neuen Diagramm die Schwingung für den tiefsten und den höchsten für den Menschen hörbaren Ton. Achte auf die Achsenbeschriftung.

A3 **a)** Das menschliche Ohr kann nicht alle Frequenzen hören. Gib den Frequenzbereich an, den das menschliche Ohr wahrnehmen kann.
b) Nenne den Bereich, in dem unser Ohr am empfindlichsten hört.

A4 Bei zwei Astronauten auf dem Mond fällt bei ihrem Spaziergang das Funkgerät aus. Beschreibe eine Möglichkeit, wie sie sich dennoch mit normaler Sprache miteinander verständigen können. Erkläre.

A5 Ordne den Stimmlagen Tenor, Bass, Sopran und Alt die richtigen Bereiche der Stimmbandlängen von 14–17 mm, 18–19 mm, 17–20 mm und 24–25 mm und die zugehörigen Frequenzbereiche 85–320 Hz, 170–640 Hz, 130–430 Hz und 250–1100 Hz zu.
Erläutere die getroffenen Entscheidungen.

A6 Das menschliche Gehör kann zwei aufeinanderfolgende Töne noch unterscheiden, wenn der zeitliche Abstand mehr als $\frac{1}{10}$ s beträgt.
a) Bestimme die kürzeste Entfernung einer Wand, bei der der reflektierte Schall noch unterschieden werden kann.
b) Erkläre in diesem Zusammenhang den Begriff Nachhall. Beschreibe Möglichkeiten, unerwünschten Nachhall (z. B. in Tonstudios) zu verringern.

A7 In einer Nacht des Jahres 1622 fand in Paris einer der vielen Versuche zur Bestimmung der Schallgeschwindigkeit in Luft statt: Auf zwei Befestigungsanlagen wurden mehrmals Kanonen gezündet. Ein Beobachter stand in einer Entfernung von 1860 m zum Geschütz und registrierte eine Zeit von 5,5 s zwischen der Wahrnehmung des Feuerscheins und dem nachfolgendem Knall.
Errechne aus diesen Daten die Schallgeschwindigkeit und vergleiche mit dem Wert auf S. 122.

A8 Im Jahre 1985 – 73 Jahre nach dem Untergang der Titanic – ortete der Amerikaner BALLARD mithilfe eines Echolot-Gerätes das Wrack. Bestimme die Tiefe, in der das Wrack liegt, wenn das Echo des Ultraschallimpulses nach 5,1 s registriert wurde.

A9 **Sicherheit im Straßenverkehr:** Es gibt neben dem Planspiegel noch andere Spiegelformen.
a) Nenne und zeichne sie.
b) Suche Beschreibungen, wie sie funktionieren, und übertrage die Funktionsweise in dein Heft.
c) Nenne Beispiele, wo solche Spiegelformen vorkommen.
d) Beschreibe Beispiele aus deiner Umgebung, in denen Hilfsmittel eingesetzt werden, um den Verkehr sicherer zu machen. An welchen Stellen wären zusätzliche sinnvoll?
e) Nenne akustische Sicherungsmaßnahmen im Straßenverkehr.

A10 **Lärmschutz:** Eine Wohnsiedlung in der Nähe einer viel befahrenen Hauptstraße soll besser vor Lärm geschützt werden.
a) In erster Linie soll der Lärm durch eine Lärmschutzwand abgehalten werden. Erläutere.
b) Die Bewohner im Erdgeschoss beschweren sich weiterhin über zu viel Lärm. Nimm dazu Stellung.
c) Nenne weitere Maßnahmen, um die Lärmbelästigung zu mindern.

Durchblick – Basiskonzepte ordenen das Wissen

Das Ordnungsprinzip der Basiskonzepte

Für jedes Teilgebiet der Physik gilt das Ordnungsprinzip der physikalischen Grundideen, der **Basiskonzepte**. Werden die Inhalte der vier Sachgebiete dieses Buches („Der elektrische Stromkreis", „Temperatur und Energie", „Licht" und „Schall") übereinandergelegt, dann wird sichtbar, wie die vier Basiskonzepte *Energie, Wechselwirkung, Materie* und *System* in jedem Sachgebiet vorhanden und diese damit untreinander verbunden sind.

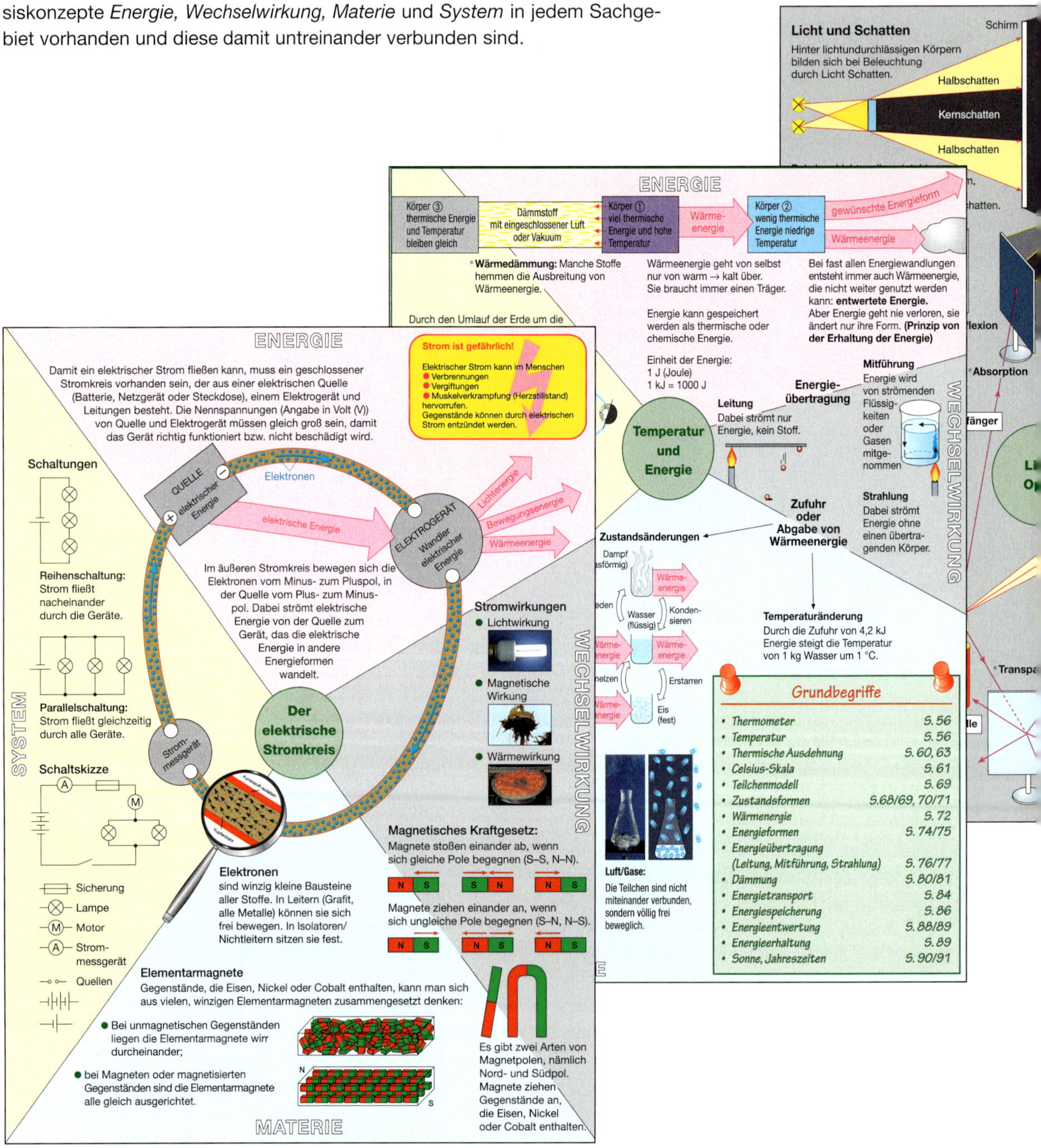

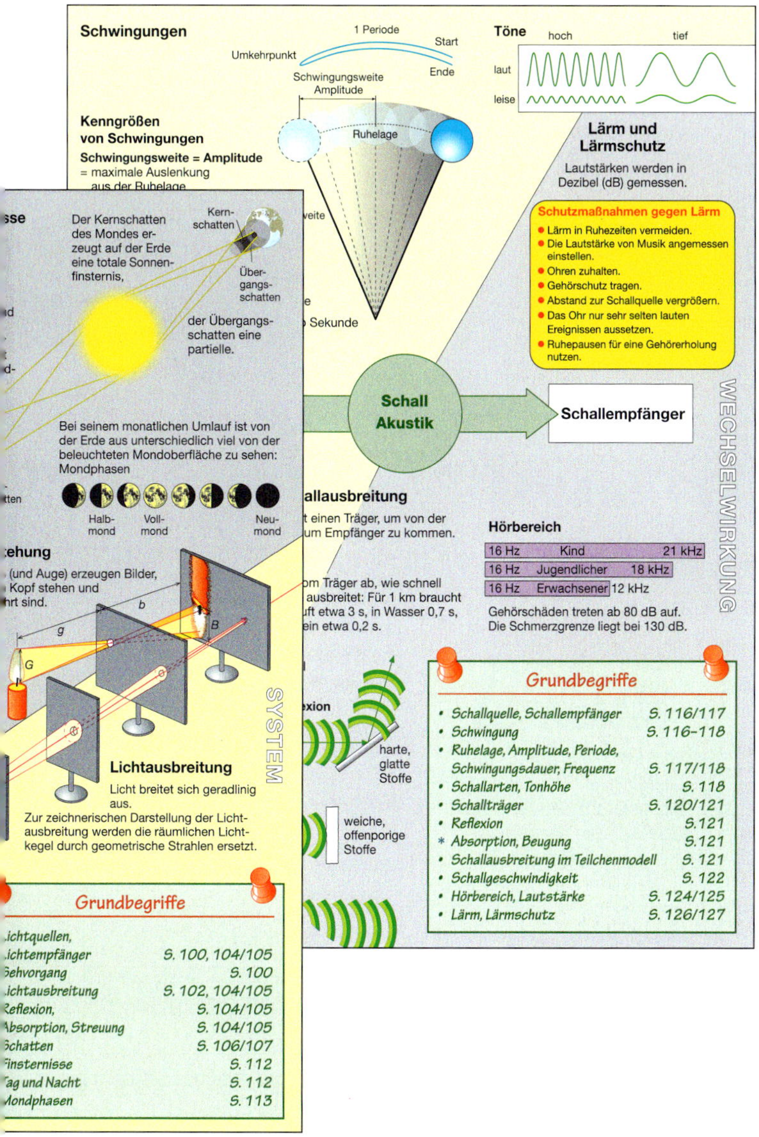

Viele Themen, eine Grundidee

Stapeln

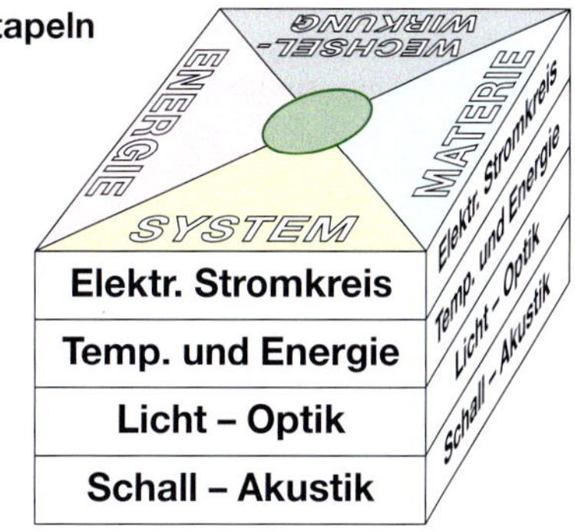

Trennen

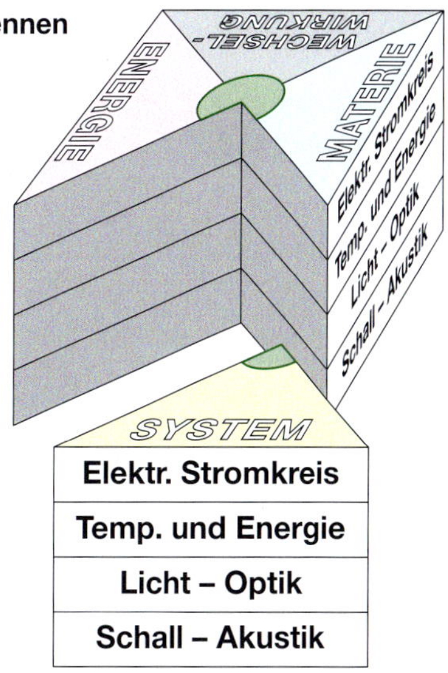

Umsortieren

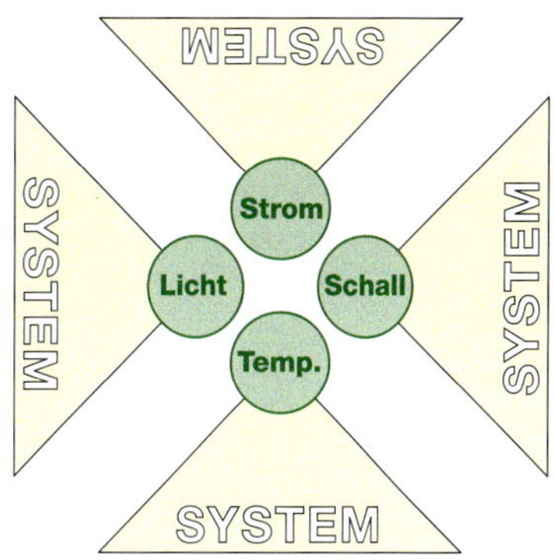

Aufgaben

1 Kopiere jede Grundwissenseite des Buches zweimal.

a) Lege die ersten Kopien so übereinander, dass jedes Mal ein anderes Basiskonzept in allen vier Kapiteln sichtbar wird.

b) Zerschneide die zweiten Kopien und klebe die Basiskonzepte für *Energie, System, Materie* und *Wechselwirkung* eines jeden Kapitels auf ein größeres Blatt.

c) Erläutere das Ergebnis der Aufgabe a) und b).

d) Diese Blätter können dir in den kommenden Schuljahren als Wiederholung dienen. Bewahre sie deshalb gut auf.

Werkzeug Bewerten

① Information

② Situation analysieren

Die Information beschreiben und in einen Zusammenhang bringen.

③ Weitere Informationen zu den wichtigsten Schlüsselbegriffen beschaffen.

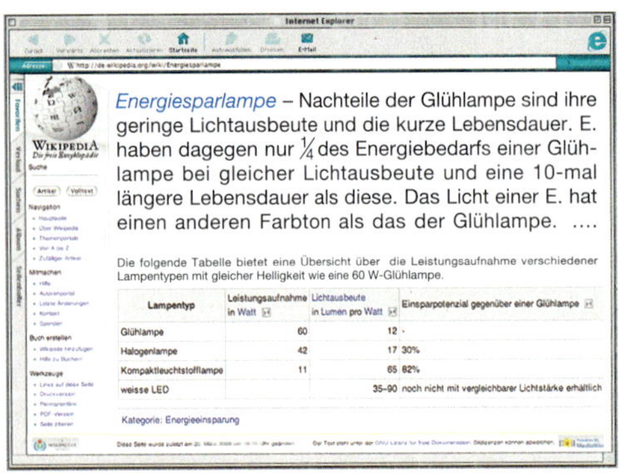

Energiesparlampe – Nachteile der Glühlampe sind ihre geringe Lichtausbeute und die kurze Lebensdauer. E. haben dagegen nur ¼ des Energiebedarfs einer Glühlampe bei gleicher Lichtausbeute und eine 10-mal längere Lebensdauer als diese. Das Licht einer E. hat einen anderen Farbton als das der Glühlampe. ....

Die folgende Tabelle bietet eine Übersicht über die Leistungsaufnahme verschiedener Lampentypen mit gleicher Helligkeit wie eine 60 W-Glühlampe.

Lampentyp	Leistungsaufnahme in Watt	Lichtausbeute in Lumen pro Watt	Einsparpotenzial gegenüber einer Glühlampe
Glühlampe	60	12	-
Halogenlampe	42	17	30%
Kompaktleuchtstofflampe	11	65	82%
weisse LED		35–90	noch nicht mit vergleichbarer Lichtstärke erhältlich

Kategorie: Energieeinsparung

Als Energiesparlampen bezeichnet man künstliche Lichtquellen, die Glühlampen ähnlich sind, jedoch bei gleicher Helligkeit weniger Energie verbrauchen. Häufig werden Kompaktleuchtstofflampen als Energiesparlampen bezeichnet. …

Geballter Protest gegen Energiesparlampen.

Umweltverbände, Museumsbetreiber und Verbraucherschützer protestieren gegen die zwangsweise Einführung von Energiesparlampen. Diese Lampen seien durch die Beschichtung im Innern nach ihrem Gebrauch Sondermüll und müssten aufwändig entsorgt werden. Wegen der anderen Lichtqualität von Energiesparlampen seien die Farben von Kunstwerken in Museen gefährdet, und ihre beste Ausleuchtung sei nicht mehr gewährleistet. Verbraucherschützer schließlich machen auf die hohen Kosten der Umstellung aufmerksam.

④ Bewerten

Die Informationen in einen Zusammenhang bringen, gegeneinander abwägen und eine eigene Meinung bilden.
Verschiedene Personen können dieselben Sachverhalte unterschiedlich gewichten und dadurch unterschiedlich bewerten.

Sich ein Bild machen ... Durchblick

Eine Puppe ist kein wirkliches Baby, ein Modellauto kein wirkliches Auto. Aber auch wenn sie nicht die Wirklichkeit sind, so ist doch auf Anhieb klar, was damit gemeint ist: eben ein Baby, ein Auto ... . Z. B. macht ein Kind an der Puppe Erfahrungen über das wirkliche, lebendige Baby. Es lässt sich also ersatzweise an diesen Abbildern handeln statt direkt an der Wirklichkeit.

Solche Abbilder der Wirklichkeit heißen **Modelle.** Sie sind nicht der Gegenstand selbst, aber sie ermöglichen ein zielgerichtetes Erkunden seiner Wirklichkeit. Ein Modell hat also zwei Eigenschaften:
- Es ist ein Abbild der Wirklichkeit.
- An ihm lässt sich die Wirklichkeit erkunden.

WIRKLICHKEIT		MODELL
Das Baby ist warm, lacht, macht Windeln nass ...	Abbild ⟹	Sieht aus wie ein Baby, ist so groß, so schwer
Es **lebt**	⟸ Erprobung	Man spielt mit ihm, übt, macht **Erfahrungen**, wie ein Baby ist

Modell und Wirklichkeit in der Physik

Elektronen, Elementarmagnete oder Teilchen sind Ergebnisse des Nachdenkens über eine **Wirklichkeit,** die nicht direkt zugänglich ist: Man kann ein Elektron oder die Elementarmagnete nicht sehen oder gar festhalten, um etwas über sie zu erfahren. In den Stromkreis kann man nicht hineinsehen, um das Fließen der Elektronen zu beurteilen.
Aber aus **Beobachtungen** geht hervor, dass es die Wirklichkeit „Strom" gibt – allerdings nur dann, wenn die Kabel einen Kreis bilden und eine Quelle und ein Wandler eingebaut sind.

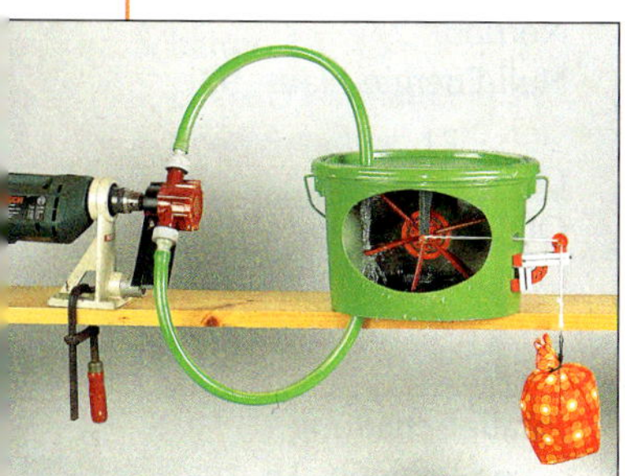

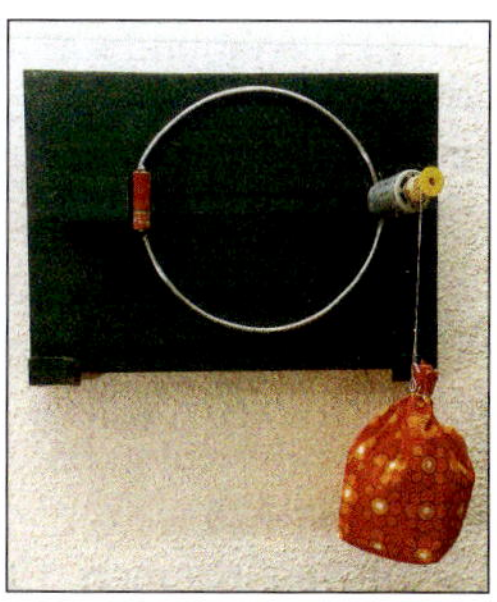

Der Wasserkreislauf zeigt, dass es da Ähnliches gibt: Eine Quelle des Energieflusses (Bohrmaschine mit Pumpe) und einen Wandler (Wasserrad) in mechanische Energie, die beide durch den Kreisstrom des Wassers miteinander verbunden sind.

Mit diesem Wissen machen wir uns ein Bild, eine **Vorstellung** von den Vorgängen im Stromkreis. Wie weit sie die Wirklichkeit richtig beschreibt, muss in **Experimenten** erprobt werden. Erweist sich die Vorstellung als tragfähig, so wird sie zu einem **Modell**.

Mit ihm lassen sich neue Fragestellungen an die Wirklichkeit finden. Sie werden mithilfe von Experimenten geprüft. Das kann dazu führen, dass das Modell gewandelt, erweitert oder sogar ganz verworfen werden muss, weil es neue Erkenntnisse gibt, die mit dem alten Modell nicht mehr erklärt werden können. Z. B. musste das Teilchenmodell bei der Leitung in Metallen zum Teilchen-Elektronen-Modell weiterentwickelt werden.

Beispiel: Bei einer Eisenstange kann Unterschiedliches von Interesse sein:

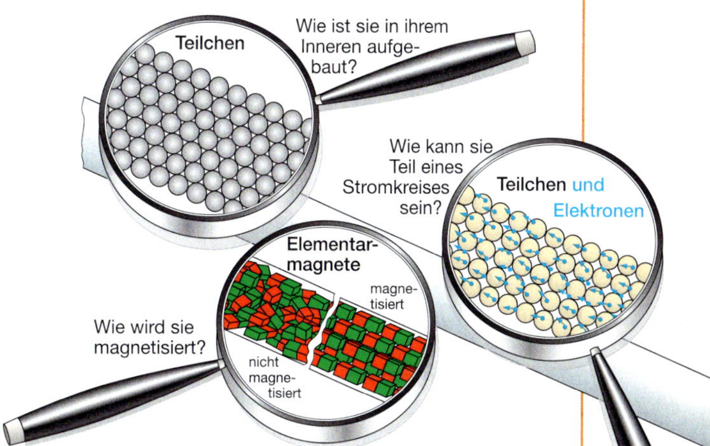

Jede Fragestellung zu einem bestimmten Ausschnitt der Wirklichkeit führt also zu einem eigenen Modell. Ein Modell erklärt deshalb nie die ganze Wirklichkeit, sondern immer nur den Ausschnitt von ihr, der gerade betrachtet wird.

Ein Modell ist ein durch Experimente geprüftes Abbild der Wirklichkeit, das immer nur einen Ausschnitt der Wirklichkeit beschreibt – je nach dem, welche Fragen beantwortet werden sollen.

① Die Aufgabe

② Die Planung

③ Die Aufgabenverteilung

④ Das Experiment

⑤ Die Auswertung und das Protokoll

⑥ Die Präsentation

Tipp

- Bei der nächsten Gruppenarbeit sollte die Aufgabenverteilung gewechselt werden.
- Schreibe auf, was die Gruppe bei den einzelnen Arbeitsschritten ① bis ⑥ getan hat. Versuche, das als Merkregel zu formulieren.